高等学校教材

工程振动与稳定基础

（第4版）

主编　刘保东

清华大学出版社
北京交通大学出版社
·北京·

内 容 简 介

《工程振动与稳定基础》（第 4 版）在保持原版主要内容的基础上进行了适当的内容更新和改进，同时结合 M+BOOK 技术，开发了手机 App 动图点读功能，有利于读者对抽象概念的理解。本书包括结构动力学基础、工程结构抗震基础和工程结构稳定基础三个密切相关的部分。

结构动力学基础对结构动力学的相关前期知识、涉及的基本概念、单自由度体系和多自由度体系振动分析方法、结构动力响应求解的基本方法进行详细讲解，结合当前科研动态介绍结构动力学的发展和应用。工程结构抗震基础以我国现行的《建筑抗震设计规范》（GB 50011—2010）、《铁路工程抗震设计规范》（GB 50111—2006）（2009 年版）、《公路桥梁抗震设计细则》（JTG/T B02—01—2008）、《城市轨道交通结构抗震设计规范》（GB 50909—2014）等规范为依据，介绍工程结构抗震设计的基本概念、抗震设计基本原则，应用结构动力学知识详细分析地震作用的确定方法，介绍结构抗震验算的一般方法；参照国际先进规范，结合当前最新科研成果，对工程结构抗震设计规范的改革思路做了简要的介绍。工程结构稳定基础介绍有关工程结构稳定问题的基本知识，讨论若干结构弹性范围内丧失第一类稳定性问题的计算方法，揭示稳定问题与动力问题的内在联系，并对工程中常见的失稳问题进行简单的分析。

本书内容丰富、全面，结构安排合理，既可作为土木工程专业本科生专业基础课教材，也可供研究生和其他相关工程技术人员参考。

图书在版编目（CIP）数据

工程振动与稳定基础/刘保东主编．—4 版．—北京：北京交通大学出版社：清华大学出版社，2016.7

（高等学校教材）

ISBN 978-7-5121-2934-4

Ⅰ.①工…　Ⅱ.①刘…　Ⅲ.①工程振动学-高等学校-教材　Ⅳ.①TB123

中国版本图书馆 CIP 数据核字（2016）第 169897 号

责任编辑：吴嫦娥

出版发行：清 华 大 学 出 版 社　　邮编：100084　　电话：010-62776969

　　　　　北京交通大学出版社　　邮编：100044　　电话：010-51686414

印 刷 者：北京鑫海金澳胶印有限公司

经　　销：全国新华书店

开　　本：185mm×260mm　　印张：13.5　　字数：337 千字

版　　次：2016 年 7 月第 4 版　　2016 年 7 月第 1 次印刷

书　　号：ISBN 978-7-5121-2934-4/TB・46

印　　数：1～2 000 册　　定价：32.00 元

本书如有质量问题，请向北京交通大学出版社质监组反映。对您的意见和批评，我们表示欢迎和感谢。

投诉电话：010-51686043，51686008；传真：010-62225406；E-mail：press@bjtu.edu.cn。

M＋BOOK 版图书使用说明

● 如何安装

扫描二维码，根据手机系统类型选择相应的应用程序，点击下载，安装在手机上（建议在 Wi－Fi 环境中下载）。

● 如何使用

打开应用程序，注册账号并登陆后，点击页面上方“扫一扫”，即可扫码添加您需要的书。选择任意一本下载好的图书，进入阅读界面。点击" 纸飞机" 图标，可以查看图书简介。点击“悦读”，即可查看图书全文（或图书相关信息）。

● 如何下载资源

点击“图书附件”下方各图标即可下载图书附带的动画资源。不加密的附件可长按分享至 PC 或其他终端。

第 4 版前言

《工程振动与稳定基础》第 3 版 2010 年出版以来，本书所涉及领域的科学研究有了很大的发展，很多相关规范进行了更新。因此作者从内容上与时俱进，增加了最新研究成果和最新规范的介绍。另外，在出版形式上与出版社配合，第 4 版引入了 M＋BOOK 技术，将网络和多媒体技术结合，使得很多抽象化、难于理解的内容可以通过手机 App 形象地展示在读者面前（书中用表示出）。

为此，本书在保持原版主要内容的基础上，做出了以下改进和完善：

(1) 采用 M＋BOOK 技术，将网络和多媒体结合，对书中涉及的部分动力学抽象概念增加变参数的动图演示，读者可通过手机 App 点读的方式形象化地理解其知识；

(2) 对书中涉及的有关结构动力学、工程结构抗震、结构稳定分析方面的最新科研成果和最新规范进行了搜集和整理，在书中进行了深入浅出的介绍，拓宽了知识面，满足了更多读者需求；

(3) 对书中个别错误进行了修改。

本版第 1～5 章、第 9～10 章由刘保东负责修订，第 6～8 章由赵冠远负责修订。

本书在再版过程中得到了北京交通大学土木建筑工程学院和北京交通大学出版社的大力支持，北京交通大学土木建筑工程学院夏禾教授等任课教师均提出了很多宝贵意见和建议，研究生张敏强参与了大量的动画演示制作工作，学生张菁参与了部分文字编写工作，在此一并感谢。

在编写本书时，参考和引用了公开发表的一些文献和资料，谨向这些作者表示感谢。

由于编者水平所限，书中难免有疏漏和不足之处，恳请读者批评指正。有关意见请发至：baodongliu@vip. sina. com。

编　者

2016 年 3 月

第3版前言

《工程振动与稳定基础》已相继出版两版，2002年第1版获得了北京交通大学教学成果奖；2005年出版了第2版，该成果也为北京交通大学土木建筑工程学院桥梁与隧道工程申报国家重点学科作出了贡献。

通过近几年的教学实践，作者搜集和整理了任课教师和广大学生、读者对本书的意见和建议；另外，随着现代科学技术的进步，我们搜集和整理国内外相关最新研究成果和最新规范，在教材中做深入浅出的介绍，做到教学内容与时俱进。

为此，本书在保持前版主要内容的基础上，做出了以下改进和完善：

(1) 适当增加了结构动力学前期知识的介绍，便于读者对相关知识衔接的理解和掌握，也帮助读者更好地学习和掌握本书内容；

(2) 调整部分章节内容的安排顺序，使本书内容的逻辑关系更为合理；

(3) 搜集和整理了有关结构动力学、工程结构抗震、结构稳定分析方面最新科研成果和最新规范，特别是为服务桥梁与隧道工程国家重点学科，增加了有关铁路、公路桥梁抗震设计的相关内容，拓宽了知识面，满足了更多读者需求；

(4) 增加了图示，有助于读者对相关抽象概念和新知识的理解；

(5) 对一些复杂公式进行了适当推导，有助于读者搞清公式的由来。

本版第1章、第4～10章由刘保东负责修订，第2～3章由余自若负责修订。

在本书的再版过程中得到了北京交通大学土木建筑工程学院领导和北京交通大学出版社的大力支持，北京交通大学土木建筑工程学院夏禾教授、杨庆山教授和钟铁毅教授均提出了很多宝贵意见和建议，研究生李鹏飞、王光裕、康银庚、陈建波参与了部分工作，在此一并感谢。

在编写本书时，参考和引用了公开发表的一些文献和资料，谨向这些作者表示感谢。

由于编者水平所限，书中难免有疏漏和不足之处，恳请读者批评指正。有关意见请发至：baodongliu@vip.sina.com。

编　者

2010年1月

第 2 版前言

《工程振动与稳定基础》第 1 版经过三年来的使用，获得了众多读者的好评，在 2002 年北方交通大学教学成果评比中获得了二等奖。同时，广大读者也提出了一些很好的改进建议，再加上随着我国科学技术的进步，与本书相关的很多新规范相继发布实施，为了适应形势的需要，本书在以下方面进行了修订：

- 根据最新规范的规定，对第 1 版中的相关内容进行了调整和补充；
- 对第 1 版中一些抽象的概念增加了附图，有助于读者形象地理解；
- 对第 1 版中一些复杂公式进行了适当的推导，有助于读者搞清公式的由来；
- 增加了部分例题和习题，有助于读者对书中内容的复习和掌握；
- 根据最新资料，增加了部分内容和附录，有助于读者拓宽知识面。

本书第 1 章、第 6～10 章由刘保东编写，第 2～5 章由姜兰潮编写，全书由北京交通大学阎贵平教授审阅。

在本书的再版过程中得到了北京交通大学土木建筑工程学院领导和北京交通大学出版社的大力支持，北京交通大学土木建筑工程学院夏禾教授、杨庆山教授和钟铁毅教授给予了很大帮助，在此一并感谢。

在编写本书过程中，参考和引用了公开发表的一些文献和资料，谨向这些作者表示感谢。

由于编者水平所限，书中难免有疏漏和不足之处，恳请读者批评指正。有关意见请发至：baodongliu@vip.sina.com。

编　者

2005 年 1 月

第1版前言

本书是土木工程专业的专业基础课教材，主要介绍结构动力学基础、工程结构抗震基础和工程结构稳定基础。

本书是在“重视素质教育，培养创新人才”的主旋律下，由北方交通大学土木建筑工程学院根据培养高素质、复合型人才的需要，从专业设置、课程体系、教学内容各个方面进行系统、科学的教学改革的产物。北方交通大学是第一批进入“211工程”的院校之一，土木建筑工程学院于1999年通过建设部组织的“全国高等学校建筑工程专业”的教育评估，毕业生获得了提前参加全国注册结构工程师考试和与英联邦国家互认学历的资格。

本书是土木工程专业教学改革的成果。教学改革的重点是教学内容的改革，在以往的教学中，结构的动力计算和结构的稳定计算是在“结构力学”课程中讲授的，而工程结构抗震的内容则出现在“混凝土结构”“钢结构”“砌体结构”“桥梁结构”等很多专业课程中，课程之间的联系不密切，又有较多的重复。结构动力学是学习工程结构抗震的基础，两者应该紧密联系；工程结构的稳定问题不同于强度问题，从逻辑上与工程结构的振动问题放在一起比较合适，而且从解决问题的方法上，它与结构动力学都是求解矩阵特征值问题。因此，我们把结构动力学、工程结构抗震、工程结构稳定融合在一门课程中讲解。经过试讲，效果良好。

本书在进度安排上，注重基本概念的讲解，结合工程实际引出、展开、分析问题，从引导读者分析解决问题的思路入手，强调培养读者独立分析和解决问题的能力。在内容安排上，分析对象以房屋建筑结构为主，穿插介绍了其他工程结构的分析方法；同时结合最新的科研动向，增加了一些新概念。使读者既打下了坚实的基础，又拓宽了知识面，有利于读者进一步学习后续专业课程和进行科学研究工作。本书可以作为土木工程专业本科生的教材，也可供研究生和其他相关工程技术人员参考。

本书第1章、第6～10章由刘保东编写，第2～5章由姜兰潮编写，全书由北方交通大学阎贵平教授审阅。

本书在编写过程中得到了北方交通大学土木建筑工程学院领导和北方交通大学出版社的大力支持，在此一并感谢。

由于编者水平有限，书中难免有疏漏和不足之处，恳请读者批评指正。

本书受北方交通大学出版基金资助。

编　者

2002年3月

目 录

第 1 章 总论 ······ (1)
1.1 结构动力学基础 ······ (2)
1.2 工程结构抗震基础 ······ (2)
1.3 工程结构稳定基础 ······ (3)

第 1 篇 结构动力学基础

第 2 章 结构动力学概述 ······ (7)
2.1 结构动力学前期知识简介 ······ (7)
2.1.1 结构力学前期知识 ······ (7)
2.1.2 数学前期知识 ······ (11)
2.1.3 理论力学前期知识 ······ (14)
2.2 动荷载的定义和分类 ······ (15)
2.2.1 动荷载的定义 ······ (15)
2.2.2 动荷载的分类 ······ (15)
2.3 结构动力学的任务和研究内容 ······ (17)
2.3.1 结构动力问题的基本特性 ······ (17)
2.3.2 结构动力学的任务 ······ (17)
2.3.3 结构动力学的研究内容 ······ (17)
2.4 结构动力分析中体系的自由度 ······ (18)
2.4.1 体系的动力自由度 ······ (18)
2.4.2 体系自由度的简化 ······ (18)
2.4.3 体系自由度的确定 ······ (21)
2.5 结构的动力特性 ······ (21)
2.5.1 结构的自振频率 ······ (22)
2.5.2 结构的振型 ······ (22)
2.5.3 结构的阻尼 ······ (23)
2.6 建立结构体系运动方程的一般方法 ······ (24)
2.6.1 体系运动方程建立的一般方法 ······ (24)
2.6.2 体系运动方程的建立 ······ (25)
2.6.3 多自由度体系运动方程的一般形式 ······ (27)
思考题与习题 ······ (30)
第 3 章 单自由度体系的振动分析 ······ (32)
3.1 单自由度体系的自由振动分析 ······ (32)
3.1.1 无阻尼自由振动 ······ (33)
3.1.2 阻尼自由振动 ······ (34)

3.1.3 确定体系阻尼比的方法 …… (36)
3.2 单自由度体系的受迫振动 …… (37)
3.2.1 简谐荷载作用下的动力响应分析 …… (37)
3.2.2 周期荷载作用下的动力响应分析 …… (41)
3.2.3 突加荷载作用下的动力响应 …… (42)
3.2.4 冲击荷载作用下的动力响应 …… (43)
3.2.5 任意荷载作用下的动力响应 …… (45)
思考题与习题 …… (46)
第 4 章 多自由度体系的振动分析 …… (49)
4.1 无阻尼多自由度体系的自由振动分析 …… (49)
4.1.1 多自由度体系振动频率分析的刚度法 …… (49)
4.1.2 多自由度体系振型分析的刚度法 …… (51)
4.1.3 多自由度体系振动频率分析的柔度法 …… (53)
4.1.4 多自由度体系振型分析的柔度法 …… (53)
4.1.5 多自由度体系自由振动的通解 …… (54)
4.2 多自由度体系振型的正交性 …… (54)
4.2.1 正交的数学概念 …… (54)
4.2.2 振型向量的正交性 …… (54)
4.2.3 正交性的应用 …… (56)
4.3 多自由度体系的受迫振动 …… (60)
4.3.1 多自由度无阻尼体系的受迫振动分析 …… (60)
4.3.2 多自由度有阻尼体系的受迫振动分析 …… (65)
4.4 结构振动控制的应用 …… (66)
思考题与习题 …… (68)
第 5 章 频率和振型的实用计算方法 …… (70)
5.1 能量法 …… (70)
5.1.1 单自由度体系 …… (70)
5.1.2 多自由度体系 …… (71)
5.2 迭代法 …… (73)
5.2.1 第 1 阶振型和频率的计算 …… (73)
5.2.2 高阶振型和频率的计算 …… (76)
5.3 经验公式法 …… (78)
5.3.1 建筑结构 …… (78)
5.3.2 桥梁结构 …… (79)
思考题与习题 …… (80)
第 1 篇参考文献 …… (82)

第 2 篇 工程结构抗震基础

第 6 章 抗震设计的基本知识 …… (85)
6.1 地震概论 …… (85)

6.1.1 地震成因 …………………………………………………………………………… (85)
6.1.2 地震相关名词解释 …………………………………………………………………… (87)
6.1.3 等震线和地震区划 …………………………………………………………………… (92)
6.1.4 地震的破坏现象 ……………………………………………………………………… (98)
6.1.5 中国地震的特点 ……………………………………………………………………… (99)
6.2 抗震设计的基本原则 …………………………………………………………………… (104)
6.2.1 抗震设防标准 ………………………………………………………………………… (105)
6.2.2 抗震设计方法 ………………………………………………………………………… (108)
6.2.3 抗震概念设计 ………………………………………………………………………… (109)
6.2.4 抗震设计规范的改革思路 …………………………………………………………… (113)
思考题与习题 ……………………………………………………………………………… (115)
第7章 场地、地基和基础 …………………………………………………………… (116)
7.1 地震地面运动特性 ……………………………………………………………………… (116)
7.1.1 地震记录 ……………………………………………………………………………… (116)
7.1.2 场地对地震地面运动特性的影响 …………………………………………………… (117)
7.1.3 场地的选择 …………………………………………………………………………… (118)
7.2 场地的划分 ……………………………………………………………………………… (120)
7.2.1 场地土类型划分 ……………………………………………………………………… (120)
7.2.2 覆盖层厚度划分 ……………………………………………………………………… (122)
7.2.3 场地的类别和划分标准 ……………………………………………………………… (122)
7.3 地基基础抗震验算 ……………………………………………………………………… (124)
7.4 软弱地基处理 …………………………………………………………………………… (127)
思考题与习题 ……………………………………………………………………………… (128)
第8章 地震作用和结构抗震验算 …………………………………………………… (129)
8.1 概述 ……………………………………………………………………………………… (129)
8.2 单质点弹性体系的地震反应 …………………………………………………………… (130)
8.2.1 运动方程的建立 ……………………………………………………………………… (130)
8.2.2 运动方程的解 ………………………………………………………………………… (132)
8.3 单质点弹性体系水平地震作用及其反应谱 …………………………………………… (133)
8.3.1 水平地震作用的基本公式 …………………………………………………………… (133)
8.3.2 地震系数与动力系数 ………………………………………………………………… (134)
8.3.3 设计用反应谱 ………………………………………………………………………… (135)
8.4 多质点弹性体系的地震反应 …………………………………………………………… (140)
8.4.1 运动方程的建立 ……………………………………………………………………… (140)
8.4.2 运动方程的求解 ……………………………………………………………………… (142)
8.5 多质点弹性体系水平地震作用的确定 ………………………………………………… (143)
8.5.1 振型分解反应谱法 …………………………………………………………………… (143)
8.5.2 底部剪力法 …………………………………………………………………………… (147)
8.6 考虑结构扭转效应的计算 ……………………………………………………………… (151)
8.7 竖向地震作用的计算 …………………………………………………………………… (152)

8.8 结构地震反应的时程分析法 …………………………………………………… (154)
8.8.1 概述 ……………………………………………………………………… (154)
8.8.2 验算步骤 ………………………………………………………………… (155)
8.9 建筑结构抗震验算 ………………………………………………………… (157)
8.9.1 结构抗震强度验算……………………………………………………… (157)
8.9.2 结构抗震变形验算……………………………………………………… (159)
8.10 桥梁结构抗震验算………………………………………………………… (161)
思考题与习题……………………………………………………………………… (162)
第 2 篇参考文献……………………………………………………………………… (164)

第 3 篇 工程结构稳定基础

第 9 章 工程结构稳定概述………………………………………………………… (167)
9.1 一般概念 …………………………………………………………………… (167)
9.2 确定临界荷载的方法 ……………………………………………………… (170)
9.2.1 静力法 …………………………………………………………………… (170)
9.2.2 能量法 …………………………………………………………………… (171)
思考题与习题……………………………………………………………………… (173)
第 10 章 工程结构稳定分析 ………………………………………………………… (174)
10.1 轴心受压构件的稳定……………………………………………………… (174)
10.1.1 刚性支承上等截面直杆 ……………………………………………… (174)
10.1.2 弹性支承上等截面直杆 ……………………………………………… (178)
10.1.3 变截面直杆 …………………………………………………………… (179)
10.2 偏心受压构件的稳定……………………………………………………… (180)
10.3 其他工程结构失稳分析…………………………………………………… (183)
10.3.1 平面刚架的弹性屈曲 ………………………………………………… (183)
10.3.2 梁的侧向屈曲 ………………………………………………………… (185)
思考题与习题……………………………………………………………………… (185)
第 3 篇参考文献……………………………………………………………………… (186)
附录 A 2001 版《中国地震动参数区划图》(GB 18306—2001)我国主要城镇抗震设防烈度、设计基本地震加速度和设计地震分组 ……………………………… (187)
附录 B 2008 版《中国地震动参数区划图》(GB 18306—2001)四川、甘肃、陕西部分地区县级城镇地震动参数修订 ………………………………………… (201)

第1章　总　　论

在学习本书之前，读者已经掌握了结构在静力作用下内力和变形的计算方法，因而可以很容易地得出图1-1所示的两个结构在静力作用下的内力和变形。

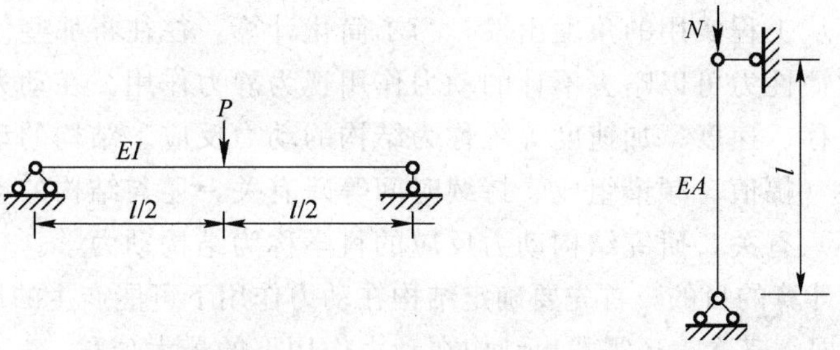

(a) 简支梁　　(b) 轴心受压柱

图1-1　静力作用下的结构简图

图1-1（a）所示简支梁的跨中弯矩为$\frac{Pl}{4}$，跨中挠度为$\frac{Pl^3}{48EI}$，其中EI为截面抗弯刚度，P为集中荷载，l为简支梁的跨度；图1-1（b）所示轴心受压柱的轴力为N，轴向变形为$\frac{Nl}{EA}$，其中EA为截面抗压刚度，N为轴向集中荷载，l为柱高。

但结构上的作用并非全是静力作用，按照《工程结构可靠度设计统一标准》(GB 50153—2008)的规定，凡施加在结构上的集中或分布力，以及引起结构外加变形或约束变形的原因，均称为结构上的作用。作用分为直接作用和间接作用两大类，前者即为通常所说的荷载——永久荷载（恒载）和可变荷载（活载）等，后者包括地震、基础沉降、混凝土收缩、温度变化、焊接等作用。作用的分类还有很多种方法，其中按结构的反应特点分类可以将作用分为静态作用和动态作用（即动力作用）。严格来讲，结构上作用的三要素（大小、方向、作用点）大都随时间变化，从作用本身来讲都应属于动态的，但动态作用定义为“使结构产生的加速度不可忽略不计的作用”，因此，对随时间变化的“动态”的作用要进行动力分析，研究其使结构产生的动力作用效应（位移、速度、加速度等）是否可以忽略不计，这就属于结构动力学的范畴，地震作用是典型的动力作用。

按照《工程结构可靠度设计统一标准》对承载能力极限状态的规定，“结构构件或连接因超过材料强度而破坏”属于超过承载能力极限状态的第一条，这一点十分容易理解，而标准中也规定了“结构或结构构件丧失稳定”也属于超过承载能力极限状态。

这样，我们再重新审视前边的两个简单结构，如果图1-1（a）所示简支梁跨中所受是动力作用，其结果又是怎样呢？图1-1（b）所示的轴心受压柱是不是只要其轴向应力没有达到材料的受压承载力就不会破坏？本书将对与此相关的问题进行分析和讨论，介绍有关结构动力学、工程结构抗震、工程结构稳定的基础知识，为读者后续学习有关工程结构设计的专业课程打下基础。

1.1　结构动力学基础

在动力作用下，结构将产生振动，即结构将在静平衡位置附近作往返的运动。根据达朗伯原理，动力计算问题可以从形式上转化为静力平衡问题来处理，即在引进惯性力后，可以认为结构处于瞬时的平衡——动平衡。此时，结构上的作用、惯性力、内力、位移等都是时间的函数。显然，结构在动力作用下的计算与静力作用下的计算将有很大的区别，而且要复杂得多。从工程实用的角度出发，为了简化计算，往往将那些使结构产生的振动很小，以致其上的惯性力可以略去不计的动力作用视为静力作用。在动力作用下，结构产生的动内力、动位移、速度、加速度等统称为结构的动力反应。结构的动力反应不仅和动力作用本身的特性（幅值、频谱组成、持续时间等）有关，还与结构的动力特性（自振频率、振型、阻尼等）有关，研究结构动力反应的科学称为结构动力学。

进行结构动力计算的目的，首先要确定结构在动力作用下可能产生的最大内力，作为设计时强度验算的依据；其次，还需找出结构在动力作用下的最大位移、速度和加速度，使其不超过规范所规定的允许值，以避免振动对人体健康、工艺过程和工程结构造成有害的影响。

本书首先介绍结构动力学的基础知识，包括结构动力学的基本概念、单自由度体系和多自由度体系振动问题的求解方法、结构自振频率和振型的求解方法等，最后介绍了结构动力学的最新应用——结构振动控制。

1.2　工程结构抗震基础

引起工程结构振动的原因很多，例如车辆动荷载和个别情况下的人群动荷载、风荷载、地震作用等，其中地震作用的影响最大，造成的损失也最严重。我国是世界上的多地震国家之一。随着社会经济的发展，人口逐渐发展聚集于城市，地震造成的人员和经济损失大幅度增加。例如 1976 年 7 月 28 日我国唐山大地震死亡人数为 24 万，经济损失达 131 亿元。1995 年 1 月 17 日的日本阪神地震死亡 6 000 多人，经济损失达 1 000 亿美元。2004 年 12 月 26 日在印度尼西亚苏门答腊岛附近 250 km 海底发生了近 9.0 级地震并引起了大海啸，据美联社 2005 年 3 月 2 日报道，在印度洋大地震和海啸灾难中，遇难人数为 172 674～182 340 人，失踪人数为 107 807～129 897 人，据估计大部分失踪者也已经遇难。其中：印度尼西亚，124 946～127 420 人死亡，94 994～116 368 人失踪（印度尼西亚全国救灾协调委员会称该国死亡人数为 124 829 人，失踪人数为 111 528 人，但社会事务部称死亡人数为 127 420 人，失踪人数为 116 368 人）；斯里兰卡，31 003～38 195 人死亡，4 698～4 924 人失踪（斯里兰卡国家灾难管理中心称死亡人数为31 003 人，公共安全部称死亡人数为 38 195 人）；印度，10 779 人死亡，5 614 人失踪；泰国，5 395 人死亡，2 991 人失踪；索马里，298 人死亡；缅甸，90 人死亡；马尔代夫，82 人死亡；马来西亚，68 人死亡；坦桑尼亚，10 人死亡；孟加拉国，2 人死亡；肯尼亚，1 人死亡。经济损失更是无法估计。2008 年 5 月 12 日 14 时 28 分，发生在我国四川省汶川县附近的 8.0 级地震，据国务院新闻办公室公布，截至2008年9月4日12时，已确认69 226人遇难，374 643人受伤，失踪17 923人，直接经济损失达8 451亿元人民币。根据《中国地震烈度区划图》(1990)，我国有22座直辖市和省会城市、33座人口50万以上的大城市位于7度和8度区内；根据《中国地震动参数区划图》(GB 18306—2015)，我国地震动峰值加速度大于0.05g（相当于抗震设防烈度6度以上）的城镇占全国总城镇的80%以上，特别是我国的环渤海、长江三角洲、珠江三角洲巨大城市群带面临严重的地震灾害威胁。因此，工程结构抗震问题尤为重要。

本书将对工程抗震所涉及的基本概念、基本原理和一般抗震设计方法做出比较详细的讲解，同时以我国现行的《建筑抗震设计规范》(GB 50011—2010)、《铁路工程抗震设计规范》(GB 50111—2006)（2009年版)、《公路桥梁抗震设计细则》(JTG/T B02—01—2008)、《城市轨道交通结构抗震设计规范》(GB 50909—2014) 等规范为依据，给出各类工程结构抗震设计规范对抗震设防、地震作用确定、结构抗震验算等问题的具体规定，最后参照国际先进的规范，结合当前最新的科研成果，对工程结构抗震设计规范的改革思路做简要介绍。

1.3　工程结构稳定基础

按照《工程结构可靠度设计统一标准》(GB 50153—2008) 的规定，在进行工程结构设计时必须考虑两种极限状态，即承载能力极限状态和正常使用极限状态。前者包括结构、构件的强度和稳定的计算，后者对应结构、构件达到正常使用或耐久性能的某项规定限值，如轴心受压杆的长细比、梁的挠度等。对任何一种结构构件，强度计算是基本的和必不可少的，而对某些受压构件，如钢筋混凝土薄壳，或由高强度材料制成的结构构件，如钢结构构件等，稳定计算比强度计算更为重要。

强度问题，是指由作用对结构构件产生的截面最大内力（或截面上某点的最大应力）是否超过截面的承载能力（或材料的强度)，因此它是一个应力问题。例如，前面讨论的静力或动力作用下结构的内力分析问题。

稳定问题是要找出作用与结构内部抵抗力之间的不稳定平衡状态，即变形开始急剧增长的状态，从而设法避免进入该状态，因此它是一个变形问题。例如图1-1 (b) 所示的轴心压杆，当轴向力增大到临界荷载时，将发生失稳，侧向挠度使柱中增加很大的弯矩，柱子的破坏荷载会远远低于它的轴向抗压承载力。

随着轻质高强材料的发展，超高大跨度结构的广泛采用，弹性和弹塑性稳定理论的研究已成为近代力学研究领域中最活跃的课题之一。结构的稳定与强度是两个完全不同的概念，理解结构失稳的概念比理解强度破坏的概念要难得多。研究稳定的主要目的在于防止不稳定平衡状态的发生；而研究强度问题则是保证作用在结构构件中产生的截面内力或截面某点的应力，不超过截面的承载力（混凝土结构）或材料的某一强度指标（钢结构)。在进行结构设计时，要保证结构中各构件的最低承载力要求，因此要综合考虑各种因素的影响。本书将介绍有关工程结构稳定的基本知识，讨论若干弹性范围内丧失第一类稳定性问题的计算，并对工程中常见的失稳问题进行简单的分析。

第 1 篇　结构动力学基础

- 结构动力学概述
- 单自由度体系的振动分析
- 多自由度体系的振动分析
- 频率和振型的实用计算方法

第 2 章　结构动力学概述

结构动力学是结构力学的一个分支，着重研究结构对于动荷载的响应（如位移、应力等的时间历程），以便确定结构的承载能力和动力学特性，或为改善结构的性能提供依据。结构动力学既是抗震设计的基础，也是减震、防震措施的理论依据。

2.1　结构动力学前期知识简介

2.1.1　结构力学前期知识

结构力学是学习结构动力学的直接基础，结构力学中有关超静定结构求解的方法在结构动力学运动方程建立中非常重要。

全部反力和内力只靠平衡条件便可确定的结构，称为静定结构；而单靠平衡条件还不能确定全部反力和内力的结构，便成为超静定结构。超静定结构在几何构造上的特征是几何不变，而且具有多余联系。所谓“多余”，是指这些联系仅就保持结构的几何不变性来说，是不必要的。多余联系中产生的力称为多余未知力。

求解任何超静定问题，都必须综合考虑以下 3 个方面的条件。

(1) 平衡条件。即结构的整体及任何一部分的受力状态都应满足平衡方程。

(2) 几何条件。即变形条件或位移条件、协调条件、相容条件等，即结构的变形和位移必须符合支承约束条件和各部分之间的变形连续条件。

(3) 物理条件。即变形或位移与力之间的物理关系。

在具体求解时，根据计算途径的不同，可以有两种不同的基本方法，即力法（又称柔度法）和位移法（又称刚度法），这两种方法在结构动力学运动方程建立时都要涉及。

两种方法的主要区别在于基本未知量的选择不同。所谓基本未知量，是指这样一些未知量，当首先求出它们之后，即可用它们求出其他的未知量。在力法中，是以多余未知力作为基本未知量；在位移法中，则是以某些位移作为基本未知量。

1. 力法

下面先用一个简单的例子来说明力法的基本概念。

图 2-1 (a) 所示梁为一次超静定结构。如果把支座 B 作为多余联系去掉，则得到如图 2-1 (b) 中的静定结构。将原超静定结构中去掉多余联系后所得到的静定结构称为力法的基本结构。所去掉的多余联系，则以相应的多余未知力 X_1 来代替其作用。这样，基本结构就同时承受着已知荷载 q 和多余未知力 X_1 的作用，基本结构在原有荷载和多余未知力共同作用下的体系称为力法的基本体系，如图 2-1 (b) 所示。显然，只要能设法求

出多余未知力 X_1，其余一切计算就与静定结构完全相同。

为了确定多余未知力 X_1，必须考虑变形条件以建立补充方程。为此，我们来对比原结构与基本体系的变形情况。原结构在支座 B 处由于多余联系的约束而不可能有竖向位移；基本体系上虽然该多余联系已被去掉，但若其受力和变形情况与原结构完全一致，则在荷载 q 和多余未知力 X_1 共同作用下，其 B 点的竖向位移（即沿力 X_1 方向上的位移）Δ_1 也应等于零。

这就是用以确定 X_1 的变形条件或称位移条件。

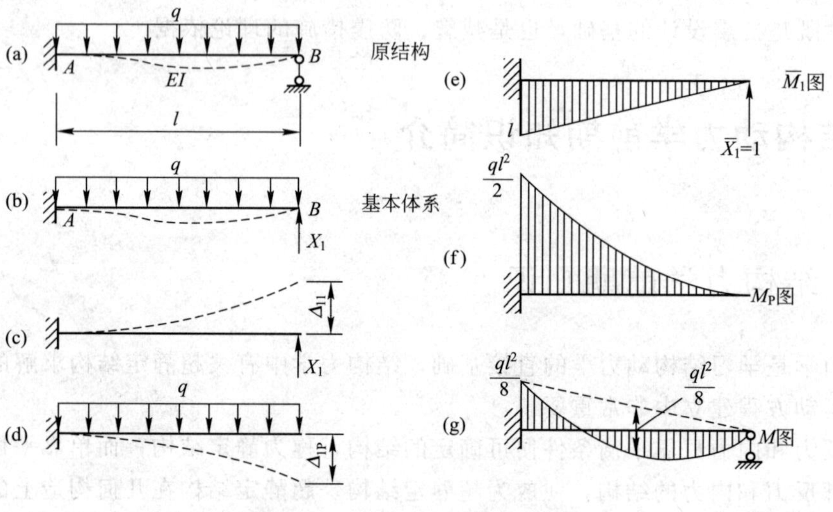

图 2-1 力法求解过程示意图

设以 Δ_{11} 和 Δ_{1P} 分别表示多余未知力 X_1 和荷载 q 单独作用在基本结构上时，B 点沿力 X_1 方向上的位移，如图 2-1（c）、（d）所示，其符号都以沿假定的未知力 X_1 作用的方向为正，两个下标的含义为：第一个表示位移的地点和方向，第二个表示产生位移的原因。根据叠加原理

$$\Delta_1 = \Delta_{11} + \Delta_{1P} = 0 \tag{2-1}$$

若 δ_{11} 表示 X_1 为单位力时 B 点沿 X_1 方向的位移，则有 $\Delta_{11} = \delta_{11} \cdot X_1$，于是上述位移条件（2-1）可写为

$$\delta_{11} \cdot X_1 + \Delta_{1P} = 0 \tag{2-2}$$

由于 δ_{11} 和 Δ_{1P} 都是静定结构在已知力作用下的位移，完全可以求出，因而多余未知力 X_1 即可由此方程解出。此方程便称为一次超静定结构的力法基本方程。

为了计算 δ_{11} 和 Δ_{1P}，可分别绘出基本结构在 $\overline{X}_1 = 1$ 和 q 作用下的弯矩图 $\overline{M}_1$ 图和 M_P 图，如图 2-1（e）、（f）所示，然后用图乘法计算这些位移。求 δ_{11} 时应为 $\overline{M}_1$ 图乘 $\overline{M}_1$ 图，称为 $\overline{M}_1$ 图“自乘”

$$\delta_{11} = \int \frac{\overline{M}_1^2}{EI} \mathrm{d}s = \frac{1}{EI}\left(\frac{1}{2} l \cdot l \cdot \frac{2}{3} l\right) = \frac{l^3}{3EI}$$

求 Δ_{1P} 则为 $\overline{M}_1$ 图与 $\overline{M}_P$ 图相乘

$$\Delta_{1P} = \int \frac{M_P \overline{M}_1}{EI} \mathrm{d}s = \frac{-1}{EI}\left(\frac{1}{3} \frac{ql^2}{2} l\right) \frac{3}{4} l = -\frac{ql^4}{8EI}$$

将 δ_{11} 和 Δ_{1P} 代入式（2-2）可求得

$$X_1 = -\frac{\Delta_{1P}}{\delta_{11}} = -\left(-\frac{ql^4}{8EI}\right)\cdot\frac{3EI}{l^3} = \frac{3}{8}ql$$

正号表明 X_1 的实际方向与假定相同，即沿未知力 X_1 的方向向上。

多余未知力 X_1 求出后，其余所有反力、内力的计算都是静定问题，毋须赘述。在绘制最后弯矩图 M 图时，可以利用已经绘出的 $\overline{M}_1$ 图和 M_P 图按叠加法绘制，即将 $\overline{M}_1$ 图的竖标乘以 X_1 倍，再与 M_P 图的对应竖标相加。于是，可绘出 M 图如图 2-1（g）所示。此弯矩图既是基本体系的弯矩图，同时也是原结构的弯矩图，因此此时基本体系与原结构的受力、变形和位移情况已完全相同，二者是等价的。

像上述这样解除超静定结构的多余联系而得到静定的基本结构，以多余未知力作为基本未知量，根据基本体系应与原结构变形相同而建立的位移条件，首先求出多余未知力，然后由平衡条件即可计算其余反力、内力的方法，称为力法。

2. 位移法

结构在一定的外因作用下，其内力与位移之间恒具有一定的关系，确定的内力只与确定的位移相对应。从这点出发，在分析超静定结构时，先设法求出内力，然后即可计算相应的位移，这便是力法；但也可以反过来先确定某些位移，再据此推求内力，这便是位移法。为了说明位移法的基本概念，先来分析图 2-2 所示刚架的位移。

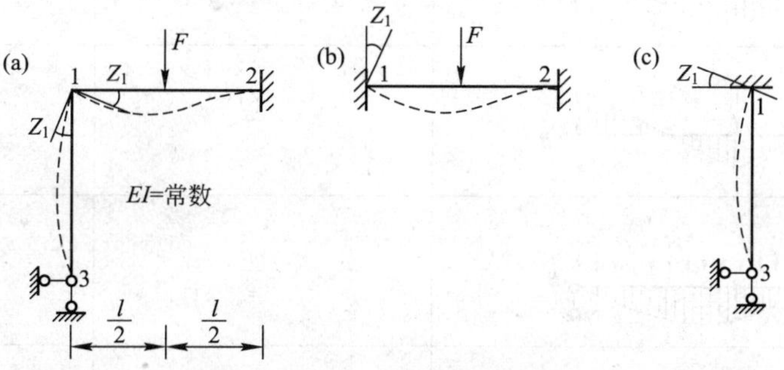

图 2-2　位移法求解过程示意图

刚架在荷载 F 作用下将发生如虚线所示的变形，在刚结点 1 处两杆的杆端均发生相同的转角 Z_1。此外，若略去轴向变形，则可认为两杆长度不变，因而结点 1 没有线位移。如何据此来确定各杆内力呢？对于 1—2 杆，可以把它看作是一根两端固定的梁，除了受到荷载 F 作用外，固定支座 1 还发生了转角 Z_1，如图 2-2（b）所示，而这两种情况下的内力都可以由力法算出。同理，1—3 杆则可以看作是一端固定另一端铰支的梁，而在固定端 1 处发生了转角 Z_1，如图 2-2（c）所示，其内力同样可用力法算出。可见，在计算此刚架时，如果以结点 1 的角位移 Z_1 为基本未知量，设法首先求出 Z_1，则各杆的内力随之均可确定，这就是位移法的基本思路。

根据以上思路，可以将单跨超静定梁由单位杆端位移引起的杆端内力（形常数）和跨间荷载引起的杆端内力（载常数）分别计算得出，如表 2-1 和表 2-2 所示，以备复杂结构应用时查用。

表 2-1　单跨超静定梁由单位杆端位移引起的形常数

单跨超静定梁简图	M_{AB}	M_{BA}	$Q_{AB}=Q_{BA}$
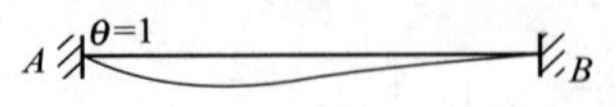	$4i$	$2i$	$-6i/l$
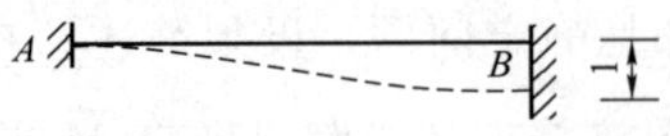	$-6i/l$	$-6i/l$	$12i/l^2$
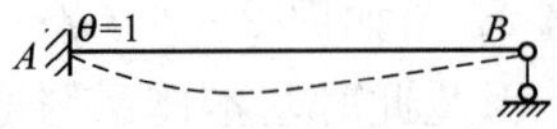	$3i$	0	$-3i/l$
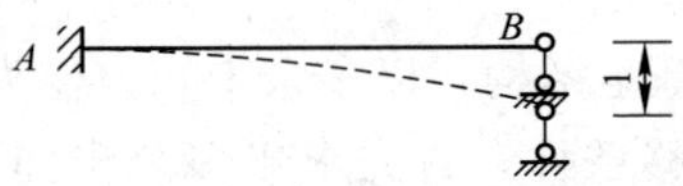	$-3i/l$	0	$3i/l^2$
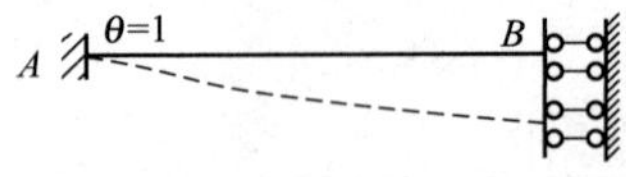	i	$-i$	0

表 2-2　单跨超静定梁由跨间荷载引起的载常数

单跨超静定梁简图	m_{AB}	m_{BA}
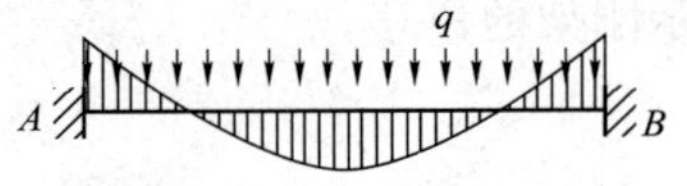	$-\frac{ql^2}{12}$	$\frac{ql^2}{12}$
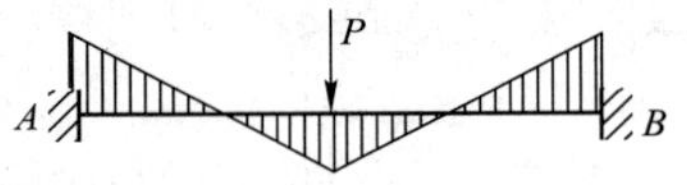	$-\frac{Pl}{8}$	$\frac{Pl}{8}$
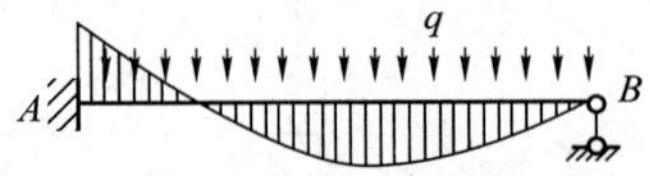	$-\frac{ql^2}{8}$	0
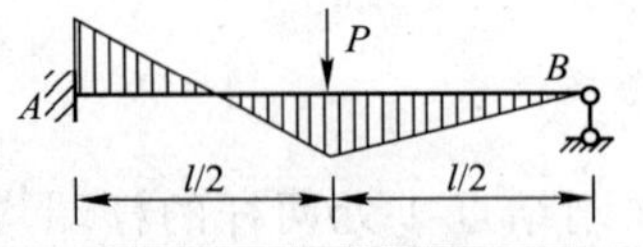	$-\frac{3Pl}{16}$	0

3. 图乘法

计算梁和刚架在荷载作用下的位移时，可以写出 $\overline{M}$ 和 M_{P} 方程式，然后代入公式

$$\Delta=\int\frac{\overline{M}M_{\mathrm{P}}}{EI}\mathrm{d}s \tag{2-3}$$

进行积分运算，这是比较麻烦的。但是，当结构的各杆段符合下列条件时：

(1) 杆轴为直线；

(2) $EI=$常数；

(3) $\overline{M}$ 和 M_{P} 两个弯矩图中至少有一个是直线图形。

则可用下述图乘法来代替积分运算，从而简化计算工作。图乘法示意如图 2－3 所示。

$$\Delta=\int\frac{\overline{M}M_{\mathrm{P}}}{EI}\mathrm{d}s=\frac{1}{EI}\int x\tan\alpha\cdot M_{\mathrm{P}}\mathrm{d}x=\frac{\tan\alpha}{EI}\int x\cdot M_{\mathrm{P}}\mathrm{d}x$$

$$=\frac{\tan\alpha}{EI}\int x\cdot\mathrm{d}A_{\omega}=\frac{\tan\alpha}{EI}\cdot x_{c}\cdot A_{\omega}=\frac{A_{\omega}\cdot y_{c}}{EI}\tag{2-4}$$

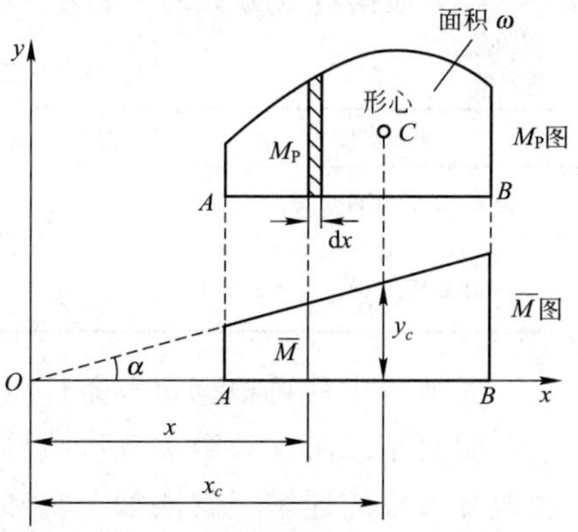

图 2－3　图乘法求解过程示意图

式中 y_c 是 M_{P} 图的形心 C 处所对应的 $\overline{M}$ 图的竖标。可见，上述积分式等于一个弯矩图的面积 A_{ω} 乘以其形心处所对应的另一个直线弯矩图上的竖标 y_c，再除以 EI，这就称为图乘法，图乘法在结构动力学中可以应用到柔度法列结构体系的运动方程中。

2.1.2　数学前期知识

在结构动力学问题求解过程中会涉及高等数学中关于微分方程的求解、线性代数中行列式和矩阵概念及简单运算等数学知识，下面做一个简单回顾。

1. 微分方程的求解

含有未知函数的导数或微分的方程称为微分方程。方程中未知函数最高阶导数的阶数称为微分方程的阶。在结构动力学的学习中将涉及二阶微分方程的求解问题。下面先介绍有关微分方程解的基本概念。

微分方程的解：如果一个函数代入微分方程后，使方程变成一个恒等式，则称此函数为该方程的解。微分方程的解分为通解和特解。

通解：若微分方程的解中含有与方程阶数相同个数的相互独立的任意常数，这样的解称为微分方程的通解。

定解条件：为了确定微分方程的一个特定的解，通常已知这个解所必须满足的条件，这些条件称为定解条件。

特解：根据定解条件确定了任意常数后所得的解称为微分方程的特解。

微分方程

$$\ddot{y}+p(x)\dot{y}+q(x)y=f(x)\tag{2-5}$$

为二阶线性非齐次微分方程，若右端自由项 $f(x)$ 为零，则化为二阶线性齐次微分方程，可写为

$$\ddot{y}+p(x)\dot{y}+q(x)y=0\tag{2-6}$$

若未知量的系数为常数，则化为二阶常系数齐次线性微分方程

$$\ddot{y}+p\dot{y}+qy=0\tag{2-7}$$

求解方程（2－7）通解的步骤如下。

(1) 令 $y=\mathrm{e}^{rx}$，则可写出微分方程的特征方程

$$r^2+pr+q=0\tag{2-8}$$

(2) 求出特征方程的两个根 r_1、r_2。

(3) 根据特征方程两个根的不同情形，按照表 2-3 写出微分方程的通解。

表 2-3　二阶常系数线性微分方程通解表达式

特征方程 $r^2+pr+q=0$ 的两个根 r_1、r_2	微分方程 $\ddot{y}+p\dot{y}+qy=0$ 的通解
两个不相等的实根 r_1、r_2	$y=C_1e^{r_1x}+C_2e^{r_2x}$
两个相等的实根 $r_1=r_2$	$y=(C_1+C_2x)e^{r_1x}$
一对共轭复根 $r_{1,2}=\alpha\pm i\beta$	$y=e^{\alpha x}(C_1\cos\beta x+C_2\sin\beta x)$

通解得出后再根据定解条件可以将待定系数求出，最终确定其通解表达式。

而对于二阶常系数非齐次线性微分方程，其全解则由两部分相加而成，即其所对应齐次微分方程的通解（解法如上）和该非齐次微分方程的一个特解之和。

2. 线性代数相关知识

多自由度体系的结构动力学问题涉及线性微分方程组的求解问题，提到方程组就一定会应用到线性代数的有关概念。

首先，行列式的概念就是来源于对线性方程组的研究。设二元一次线性方程组

$$\begin{cases}a_{11}x_1+a_{12}x_2=b_1\\a_{21}x_1+a_{22}x_2=b_2\end{cases}\tag{2-9}$$

通过加减消元，若 $a_{11}a_{22}-a_{12}a_{21}\neq 0$，则方程组的解为

$$x_1=\frac{b_1a_{22}-a_{12}b_2}{a_{11}a_{22}-a_{12}a_{21}},\quad x_2=\frac{b_2a_{11}-a_{21}b_1}{a_{11}a_{22}-a_{12}a_{21}}\tag{2-10}$$

将此种方法推广到多元方程组，为便于记忆，就引出了行列式的概念。将未知数的系数行列式写为

$$D=\begin{vmatrix}a_{11}&a_{12}\\a_{21}&a_{22}\end{vmatrix}\tag{2-11}$$

再将系数行列式的第一列、第二列分别替换为常数列，可得

$$D_1=\begin{vmatrix}b_1&a_{12}\\b_2&a_{22}\end{vmatrix},\quad D_2=\begin{vmatrix}a_{11}&b_1\\a_{21}&b_2\end{vmatrix}\tag{2-12}$$

则当系数行列式不为零时，可以得到二元一次线性方程组的解为

$$x_1=\frac{D_1}{D}=\frac{\begin{vmatrix}b_1&a_{12}\\b_2&a_{22}\end{vmatrix}}{\begin{vmatrix}a_{11}&a_{12}\\a_{21}&a_{22}\end{vmatrix}},\quad x_2=\frac{D_2}{D}=\frac{\begin{vmatrix}a_{11}&b_1\\a_{21}&b_2\end{vmatrix}}{\begin{vmatrix}a_{11}&a_{12}\\a_{21}&a_{22}\end{vmatrix}}\tag{2-13}$$

上述方法可以推广到多元一次线性方程组的求解。

二阶和三阶行列式的计算可以应用对角线法则，如二阶行列式的计算为

$$\begin{vmatrix}a_{11}&a_{12}\\a_{21}&a_{22}\end{vmatrix}=a_{11}a_{22}-a_{12}a_{21}\tag{2-14}$$

对 n 阶行列式，如果把元素 a_{ij} 所在的第 i 行和第 j 列划去后，剩下来的 $n-1$ 阶行列式叫作元素 a_{ij} 的余子式，记为 M_{ij}；而 M_{ij} 前面附以符号 $(-1)^{i+j}$ 后，叫作元素 a_{ij} 的代数余子式，用符号 A_{ij} 来表示，即 $A_{ij}=(-1)^{i+j}M_{ij}$。

这样，n 阶行列式就等于它的任一行（列）的各元素与其相对应的代数余子式乘积之

和，即

$$D=a_{i1}A_{i1}+a_{i2}A_{i2}+\cdots+a_{in}A_{in}\quad（按第 i 行展开）$$
$$D=a_{1j}A_{1j}+a_{2j}A_{2j}+\cdots+a_{nj}A_{nj}\quad（按第 j 列展开）\tag{2-15}$$

如果把 n 阶行列式的行依次变为列，就得到一个新行列式 D^{T}，行列式 D^{T} 称为行列式 D 的转置行列式，它有如下性质：n 阶行列式的值等于它的转置行列式的值。

下面引入矩阵的概念，由 $m\times n$ 个数排列成 m 行 n 列的数表

$$\boldsymbol{A}=\begin{bmatrix} a_{11} & a_{12} & \cdots & a_{1n} \\ a_{21} & a_{22} & \cdots & a_{2n} \\ \vdots & \vdots & & \vdots \\ a_{m1} & a_{m2} & \cdots & a_{mn} \end{bmatrix}\tag{2-16}$$

称为 $m\times n$ 阶矩阵，其中 a_{ij} 为矩阵 $\boldsymbol{A}$ 的第 i 行第 j 列元素。可简记为 $\boldsymbol{A}=(a_{ij})_{m\times n}$ 或 $\boldsymbol{A}=(a_{ij})$。当 $m=n$ 时，$\boldsymbol{A}$ 称为 n 阶方阵，记为 $\boldsymbol{A}=(a_{ij})_n$。只有一行的矩阵 $\boldsymbol{A}=[a_1\ \ a_2\ \ \cdots\ \ a_n]$ 称为行向量，或行矩阵；只有一列的矩阵 $\boldsymbol{A}=[a_1\ \ a_2\ \ \cdots\ \ a_n]^{\mathrm{T}}$ 称为列向量，或列矩阵。符号 $\boldsymbol{A}^{\mathrm{T}}$ 是把矩阵 $\boldsymbol{A}$ 的行依次换成列而得到的矩阵，叫作 $\boldsymbol{A}$ 的转置矩阵。

矩阵运算必须满足一定的条件，如加减运算必须是行和列相等的矩阵，加减的结果是对应矩阵元素加减；矩阵的乘法必须满足左矩阵的列数等于右矩阵的行数，相乘后的结果为左矩阵的行数、右矩阵的列数。例如设

$$\boldsymbol{A}=\begin{bmatrix} a_1 \\ a_2 \\ \vdots \\ a_m \end{bmatrix}\qquad \boldsymbol{B}=[b_1\ \ b_2\ \ \cdots\ \ b_n]$$

则

$$\boldsymbol{AB}=\begin{bmatrix} a_1 \\ a_2 \\ \vdots \\ a_m \end{bmatrix}[b_1\ \ b_2\ \ \cdots\ \ b_n]=\begin{bmatrix} a_1b_1 & a_1b_2 & \cdots & a_1b_n \\ a_2b_1 & a_2b_2 & \cdots & a_2b_n \\ \vdots & \vdots & & \vdots \\ a_mb_1 & a_mb_2 & \cdots & a_mb_n \end{bmatrix}$$

设 $\boldsymbol{A}$ 是 n 阶方阵，$\boldsymbol{E}$ 是 n 阶的单位矩阵，如果存在一个 n 阶方阵 $\boldsymbol{B}$，使得 $\boldsymbol{AB}=\boldsymbol{BA}=\boldsymbol{E}$，则说方阵 $\boldsymbol{A}$ 是可逆的，并把方阵 $\boldsymbol{B}$ 称为方阵 $\boldsymbol{A}$ 的逆矩阵，记 $\boldsymbol{B}=\boldsymbol{A}^{-1}$。方阵 $\boldsymbol{A}$ 有逆矩阵存在的充分必要条件是 $\boldsymbol{A}$ 为非奇异矩阵，则

$$\boldsymbol{A}^{-1}=\frac{1}{|\boldsymbol{A}|}\boldsymbol{A}^{*}\tag{2-17}$$

其中，$\boldsymbol{A}^{*}$ 称为方阵 $\boldsymbol{A}$ 的伴随方阵，它是行列式 $|\boldsymbol{A}|$ 的各元素的代数余子式所构成的方阵。

设 $\boldsymbol{A}$ 是 n 阶方阵，如果数 λ_0 和 n 维非零列向量 $\boldsymbol{\xi}$ 满足关系式

$$\boldsymbol{A\xi}=\lambda_0\boldsymbol{\xi}\tag{2-18}$$

则称 λ_0 为 $\boldsymbol{A}$ 的特征值，$\boldsymbol{\xi}$ 为 $\boldsymbol{A}$ 的属于 λ_0 的一个特征向量。

设 $\boldsymbol{A}$ 是 n 阶方阵，λ 是参数，则行列式

$$|\lambda\boldsymbol{E}-\boldsymbol{A}|=\begin{vmatrix} \lambda-a_{11} & a_{12} & \cdots & a_{1n} \\ a_{21} & \lambda-a_{22} & \cdots & a_{2n} \\ \vdots & \vdots & & \vdots \\ a_{m1} & a_{m2} & \cdots & \lambda-a_{mn} \end{vmatrix}\tag{2-19}$$

称为方阵 $\boldsymbol{A}$ 的特征多项式。

$|\lambda\boldsymbol{E}-\boldsymbol{A}|=0$ 为方阵 $\boldsymbol{A}$ 的特征方程。$\boldsymbol{A}$ 的特征值就是特征方程的解，n 阶方阵 $\boldsymbol{A}$ 有 n 个特征值。$\boldsymbol{A}$ 的属于特征值 λ_i 的特征向量就是齐次线性方程组 $(\lambda\boldsymbol{E}-\boldsymbol{A})\boldsymbol{x}=0$ 的所有非零解。

2.1.3 理论力学前期知识

理论力学中的一些有关动力学的原理和概念，如牛顿第二定律、达朗伯原理、简谐振动等在结构动力学的学习中也非常重要，下面针对有关重要原理和概念做一些简单回顾。

1. 达朗伯原理

达朗伯原理是一种解决非自由质点和质点系动力学问题的普遍方法。这种方法是用静力学中研究平衡问题的方法来研究动力学问题，因此又称为动静法。

当质点受到其他物体作用而使运动状态发生变化时，由于质点本身的惯性，对施力物体产生反作用力，这种反作用力称为质点的惯性力。惯性力的大小等于质点的质量与其加速度的乘积，方向与加速度的方向相反，但作用于施力物体上。若用 $\boldsymbol{F}_{\mathrm{I}}$ 表示惯性力，则 $\boldsymbol{F}_{\mathrm{I}}=-m\boldsymbol{a}$。

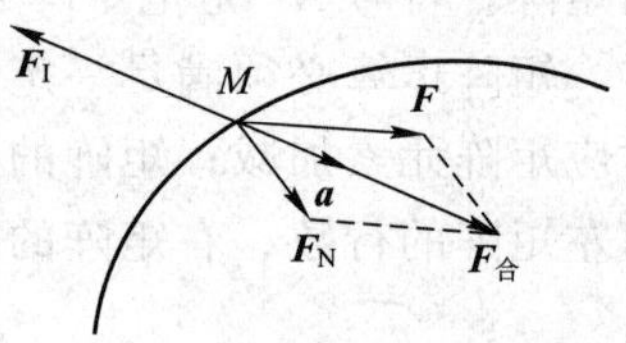

图 2-4 质点的达朗伯原理图

设质量为 m 的质点 M，受主动力 $\boldsymbol{F}$ 和约束反力 $\boldsymbol{F}_{\mathrm{N}}$ 的作用，沿曲线运动，产生加速度 $\boldsymbol{a}$，如图 2-4 所示。根据牛顿第二定律，有

$$\boldsymbol{F}+\boldsymbol{F}_{\mathrm{N}}=m\boldsymbol{a} \tag{2-20}$$

代入惯性力得

$$\boldsymbol{F}+\boldsymbol{F}_{\mathrm{N}}+\boldsymbol{F}_{\mathrm{I}}=0 \tag{2-21}$$

上式表明：任一瞬时，作用于质点上的主动力、约束反力和虚加在质点上的惯性力在形式上组成平衡力系。这就是质点的达朗伯原理。

必须指出：由于质点的惯性力并不作用于质点本身，而是假想地虚加在质点上的，质点实际上也并不平衡。公式只反映了力与运动的关系，实质上仍然是动力学问题，但它提供了将动力学问题转化为静力学平衡问题的研究方法。这种方法对求解质点的动力学问题并未带来明显的方便，但在研究方法上显然是个新的突破，而且它对求解非自由质点系的动力学问题是十分有益的。

2. 弹簧振子简谐振动

弹簧振子是一个不考虑摩擦阻力，不考虑弹簧的质量，不考虑振子（金属小球）的大小和形状的理想化的物理模型，用来研究简谐振动的规律。

如图 2-5 所示是一个弹簧振子的模型，其中金属杆光滑，轻质弹簧质量远小于金属

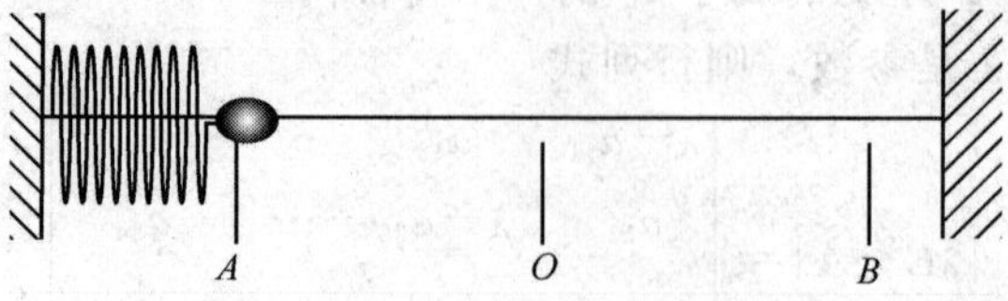

图 2-5 弹簧振子模型

小球的质量，故可忽略不计。假设将小球拉到 O 位置后松手，小球就会在 A、B 间来回往复运动。运动规律如表 2-4 所示。

表 2-4　弹簧振子运动规律

位置	A	$A \to O$	O	$O \to B$	B
位移大小	最大	减小	0	增大	最大
速度大小	0	增大	最大	减小	0
动能	0	增大	最大	减小	0
势能	最大	减小	0	增大	最大
总能	不变	不变	不变	不变	不变

弹簧振子的振动周期为

$$T=2\pi\sqrt{\frac{m}{k}} \tag{2-22}$$

式中　k——弹簧的刚度系数；

m——弹簧振子（小球）的质量。

从式（2-22）可以看出，弹簧振子的振动周期与质量成正比，与弹簧刚度系数成反比。这一规律在结构动力学中仍然适用，我们将在后续的章节中加以展开讨论。

2.2　动荷载的定义和分类

2.2.1　动荷载的定义

作用在结构上的荷载是由 3 个因素确定的，即大小、方向和作用点。如果这些因素随时间不变或缓慢变化，则在求解结构的响应时，可把荷载作为静荷载处理以简化计算，这是结构静力学的范畴。如果荷载在大小、方向和作用点方面随时间变化，使得质量运动加速度所引起的惯性力与荷载相比大到不可忽视时，则把这种荷载称为动荷载。

由动荷载的定义可引申到其他间接作用，如引起基础运动的地震作用等。其中，地震作用引起的地面运动通过基础传给上部结构，使之产生惯性力，而此惯性力往往可以达到较高的水平。因此，地震作用为典型的动力作用。

2.2.2　动荷载的分类

动荷载是时间的函数，根据动荷载随时间变化的规律，可以分为确定性荷载与非确定性荷载两大类。

1. 确定性荷载

如果荷载的变化是时间的确定性函数，则称此类荷载为确定性荷载。经常用到的确定性荷载有简谐荷载、冲击荷载和突加荷载等。

简谐荷载是一种特殊的周期荷载（即随时间呈周期性变化的荷载），可用正弦函数 $F_0\sin\theta t$ 或余弦函数 $F_0\cos\theta t$ 来表示，F_0 称为荷载幅值，θ 为外荷载频率，t 为时间，其随时间的变化规律如图 2-6（a）所示。例如旋转机械装置因质量不平衡而引起的离心力，从而使结构受到转动件的动力作用，这种离心力就是典型的简谐荷载。对周期性的非简谐荷载可借助傅里叶分析分解成一系列简谐分量之和进行处理。

冲击荷载是一种非周期荷载，其特点是荷载的大小在极短的时间内有较大的变化，如图 2-6（b）所示。最典型的例子是爆炸引起的冲击荷载。

另一种非周期荷载为突加荷载，这种荷载以某一恒值突然施加于结构上并保持不变，如图 2-6（c）所示。较为典型的实例有锻锤或打桩机产生的荷载。结构受确定性荷载作用时的响应分析通常称为结构振动分析。

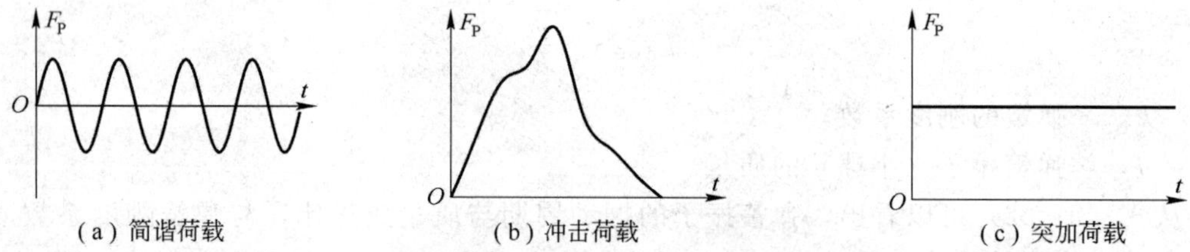

图 2-6　确定性荷载形式示意图

2. 非确定性荷载

如果荷载随时间的变化不能用确定时间函数来描述，则称此类荷载为非确定性荷载。随机荷载即是一种非确定性荷载，在任一时刻荷载的大小是随机变量。图 2-7（a）所示为地震作用随时间的变化曲线，图 2-7（b）所示为一实测铁路列车作用于轨道上时某点的竖向荷载随时间变化的曲线，图 2-7（c）为局部放大图形。

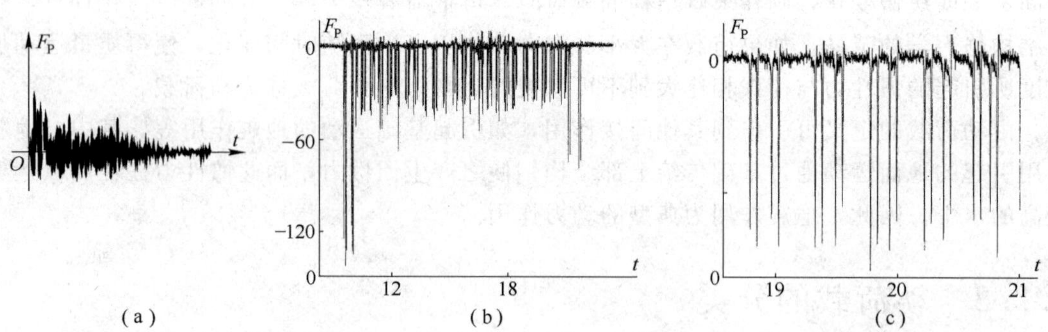

图 2-7　非确定性荷载形式示意图

随机荷载可按照随机过程的理论，用统计信息来描述。例如，脉动风和地震波等对建筑物产生的荷载都是随机荷载。结构在随机荷载作用下的响应分析，称为结构的随机振动分析。本书仅介绍确定性荷载的作用，有关随机振动的内容，感兴趣的读者可参阅相关书籍。

2.3　结构动力学的任务和研究内容

2.3.1　结构动力问题的基本特性

结构动力学与结构静力学相比，分析上要复杂和困难得多，可以考虑以下几点。

其一，数学处理上要复杂。结构动力学中要考虑结构因振动而产生的惯性力和阻尼力（内容详见 2.5 节），而惯性力涉及位移对时间的二阶导数，这样按牛顿运动定律建立的运动方程为微分方程；而对结构静力学的线弹性问题，平衡方程为线性代数方程。另外，有关阻尼作用的机理，目前尚未完全清楚，只能在数学上做一些假设进行处理，结构静力学则不存在此类问题。

其二，动力问题具有随时间变化的性质，显然动力问题不像静力问题那样具有单一解，而必须建立与时间有关的感兴趣的一系列解答，因此动力分析比静力分析更复杂且更耗时间。

其三，结构的动力响应不仅与荷载如何随时间变化有关，还与结构的刚度分布、质量分布、能量耗散等情况有关（内容详见 2.5 节）。对于不同的结构，只要它们的动力特性相同，那么在相同的动荷载作用下，它们的动力响应（位移、速度、加速度等）的规律都是一样的，这和静力分析是不同的。

2.3.2　结构动力学的任务

结构动力学的任务可归纳为以下 3 个方面：

（1）提供对结构进行动力响应分析的方法；

（2）确定结构的固有动力特性，并建立结构的固有动力特性、动荷载和结构的动力响应三者之间的相互关系；

（3）提供对结构进行动力可靠性设计的依据。

2.3.3　结构动力学的研究内容

结构动力学的研究内容包括理论研究和实验研究两个方面。

1. 理论研究

现代结构动力学的理论研究主要包括以下 5 个方面的内容。

（1）结构的动力响应分析。已知动荷载（输入）和结构的动力特性（系统），求结构的响应（输出）。

（2）结构的参数识别或系统识别。已知动荷载（输入）和结构的响应（输出），求结构的动力特性（系统）参数或数学模型。

（3）荷载识别。已知结构的动力特性（系统）和结构的响应（输出），求动荷载（输入）。

（4）结构的振动控制。综合输入、系统和输出的全部信息，对结构响应进行控制。

(5) 优化设计。设计一个结构，求出最优的设计方案，使其具有预定的动力特性。

以上 5 个方面问题中，第（1）类问题称为结构动力学的正问题；第（2）、(3)、(5) 类问题称为结构动力学的逆问题；第（4）类问题称为结构振动控制问题，结构振动控制还分为被动控制、主动控制和混合控制，这将在第 4 章中具体介绍。

2. 实验研究

实验研究不仅为理论分析奠定了基础，而且成为解决实际工程问题的主要手段。例如材料性能和结构阻尼特性的测定、振动环境试验（即在现场或实验室模拟振动环境，检验产品在振动环境中工作的可靠性）等工作，就是主要依靠实验研究。结构动力学实验研究的主要内容有材料性能的测定、结构动力相似模型的研究、结构固有（自由）振动参量的测定、振动环境试验等。

本书主要介绍结构的动力响应问题。

2.4 结构动力分析中体系的自由度

工程问题通常不可能得到精确的数学解，只有在某些简单的情况下，才能得到解析解。对于涉及复杂材料特性、荷载和边界条件的一些问题，将引入需要的各种假设和理想化的条件，建立数学模型，以便进行数学处理。在结构动力学中，要得到一个实际结构体系在数学上的合理解，需要一个理想化或简化的数学模型，体系的自由度便是模型建立过程中要研究的一个重要问题。

2.4.1 体系的动力自由度

在振动过程的任一时刻，为了表示全部有意义的惯性力的作用，所必须考虑的独立位移分量的个数，称为体系的动力自由度。按照体系的动力自由度的数目，将结构体系分为单自由度体系、多自由度体系（如 2 个自由度、3 个自由度等）及无限自由度体系。实际结构质量都是连续分布的，因此都是无限自由度体系，但是在工程实际中这样考虑不仅困难，而且往往也是不必要的。所以通常设法将无限自由度问题简化为有限个自由度问题来处理。

与动力自由度相对应，在静力学中一个物体的自由度，通常定义为确定此物体在空间中的位置及全部变形状态所需要的独立参数的数目，应注意二者的区别。以后所提到的自由度均指动力自由度。

2.4.2 体系自由度的简化

1. 集中质量法

把结构的分布质量按一定的规则集中到结构的某个或某些位置上，成为一系列离散的质点或块，而把结构的其他地方看成没有质量但具有弹性性能，由于仅是这些质点或块才产生惯性力，故离散系统的运动方程只以这些质点的位移或块的位移与转动作为自由度，从而将无限自由度体系简化为有限个自由度的体系。这种方法对于大部分质量集中在若干离散点上的结构特别有效。

如图 2－8（a）所示的三层结构，当楼板与柱相比具有无限刚度且不考虑柱子的轴向变形时，并假定结构的总质量集中在楼层上，此时结构可简化为图 2－8（b）所示的 3 个自由度的剪切结构模型。

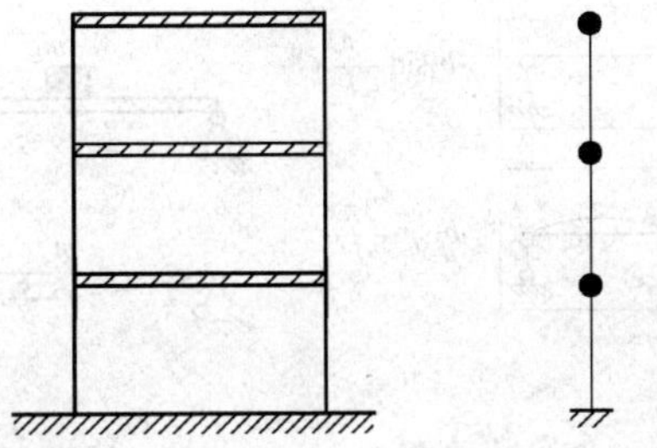

图 2－8　剪切结构模型自由度的简化

2. 广义坐标法

假定具有分布质量 $\bar{m}$ 的简支梁结构如图 2－9（a）所示，振动时的竖向位移 $v(x)$ 可以表示为

$$v(x)=\sum_{n=1}^{\infty}b_n\sin\frac{n\pi x}{l}$$

拓展到一般情况，假定具有分布质量的结构体系，在振动时的位移曲线为 $y(x, t)$，可用一系列位移函数 $\phi_k(x)$（它们必须满足支承处的约束条件和结构内部位移的连续性条件）的线性组合来表示，如

$$y(x, t)=\sum_{k=1}^{n}A_k(t)\phi_k(x)$$

式中的组合系数 $A_k(t)$ 称为体系的广义坐标，表示相应位移函数的幅值，是随时间变化的参数，其数目代表了所考虑的自由度数，一旦各个系数 $A_k(t)$ 确定了，则可以由事先给定的位移函数确定结构振动的位移曲线，因而可以完全描述系统的状态，这样就以广义坐标作为自由度，将无限自由度体系简化为有限个自由度的体系。对于质量分布比较均匀，形状规则且边界条件易于处理的结构，这种方法很有效。体系的自由度数就等于广义坐标数。

当然，图 2－9（a）所示结构有时也可采用集中质量法进行简化，这样就将无限自由度系统变成有限自由度系统，如图 2－9（b）所示。

3. 有限单元法

有限单元法是将有限元法的思想用于解决结构的动力计算问题。对分布质量的实际结构，体系的自由度数为单元节点可发生的独立位移未知量的总个数，如图 2－10 所示。其要点是先把结构划分成适当数量的单元，然后对每个单元采用广义坐标法，通常取单元的若干个几何特征点处的广义位移作为广义坐标，并对每个广义坐标取相应的位移函数，这样无限自由度的体系就被简化为有限个自由度的体系。

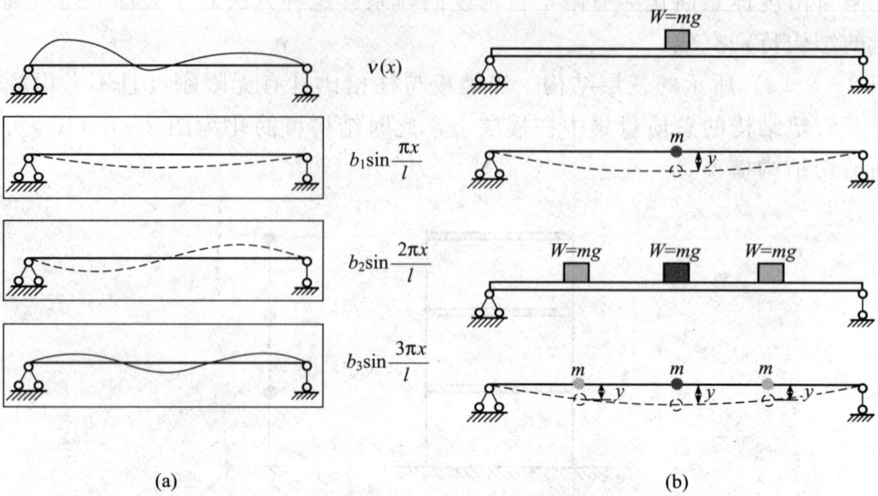

图 2－9　简支梁结构自由度的简化

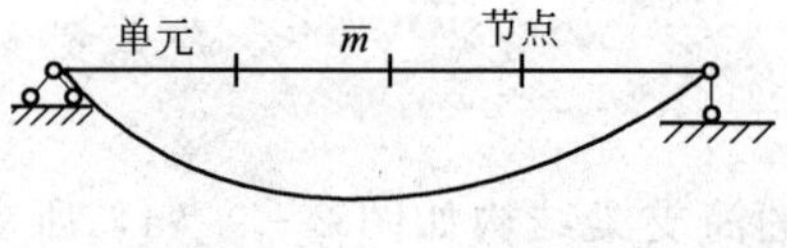

图 2－10　简支梁结构单元划分示意图

一般地说，有限元法综合了集中质量法和广义坐标法的某些特点，是最灵活有效的离散化方法，它提供了既方便又可靠的理想化模型，并特别适合于用电子计算机进行分析，因此是目前最为流行的方法，目前已有不少专用的或通用的程序（如 SAP，ANSYS 等）供结构动力分析之用。

图 2－11 为用通用有限元程序建立的某悬索桥的有限元模型示意图。

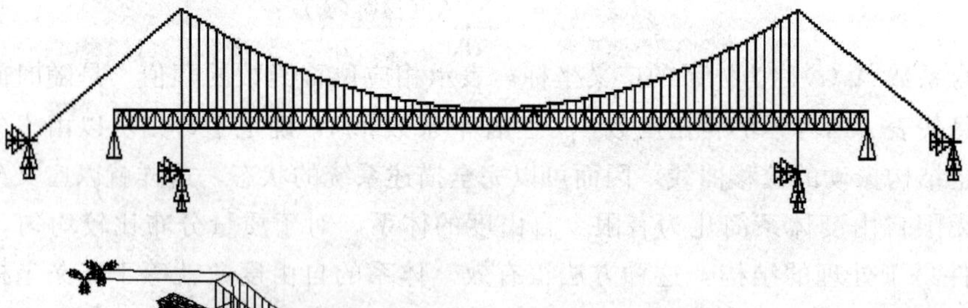

图 2－11　某悬索桥的有限元模型示意图

2.4.3　体系自由度的确定

对于广义坐标法或有限单元法，体系的自由度就等于广义坐标数或独立节点的位移数，本节主要介绍采用集中质量法确定体系的自由度。

如图 2－12（a）～（f）所示平面结构体系，由于质量 m 可能发生水平和竖向运动，因此根据是否忽略杆件轴向变形，可判断体系的自由度。自由度为 1 的体系称为单自由度体系；自由度大于 1 的体系称为多（有限）自由度体系；自由度无限多的体系称为无限自由度体系。

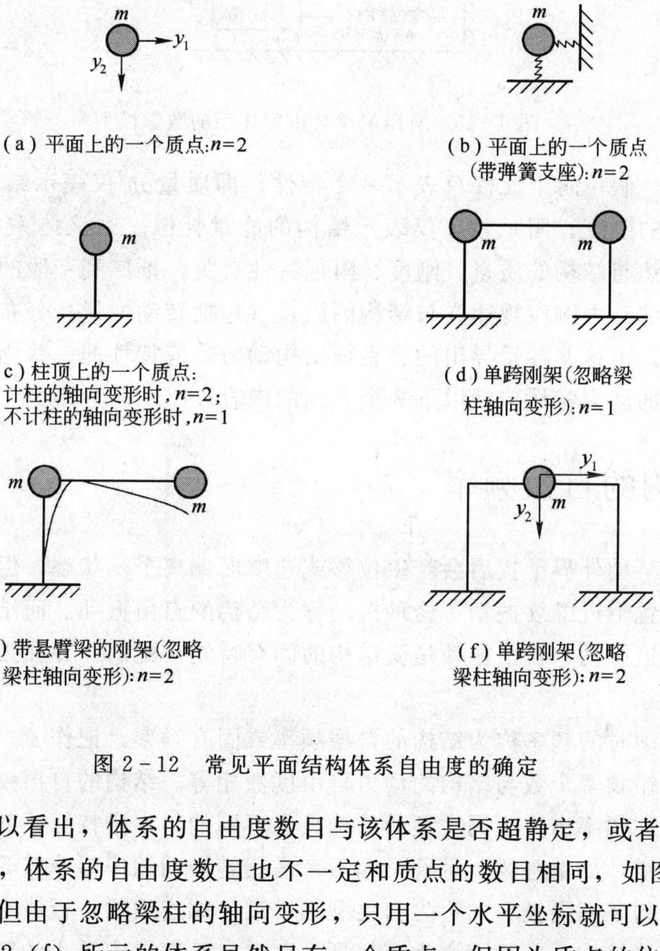

(a) 平面上的一个质点:$n=2$

(b) 平面上的一个质点（带弹簧支座）:$n=2$

(c) 柱顶上的一个质点：计柱的轴向变形时，$n=2$；不计柱的轴向变形时，$n=1$

(d) 单跨刚架（忽略梁柱轴向变形）:$n=1$

(e) 带悬臂梁的刚架（忽略梁柱轴向变形）:$n=2$

(f) 单跨刚架（忽略梁柱轴向变形）:$n=2$

图 2－12　常见平面结构体系自由度的确定

从图 2－12 可以看出，体系的自由度数目与该体系是否超静定，或者超静定的次数多少没有关系。此外，体系的自由度数目也不一定和质点的数目相同，如图 2－12（d）的体系有两个质点，但由于忽略梁柱的轴向变形，只用一个水平坐标就可以确定全部两个质量的位移；而 2－12（f）所示的体系虽然只有一个质点，但因为质点的位移需要两个独立的水平和竖向坐标才能确定，因此它有两个自由度。在分析结构自由度时，通常可忽略受弯构件的轴向变形。

2.5　结构的动力特性

首先研究一个最简单的有阻尼单自由度体系的数学模型，如图 2－13 所示。此模型包括下列集中参量元件：

(1) 质量块 m，用来表示结构的质量和惯性特性；

(2) 弹簧 k，用来表示结构的弹性恢复力和势能或刚度；

(3) 阻尼器 c，用来表示结构的能量耗散；

(4) 激励荷载 $F(t)$，用来表示作用于结构体系上的外力。

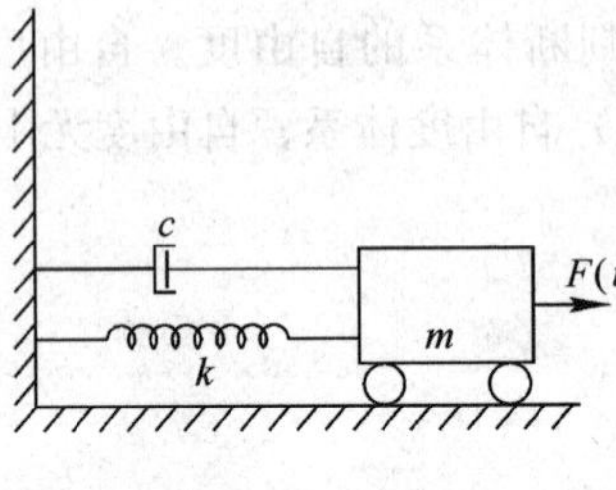

图 2-13　有阻尼单自由度体系的数学模型

在该模型中，假设每个元件只表示一个特性，即质量 m 仅表示结构的惯性特性；弹簧 k 仅表示结构的刚度；阻尼器 c 仅表示结构的能量耗散。则该体系在激励荷载的作用下，响应规律必然与结构的质量、刚度、阻尼特性有关，推广到一般的结构体系，在动荷载作用下，结构的动力响应规律亦与结构的质量（包括转动惯量）分布、刚度分布和能量耗散机制等有关。由这些参量导出的、表征结构动力响应特性的一些固有量，称为结构的动力特性。结构的动力特性包括以下 3 个方面的内容。

2.5.1　结构的自振频率

当结构受到某种外界干扰后会产生位移或速度而偏离平衡状态，但外界干扰消失后结构将在其平衡位置附近继续振动，这种振动称为结构的自由振动。而结构在外部激励作用下的振动称为强迫振动。自由振动是受结构的固有特性支配的，并在强迫振动分析中有重要应用。

结构自由振动时的频率称为结构的自振频率或固有频率，记作 ω。对大部分工程结构来说，结构的自振频率个数与结构的动力自由度数相等。结构的自振频率按由小到大的顺序排列称为结构的频率谱，不同类型的结构具有不同的频率谱特征，其中频率间隔较大的称为稀疏型频率谱，如单跨梁、悬臂梁和不考虑扭转振动的房屋建筑等结构，其频率谱为稀疏型频率谱；频率间隔较小的称为密集型频率谱，如连续梁、板、空间结构和考虑扭转振动的房屋建筑等结构，其频率谱为密集型频率谱。频率谱中最小的频率称为结构的基本频率，简称基频（或第 1 阶频率），记为 ω_1，其余依次记为 ω_2，ω_3，…，ω_n，相应地称为第 2，3，…，n 阶频率。

2.5.2　结构的振型

当结构按频率谱中某一自振频率做自由振动时，其变形形状保持不变（振动过程中各个质量的位移之比保持一个确定的关系），这种变形形状称为结构的主振型（或固有振型)，简称振型。结构按基频做自由振动时的振型称为结构的基本振型，其余依次称为第 2，3，…，n 阶振型。如图 2－14 所示。

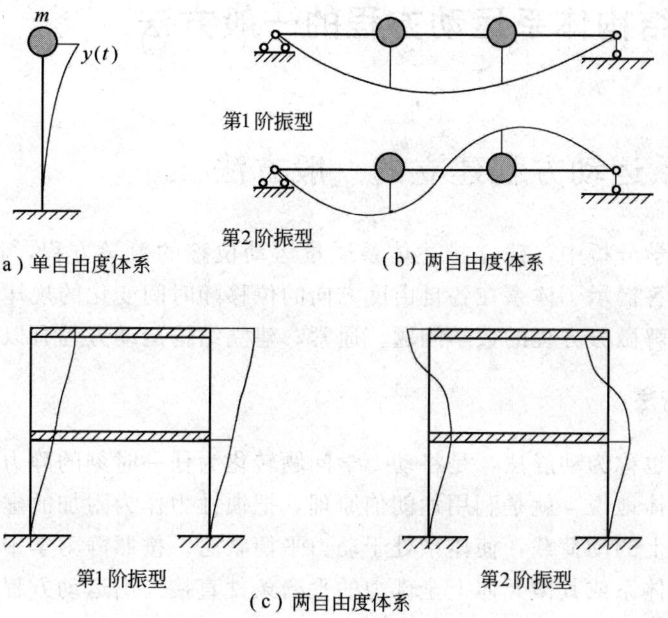

图 2－14　简单结构体系的振型

一个 n 自由度的线弹性系统有 n 个固有频率和 n 个振型，而该结构在动荷载作用下的位移响应可用结构振型的线性组合来表示，因此结构振型是结构动力学研究的重要内容之一。

2.5.3　结构的阻尼

结构在自由振动过程中，如果没有能量的耗散，振动将永远保持由初始条件决定的振幅，并持续运动下去。但实际上，结构自由振动的振幅都会随时间而衰减，经过一定时间后停止振动，这是因为系统的能量因某些原因而消耗。这种能量的耗散作用称为阻尼，由于阻尼使振动衰减的系统称为有阻尼系统。

通常认为，产生能量耗散的原因有结构材料的内摩擦（或黏性）、构件连接处的摩擦、周围介质（如空气、建筑物地基）的阻力影响等。但有关阻尼的作用机理，目前尚未完全研究清楚。为了从数学上便于处理，目前通常进行一些假定，采用等效黏滞阻尼理论，即不计空气、地基等因素，假设结构物内部有所谓的阻尼器，以此代表产生阻尼的机制，并且假定作用于质量上的阻尼力大小与质量的运动速度成正比，方向与运动速度方向相反，如单自由度体系，阻尼力可表示为

$$F_{\mathrm{D}} = -c\dot{y}$$

其中，c 称为阻尼系数（或黏阻系数）；$\dot{y}$ 为质量的速度，等式右边的负号表示阻尼力的方向与运动速度方向相反，这种阻尼称为黏滞阻尼。

利用以上思路可开发出耗散结构能量的实际阻尼器，如摩擦消耗装置、铅挤压阻尼器、黏弹性材料阻尼器、钢件非弹性消能装置、液体阻尼装置等。将它们安装在结构的适

当位置，以减小结构的振动。这属于结构振动控制方面的内容。

2.6　建立结构体系运动方程的一般方法

2.6.1　体系运动方程建立的一般方法

在结构动力学分析中，建立描述体系质量运动位移的数学方程，称为体系的运动方程。该方程的解答揭示了体系在各自由度方向的位移随时间变化的规律，这样结构的振动问题就归结为求解微分方程的数学问题。通常，建立结构运动方程有以下 3 种方法。

1. 直接平衡法

直接平衡法也称为动静法，是将动力学问题转化为任一时刻的静力学问题，按照力的平衡列方程。具体地说，就是利用达朗伯原理，把惯性力作为附加的虚拟力，并考虑阻尼力和作用在结构上的动荷载，使体系处于动力平衡状态。按照静力学中建立平衡方程的思路，根据作用在体系或其微元体上全部力的平衡条件直接写出运动方程。

用直接平衡法建立有限自由度体系运动方程的一般步骤为：

(1) 根据问题的具体情况和对计算精度的要求，确定动力自由度数目，建立计算模型（建模）；

(2) 建立坐标系，给出各自由度的位移参数；

(3) 沿质量各自由度方向附加惯性力和阻尼力；

(4) 通过分析质量力的平衡或考虑变形协调，建立体系的运动方程。

直接平衡法有两种，即刚度法（列力的平衡方程）和柔度法（列位移协调方程），具体步骤见 2.6.2 节。

2. 虚功法

根据虚功原理，即作用在体系上的全部力（包括惯性力和阻尼力）在虚位移上所做虚功的总和为零的条件，导出以广义坐标表示的运动方程。此方法对于刚体集合类的广义单自由度体系来说，应用比较方便。

3. 变分法

变分法是通过对表示能量关系的泛函的变分建立动力平衡方程。首先，利用广义坐标写出系统的动能、势能、阻尼耗散函数及广义力的表达式；其次，根据理论力学中的哈密顿原理或其等价形式的拉格朗日方程导出以广义坐标表示的运动方程。

因为该方法不是明显地应用惯性力、阻尼力和弹性力，而是用动能、耗能和势能的变分项来代替，故称为变分法。此方法对于具有分布柔性的广义单自由度体系来说，应用比较方便。

以上 3 种方法，形式不同，但实质上都是建立在动平衡的概念上，因此是 3 种等价的方法。只是对于不同的结构体系，建立运动方程时，3 种方法的应用各有所长。本书仅讨论直接平衡法，对其他方法有兴趣的读者，可参阅有关书籍。

2.6.2　体系运动方程的建立

1. 刚度法

取每一运动质量为隔离体，分析质量所受的全部外力（包括惯性力、阻尼力、动荷载，以及阻止质量沿自由度方向运动的恢复力如约束反力和弹性力），建立质量各自由度的瞬时动平衡方程，即得到体系的运动方程。

2. 柔度法

以结构整体为研究对象，假想加上全部惯性力和阻尼力，与动荷载一起在任一时刻视为静力荷载，用结构静力分析中计算位移的方法，求出在 j 自由度方向上单位广义力（$X_{ij}=1$）作用下，第 i（$i=1$，2，3，…）自由度方向的位移系数 δ_{ij} 和荷载引起的 i 自由度方向的位移 Δ_{ip}，然后根据叠加原理列出该时刻第 i 自由度方向位移的协调条件，即可得到体系的运动方程。

【例 2-1】 如图 2-15 所示，试用刚度法建立刚架在动荷载 $F_P(t)$ 作用下的运动方程。

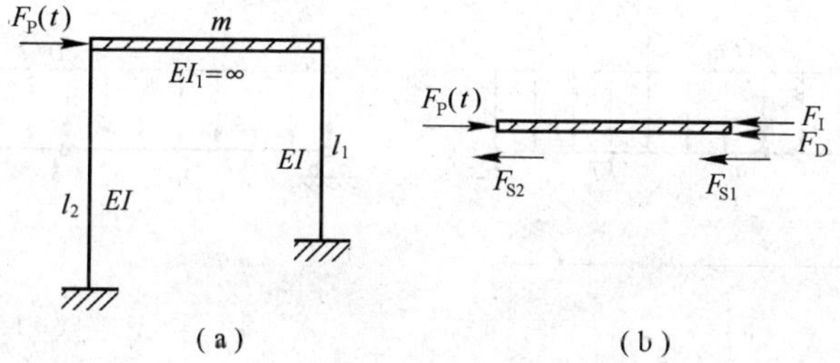

图 2-15　例 2-1 图

[解]

(1) 确定自由度数。

由图 2-15 (a) 可知，略去刚架柱的轴向变形，假定横梁为刚性梁，结构只能发生刚梁水平位移，属于单自由度体系。

(2) 确定自由度的位移参数。

设刚梁在任一时刻的位移为 y，向右为正。

(3) 取质量为隔离体，作为研究对象，进行受力分析。

取刚梁为隔离体，分析所受全部外力，包括质量运动所产生的力：惯性力 F_I（大小与加速度成正比，方向相反），阻尼力 F_D（大小与速度成正比，方向相反），立柱的弹性恢复力 F_{S1}，F_{S2}（方向与位移方向相反），还包括沿自由度方向作用的外荷载 $F_P(t)$，如图 2-15 (b) 所示。

(4) 列动平衡方程。

根据力的平衡条件，得

$$F_P(t)-F_I-F_D-F_{S1}-F_{S2}=0 \tag{2-23}$$

其中各力的大小：

按达朗伯原理，得

$$F_I=m\ddot{y}$$

按结构静力分析中的位移法，得

$$F_{S1}=\frac{12EI}{l_1^3}y$$

$$F_{S2}=\frac{12EI}{l_2^3}y$$

按等效黏滞阻尼理论，得

$$F_D=c\dot{y}$$

其中，c 为体系的黏阻系数。

将各力的大小代入式（2-23）中，并整理得

$$m\ddot{y}+c\dot{y}+ky=F_P(t) \tag{2-24}$$

式中，$k=\frac{12EI}{l_1^3}+\frac{12EI}{l_2^3}$为刚度系数。

式（2-24）即为图 2-15 所示刚架以刚度系数 k 表示的单自由度体系的运动方程。

【例 2-2】 如图 2-16 所示，试用柔度法建立图中所示受均布动荷载 $q(t)$作用的一个集中质量简支梁的运动方程。

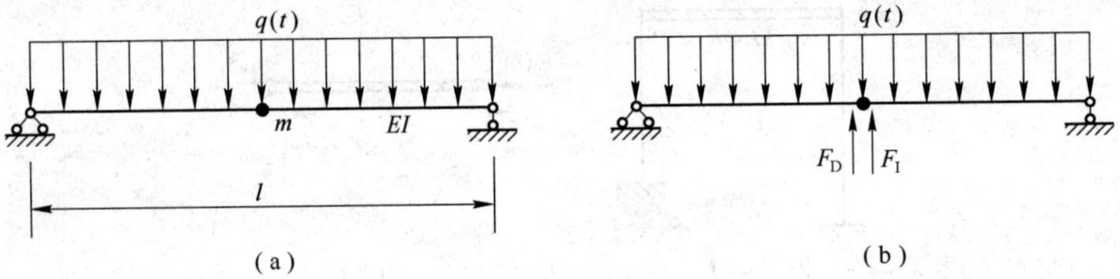

图 2-16　例 2-2 图

[解]

(1) 确定自由度数。

由图 2-16（a）可知，简支梁的质量集中在一点上，质点仅产生竖向位移，体系为单自由度体系。

(2) 确定自由度的位移参数。

设质点 m 的位移为 y，向下为正。

(3) 取结构整体为研究对象，进行受力分析。

质点受惯性力 F_I 和阻尼力 F_D；简支梁上受动荷载 $q(t)$，在任一时刻可视为静荷载。

(4) 列位移方程。

结构的动位移为

$$y=\Delta_p-\delta(F_I+F_D) \tag{2-25}$$

式中，Δ_p 是由动荷载引起质量沿自由度方向的位移，δ 为自由度方向加单位广义力所引起的自身方向位移（柔度），由结构位移计算得

$$\Delta_P=\frac{5l^4}{384EI}q(t)$$

$$\delta=\frac{l^3}{48EI}$$

代入式（2-25），且 $F_I=m\ddot{y}$，$F_D=c\dot{y}$，整理得

$$m\ddot{y}+c\dot{y}+\frac{1}{\delta}y=\frac{5l}{8}q(t) \tag{2-26}$$

式（2-26）即为用柔度系数 δ 表示的图 2-16 中简支梁单自由度体系的运动方程。

在此，引入等效动荷载或等效干扰力的概念。其含义为：等效动荷载直接作用在质量上产生的位移和实际动荷载产生的位移相等，等效动荷载记为 $F_E(t)$。按其含义可知，例 2-2 中 $F_E(t)\cdot\delta=\Delta_P$，代入 δ 和 Δ_P 的计算式，整理得 $F_E(t)=\frac{5l}{8}q(t)$，恰等于式（2-26）的右端项。因此，式（2-26）又可表示为

$$m\ddot{y}+c\dot{y}+\frac{1}{\delta}y=F_E(t) \tag{2-27}$$

因为 $k=\frac{1}{\delta}$，所以式（2-27）又可以写成以刚度系数 k 表示的运动方程，具体为

$$m\ddot{y}+c\dot{y}+ky=F_E(t) \tag{2-28}$$

由例 2-2 可以看出：任意一个单自由度体系的运动方程都可以抽象为一个质量、弹簧、阻尼器体系的运动方程，其一般形式为

$$m\ddot{y}+c\dot{y}+ky=F_P(t) \tag{2-29}$$

当动荷载不作用于质量自由度方向时，用 $F_E(t)$代替 $F_P(t)$。

刚度与柔度是互逆的关系。用刚度法、柔度法这两种方法均可建立运动方程，但计算量有差异，要根据具体情况，灵活应用。

2.6.3　多自由度体系运动方程的一般形式

2.6.2 节例题推导了单自由度体系运动方程的形式，但实际结构简化为单自由度体系只是一种近似，其结果的精度取决于很多因素，如果体系真实的动力行为与计算得到的反应很不相似，则用单自由度简化就很难保证结果的可靠性，因此就必须用多自由度模型来描述体系的动力反应。本节先介绍两个自由度体系的运动方程的形式，进而推广到一般的多自由度体系的运动方程。

1. 两个自由度体系的运动方程

【例 2-3】 试用刚度法建立图 2-17 所示刚架的运动方程。（假定体系为无阻尼体系）

[解]

(1) 确定自由度数。

由图 2-17 可知，结构为剪切型模型，自由度数为 2。

(2) 确定位移参数。

设质量 m_1 的位移为 y_1，质量 m_2 的位移为 y_2。

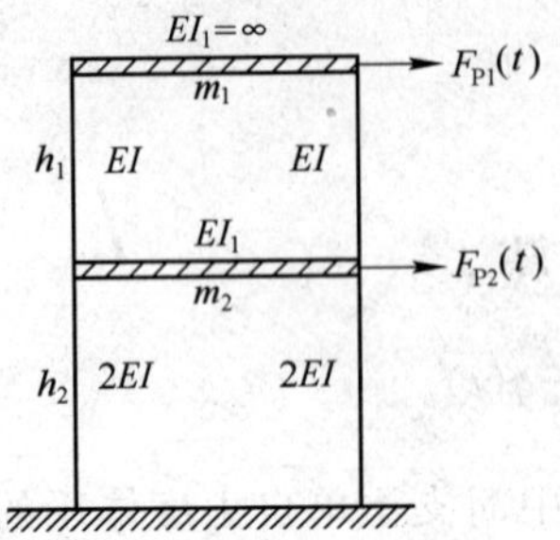

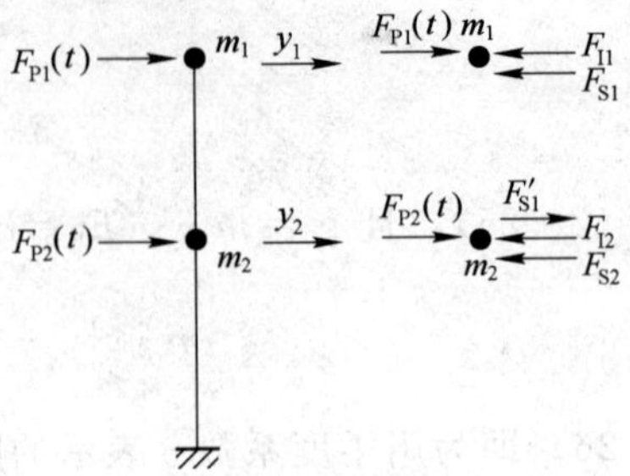

图 2-17　例 2-3 图

(3) 取两个质量为研究对象，进行受力分析。隔离体受力如图 2-17 所示。

(4) 对两个质量建立平衡方程。

$$\begin{aligned}F_{P1}(t)-F_{I1}-F_{S1}&=0\\F_{P2}(t)-F_{I2}-F_{S2}+F'_{S1}&=0\end{aligned}\qquad(2-30)$$

其中

$$F_{I1}=m_1\ddot{y}_1$$

$$F_{S1}=k_1(y_1-y_2)=2\times\frac{12EI}{h_1^3}(y_1-y_2)$$

$$F_{I2}=m_2\ddot{y}_2$$

$$F_{S2}=k_2y_2=2\times\frac{12\times2EI}{h_2^3}y_2$$

$$F'_{S1}=F_{S1}$$

将以上各力的表达式代入式 (2-30)，整理得体系的运动方程。

$$\left.\begin{aligned}m_1\ddot{y}_1+k_{11}y_1+k_{12}y_2=F_{P1}(t)\\m_2\ddot{y}_2+k_{21}y_1+k_{22}y_2=F_{P2}(t)\end{aligned}\right\}\qquad(2-31)$$

式中

$$k_{11}=k_1$$
$$k_{12}=k_{21}=-k_1$$
$$k_{22}=k_1+k_2$$

均为体系的刚度系数，记为 k_{ij}。

k_{ij} 定义为：k_{ij} 等于仅由 j 自由度单位位移所引起对应于 i 自由度的力，可由结构静力分析方法求得。式 (2-31) 称为两个自由度体系的运动方程，用矩阵形式表示为

$$\begin{bmatrix}m_1&0\\0&m_2\end{bmatrix}\begin{bmatrix}\ddot{y}_1\\\ddot{y}_2\end{bmatrix}+\begin{bmatrix}k_{11}&k_{12}\\k_{21}&k_{22}\end{bmatrix}\begin{bmatrix}y_1\\y_2\end{bmatrix}=\begin{bmatrix}F_{P1}\\F_{P2}\end{bmatrix}\qquad(2-32)$$

用符号表示为

$$\boldsymbol{M}\ddot{\boldsymbol{Y}}+\boldsymbol{K}\boldsymbol{Y}=\boldsymbol{F}_P\qquad(2-33)$$

其中

$\boldsymbol{M}=\begin{bmatrix}m_1&0\\0&m_2\end{bmatrix}$为质量矩阵；

$\boldsymbol{K}=\begin{bmatrix} k_{11} & k_{12} \\ k_{21} & k_{22} \end{bmatrix}$为刚度矩阵；

$\ddot{\boldsymbol{Y}}=\begin{bmatrix} \ddot{y}_1 \\ \ddot{y}_2 \end{bmatrix}$为加速度向量；

$\boldsymbol{Y}=\begin{bmatrix} y_1 \\ y_2 \end{bmatrix}$为位移向量；

$\boldsymbol{F}_\mathrm{P}=\begin{bmatrix} F_\mathrm{P1} \\ F_\mathrm{P2} \end{bmatrix}$为干扰力向量。

如果再考虑阻尼影响，容易从形式上推导出 $\boldsymbol{C}=\begin{bmatrix} c_{11} & c_{12} \\ c_{21} & c_{22} \end{bmatrix}$，它称为阻尼矩阵，$c_{ij}$ 称为阻尼系数，其定义类似于刚度系数的定义，即 c_{ij} 等于仅由 j 自由度单位速度所引起对应于 i 自由度的阻尼力；$\dot{\boldsymbol{Y}}=\begin{bmatrix} \dot{y}_1 \\ \dot{y}_2 \end{bmatrix}$称为速度向量，则运动方程可表示为

$$\boldsymbol{M}\ddot{\boldsymbol{Y}}+\boldsymbol{C}\dot{\boldsymbol{Y}}+\boldsymbol{K}\boldsymbol{Y}=\boldsymbol{F}_\mathrm{P} \tag{2-34}$$

其中，质量矩阵为对角线矩阵，刚度矩阵为对称矩阵，矩阵或向量的阶数等价于描述结构位移的自由度数，这对于任一集中质量的线性体系均成立。至于阻尼矩阵，前面提到过，阻尼力的机理十分复杂，阻尼系数的确定十分困难，一般可从实验测得的阻尼比 ξ 计算得到，关于阻尼比 ξ 的概念将在后续章节中介绍。

对例 2-3 再采用柔度法建立运动方程，首先引入柔度影响系数 δ_{ij}，定义为：δ_{ij} 等于仅在 j 自由度施加单位荷载而引起 i 自由度的位移，可由静力学方法求得。进一步可求出在任意荷载组合作用下各自由度的位移 y_i，即位移方程，得到运动方程为

$$\boldsymbol{Y}=\boldsymbol{\delta}(\boldsymbol{F}_\mathrm{P}-\boldsymbol{M}\ddot{\boldsymbol{Y}}-\boldsymbol{C}\dot{\boldsymbol{Y}}) \tag{2-35}$$

式中，$\boldsymbol{\delta}=\begin{bmatrix} \delta_{11} & \delta_{12} \\ \delta_{21} & \delta_{22} \end{bmatrix}$为柔度矩阵。

对式(2-35)进行变换得

$$\boldsymbol{M}\ddot{\boldsymbol{Y}}+\boldsymbol{C}\dot{\boldsymbol{Y}}+\boldsymbol{\delta}^{-1}\boldsymbol{Y}=\boldsymbol{F}_\mathrm{P} \tag{2-36}$$

式(2-36)与式(2-34)相比较，可知 $\boldsymbol{K}=\boldsymbol{\delta}^{-1}$，即刚度矩阵和柔度矩阵互为逆矩阵，这一结论对任意多自由度体系均成立。但应注意，刚度矩阵和柔度矩阵的对应系数不存在互为倒数的关系，只是在单自由度体系中，刚度系数和柔度系数互为倒数。另外，此处刚度矩阵和柔度矩阵与静力分析中力法、位移法中的刚度矩阵和柔度矩阵不等同，这一点可从对应系数的含义来理解。

2. 多自由度体系的运动方程

由两个自由度体系的运动方程不难推广到 n 个自由度体系的运动方程，同样采用刚度法或柔度法建立的运动方程用矩阵符号表示为

刚度形式

$$\boldsymbol{M}\ddot{\boldsymbol{Y}}+\boldsymbol{C}\dot{\boldsymbol{Y}}+\boldsymbol{K}\boldsymbol{Y}=\boldsymbol{F}_\mathrm{E}(t) \tag{2-37}$$

柔度形式

$$\boldsymbol{Y}=\boldsymbol{\delta}(\boldsymbol{F}_{\mathrm{E}}(t)-\boldsymbol{M}\ddot{\boldsymbol{Y}}-\boldsymbol{C}\dot{\boldsymbol{Y}}) \tag{2-38}$$

式(2-38)可进一步表示为

$$\boldsymbol{Y}=\boldsymbol{\Delta}_{\mathrm{P}}-\boldsymbol{\delta}(\boldsymbol{M}\ddot{\boldsymbol{Y}}+\boldsymbol{C}\dot{\boldsymbol{Y}}) \tag{2-39}$$

其中

$\boldsymbol{M}=\begin{bmatrix} m_1 & 0 & \cdots & 0 \\ 0 & m_2 & \cdots & 0 \\ \vdots & \vdots & & \vdots \\ 0 & 0 & \cdots & m_n \end{bmatrix}$ 为质量矩阵;

$\boldsymbol{K}=\begin{bmatrix} k_{11} & k_{12} & \cdots & k_{1n} \\ k_{21} & k_{22} & \cdots & k_{2n} \\ \vdots & \vdots & & \vdots \\ k_{n1} & k_{n2} & \cdots & k_{nn} \end{bmatrix}$ 为刚度矩阵;

$\boldsymbol{\delta}=\begin{bmatrix} \delta_{11} & \delta_{12} & \cdots & \delta_{1n} \\ \delta_{21} & \delta_{22} & \cdots & \delta_{2n} \\ \vdots & \vdots & & \vdots \\ \delta_{n1} & \delta_{n2} & \cdots & \delta_{nn} \end{bmatrix}$ 为柔度矩阵;

$\boldsymbol{C}=\begin{bmatrix} c_{11} & c_{12} & \cdots & c_{1n} \\ c_{21} & c_{22} & \cdots & c_{2n} \\ \vdots & \vdots & & \vdots \\ c_{n1} & c_{n2} & \cdots & c_{nn} \end{bmatrix}$ 为阻尼矩阵;

$\boldsymbol{Y}=[y_1 \quad y_2 \quad \cdots \quad y_n]^{\mathrm{T}}$ 为位移向量;

$\dot{\boldsymbol{Y}}=[\dot{y}_1 \quad \dot{y}_2 \quad \cdots \quad \dot{y}_n]^{\mathrm{T}}$ 为速度向量;

$\ddot{\boldsymbol{Y}}=[\ddot{y} \quad \ddot{y}_2 \quad \cdots \quad \ddot{y}_n]^{\mathrm{T}}$ 为加速度向量;

$\boldsymbol{F}_{\mathrm{E}}=[F_{\mathrm{E1}} \quad F_{\mathrm{E2}} \quad \cdots \quad F_{\mathrm{E}n}]^{\mathrm{T}}$ 为等效干扰力向量;

$\boldsymbol{\Delta}_{\mathrm{P}}=[\Delta_{\mathrm{P1}} \quad \Delta_{\mathrm{P2}} \quad \cdots \quad \Delta_{\mathrm{P}n}]^{\mathrm{T}}$ 为荷载位移向量。

思考题与习题

1. 结构动力计算与静力计算的主要区别是什么?
2. 动力自由度的概念与静力自由度有何异同?
3. 结构具有哪些动力特性?
4. 试总结应用刚度法和柔度法建立结构体系运动方程的步骤。
5. 分析图 2-18 所示结构体系的动力自由度。图中杆件抗弯刚度除注明外均为 EI,不计轴向变形。
6. 试用刚度法写出图 2-19 所示刚性梁体系的运动方程,各柱弹性模量均为 E,不计轴向变形。(a)不计阻尼;(b)计阻尼。
7. 试写出图 2-20 所示剪切型结构的无阻尼运动方程。

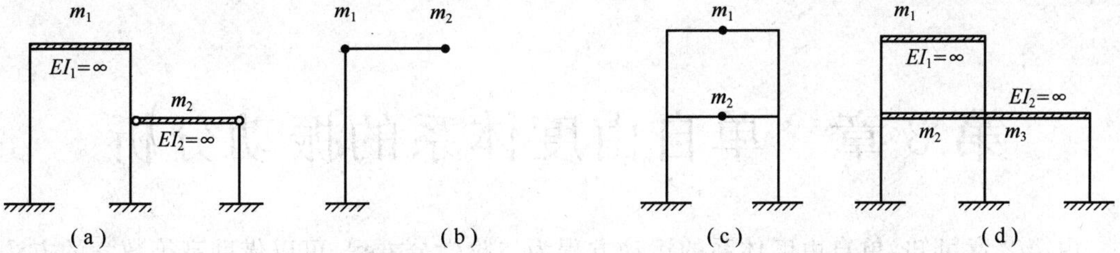

图 2-18　思考题与习题 5 图

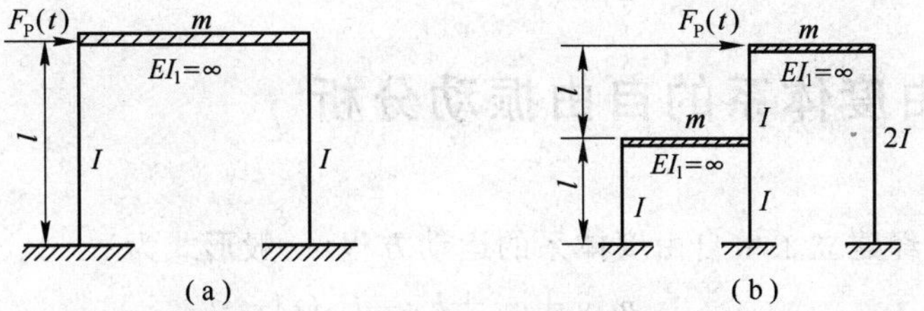

图 2-19　思考题与习题 6 图

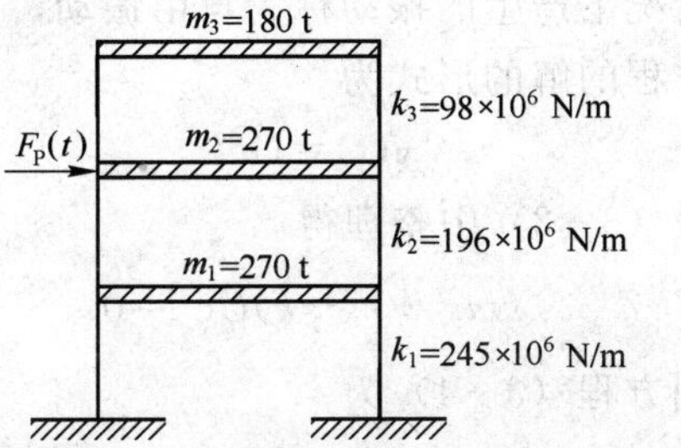

图 2-20　思考题与习题 7 图

8. 试建立图 2-21 所示结构的运动方程。各杆的长度为 l，抗弯刚度为 EI，荷载作用在杆中间。

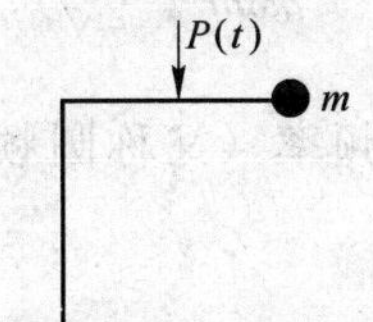

图 2-21　思考题与习题 8 图

第 3 章　单自由度体系的振动分析

由第 2 章可知，单自由度体系的运动方程为二阶微分方程，可以借助高等数学的方法对方程进行求解，分析单自由度体系自由振动和受迫振动的规律，从而为多自由度体系的振动分析打下基础。

3.1　单自由度体系的自由振动分析

在第 2 章，已经建立了单自由度体系的运动方程，一般形式为

$$m\ddot{y}+c\dot{y}+ky=F_{P}(t) \tag{3-1}$$

为了获得方程（3-1）的解，首先考虑方程右边等于零的齐次方程，即

$$m\ddot{y}+c\dot{y}+ky=0 \tag{3-2}$$

把等效动荷载为零的情况下产生的振动称为自由振动，那么，方程（3-2）就是体系自由振动的运动方程。取方程的解的形式为

$$y(t)=Ge^{st} \tag{3-3}$$

将式（3-3）代入方程（3-2）中整理得

$$(ms^{2}+cs+k)Ge^{st}=0 \tag{3-4}$$

如位移响应不为零，则方程（3-4）为

$$ms^{2}+cs+k=0 \tag{3-5}$$

称为特征方程，并引入记号

$$\omega^{2}=\frac{k}{m}$$

$$\xi=\frac{c}{2\omega m}=\frac{c}{2\sqrt{km}} \tag{3-6}$$

式（3-6）中，ω 为体系的自振频率（又称圆频率或角速度），$\omega=\sqrt{\frac{k}{m}}$；$\xi$ 为阻尼比。则方程(3-5)成为

$$s^{2}+2\omega\xi s+\omega^{2}=0 \tag{3-7}$$

方程（3-7）的解为

$$s=\frac{-2\omega\xi\pm\sqrt{(2\omega\xi)^{2}-4\omega^{2}}}{2}=-\omega\xi\pm\omega\sqrt{\xi^{2}-1}=-\omega\xi\pm i\omega\sqrt{1-\xi^{2}} \tag{3-8}$$

式中，s 值依赖于阻尼比 ξ 或阻尼系数 c 的值。因此，方程（3-2）所表达的运动形式依赖于体系中的阻尼。

3.1.1　无阻尼自由振动

如果体系没有阻尼，即 $c=0$ 或 $\xi=0$，则由式（3-8）得

$$s=\pm \mathrm{i}\omega \tag{3-9}$$

代入式（3-3）得

$$y(t)=G_1\mathrm{e}^{\mathrm{i}\omega t}+G_2\mathrm{e}^{-\mathrm{i}\omega t} \tag{3-10}$$

引入 Euler 方程

$$\mathrm{e}^{\pm \mathrm{i}\omega t}=\cos\omega t\pm \mathrm{i}\sin\omega t \tag{3-11}$$

将式（3-11）代入式（3-10）中，整理得

$$y(t)=(G_1+G_2)\cos\omega t+(G_1-G_2)\mathrm{i}\sin\omega t$$

令

$$G_1+G_2=b$$

$$(G_1-G_2)\mathrm{i}=a$$

整理式（3-10）为

$$y(t)=a\sin\omega t+b\cos\omega t \tag{3-12}$$

式中，常数 a 和 b 可以用初始条件来描述，即将 $t=0$ 代入式（3-12），得到

运动的初位移　$y_0=b$

运动的初速度　$\dot{y}_0=a\omega$

则式（3-12）变为

$$y(t)=\frac{\dot{y}_0}{\omega}\sin\omega t+y_0\cos\omega t \tag{3-13}$$

进一步利用三角公式改写为

$$y(t)=A\sin(\omega t+\alpha) \tag{3-14}$$

式中

$A=\sqrt{y_0^2+\left(\frac{\dot{y}_0}{\omega}\right)^2}$为无阻尼振幅；

$\alpha=\arctan\frac{\omega y_0}{\dot{y}_0}$为无阻尼初相位。

式（3-14）作为单自由度无阻尼体系自由振动的运动方程的解，是对一个简谐运动的描述。

其自由振动位移时程曲线如图 3-1 所示。

图 3-1 中的 T 为结构体系的自振周期，它与自振圆频率 ω、工程频率 f 之间的关系为

$$T=\frac{2\pi}{\omega},\quad f=\frac{1}{T}=\frac{\omega}{2\pi}$$

自振周期的单位为 s，自振圆频率 ω 的单位为 rad/s，工程频率 f 的单位为 Hz。

从以上各式可以看出，单自由度无阻尼体系的自振周期只与结构本身的质量和刚度有关，是结构体系本身的固有特性。结构的自振频率与结构的质量成反比，与结构的刚度成正比。

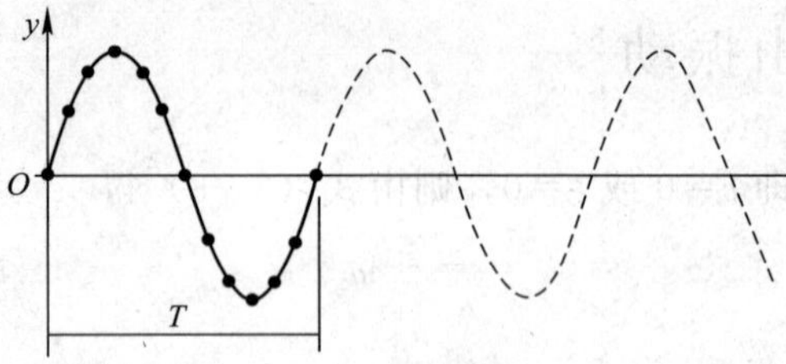

图 3-1 单自由度无阻尼体系自由振动位移时程曲线

3.1.2 阻尼自由振动

如果体系内存在阻尼，对式（3-8）研究发现，根式中的符号分别为正、负或零时，可以得到 3 种阻尼情况的运动，即 $\xi=1$ 为临界阻尼，$\xi<1$ 为低阻尼（或小阻尼），$\xi>1$ 为超阻尼。

1. 临界阻尼

当 $\xi=1$ 时，即 $\xi=\dfrac{c}{2\omega m}=1$，从而临界阻尼值 $c_c=2\omega m$，代入式（3-8），得方程的重根为

$$s=-\omega \tag{3-15}$$

代入式（3-3）中得

$$y(t)=(G_1+G_2t)e^{-\omega t} \tag{3-16}$$

可见，临界阻尼体系的自由振动不是在零位置附近的振荡，而是按指数衰减恢复到零点。因此，临界阻尼就是自由振动反应中不出现振荡所需的最小阻尼值，而阻尼比就是阻尼与临界阻尼的比值。

临界阻尼位移时程曲线如图 3-2 所示。

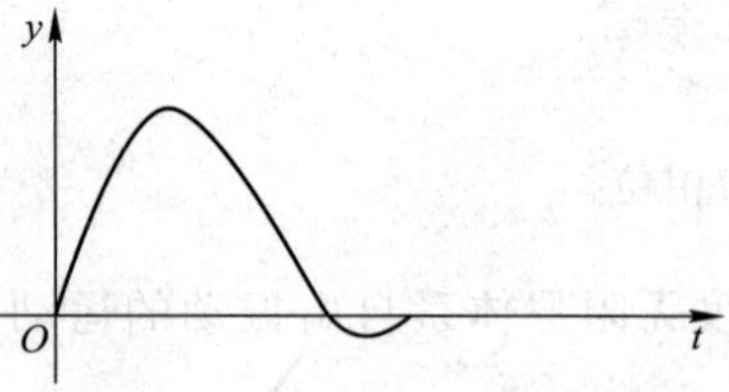

图 3-2 单自由度临界阻尼体系自由振动位移时程曲线

2. 低阻尼

将方程（3-8）简记为

$$s=-\omega\xi\pm i\omega\sqrt{1-\xi^2}=-\omega\xi\pm i\omega_d \tag{3-17}$$

式中，$\omega_d=\omega\sqrt{1-\xi^2}$ 称为有阻尼自振频率。对于一般的结构体系（$\xi<20\%$），很明显有阻尼频率 ω_d 与无阻尼频率 ω 之间的差别是很小的。故实际分析中一般不计阻尼对频率的影

响。从式（3-6）可以看出，结构的自振频率就只与结构的质量和刚度有关，即 $\omega=\sqrt{\dfrac{k}{m}}$，因此，要改变结构的自振频率只有通过改变结构的质量和刚度来实现。另外，定义结构的自振周期为 T，与自振频率的关系可表示为 $T=\dfrac{2\pi}{\omega}$。

将式（3-17）代入式（3-3）中，注意到式（3-17）为共轭复根，因此通解为

$$y(t)=G_1 e^{(-\omega\xi+i\omega_d)t}+G_2 e^{(-\omega\xi-i\omega_d)t}$$

再引入式（3-11），整理得

$$y(t)=e^{-\xi\omega t}(a\sin\omega_d t+b\cos\omega_d t) \tag{3-18}$$

式中 a，b 为重新确定的积分常数。

引入初始条件得到方程（3-2）的通解为

$$y(t)=e^{-\xi\omega t}\left(y_0\cos\omega_d t+\frac{\dot{y}_0+y_0\xi\omega}{\omega_d}\sin\omega_d t\right) \tag{3-19}$$

通过三角公式（实际上是位移的两个矢量的叠加过程）改写为

$$y(t)=Ae^{-\xi\omega t}\sin(\omega_d t+\varphi) \tag{3-20}$$

式中

$A=\sqrt{y_0^2+\left(\dfrac{\dot{y}_0+y_0\xi\omega}{\omega_d}\right)^2}$ 为最大振幅；

$\varphi=\arctan\left(\dfrac{\omega_d y_0}{\dot{y}_0+y_0\xi\omega}\right)$ 为初相位。

式（3-20）描述了单自由度体系在低阻尼情况下的自由振动反应规律，其位移时程曲线如图 3-3 所示。

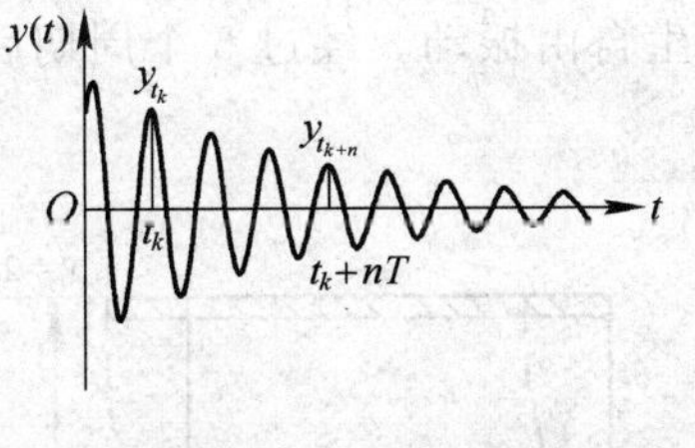

图 3-3　单自由度低阻尼体系自由振动位移时程曲线

从式（3-20）和图 3-3 中可以看出，自由振动按正弦规律，以不变的圆频率 ω_d 沿中心位置振荡，只是振幅按指数规律衰减为零。

关于超阻尼（$\xi>1$）的情况，由于正常情况下这种结构不会遇到，本书不作介绍，读者如有兴趣，可参阅相关书籍。

超阻尼位移时程曲线如图 3-4 所示。

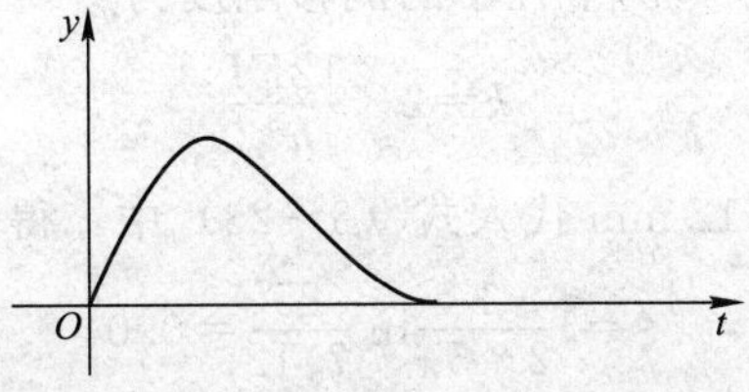

图 3-4　单自由度超阻尼体系自由振动位移时程曲线

3.1.3　确定体系阻尼比的方法

结构体系的真实阻尼特性很复杂，也很难确定。通常采用在自由振动条件下具有同样衰减率的等效黏滞阻尼比 ξ 来表示实际结构的阻尼。由式（3－20）和图 3－3 中位移曲线可见，当体系从任一时刻 t_k 经过 n 个周期 $\left(T=\dfrac{2\pi}{\omega_d}\right)$ 后，其振幅的比值为

$$\frac{y_{t_k}}{y_{t_{k+n}}}=\frac{e^{-\xi\omega t_k}}{e^{-\xi\omega(t_k+nT)}}=e^{n\xi\omega T}=e^{2n\pi\xi\frac{\omega}{\omega_d}} \tag{3-21}$$

对式（3－21）同时取自然对数，得

$$\ln\frac{y_{t_k}}{y_{t_{k+n}}}=2n\pi\xi\frac{\omega}{\omega_d} \tag{3-22}$$

如前面所述，$\omega_d=\omega$，所以由式（3－22）可得

$$\xi\approx\frac{1}{2n\pi}\ln\frac{y_{t_k}}{y_{t_{k+n}}} \tag{3-23}$$

根据实验或实际测得的位移幅值，利用式（3－23）即可计算出结构的阻尼比。然后由式（3－6）便可求出结构的阻尼系数，其大小为

$$c=2m\omega\xi=2\xi\sqrt{km} \tag{3-24}$$

以上确定阻尼比的方法为自由振动衰减法。确定阻尼的其他方法，如共振放大法、半功率（带宽）法等可见有关文献。下面举例说明求阻尼比和阻尼系数的过程。

【例 3－1】　如图 3－5 所示刚架，柱的抗弯刚度 $EI=4.5\times10^6\ \text{N}\cdot\text{m}^2$，不计质量，横梁为刚性，质量 m=5 000 kg。为测得结构的阻尼系数，先用千斤顶使横梁产生 25 mm 的侧移，然后突然放开，使刚架产生自由振动。经过 5 个周期后，测得侧移的幅值为 7.12 mm。试计算该刚架的阻尼系数。

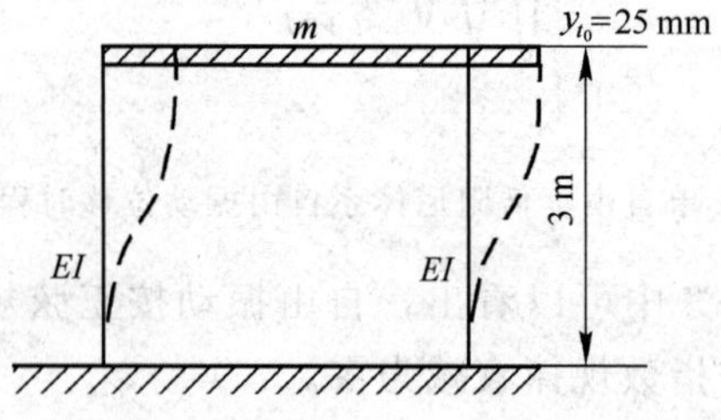

图 3－5　例 3－1 图

[解]

该刚架为单自由度体系，其两个柱子的侧移刚度为

$$k=2\times\frac{12EI}{h^3}$$

将 $y_{t_k}=y_{t_0}=25$ mm，$y_{t_5}=7.12$ mm 代入式（3－23）中，得

$$\xi=\frac{1}{2\times5\pi}\ln\frac{25}{7.12}=0.04$$

再由式（3－24），代入数据得 c=11 313.7（kg/s）。

对各种材料的结构，可通过大量实测得到其阻尼比。例如钢筋混凝土和砌体结构 $\xi=0.04\sim0.05$；钢结构 $\xi=0.02\sim0.03$；各种坝（如拱坝、重力坝、土坝、堆石坝等）$\xi=0.05\sim0.1$。

3.2　单自由度体系的受迫振动

体系在外部激励作用下的振动称为受迫振动。对于单自由度体系，其运动方程的一般形式如方程（3-1）所示，即

$$m\ddot{y}+c\dot{y}+ky=F_P(t)$$

该方程是一个二阶常系数非齐次微分方程。由微分方程的解法可知，方程（3-1）的全解为对应齐次方程（3-2）的通解 $y_1(t)$ 和非齐次方程（3-1）的特解 $y_2(t)$之和，即

$$y(t)=y_1(t)+y_2(t) \tag{3-25}$$

式中，通解 $y_1(t)$ 由自由振动反应确定；特解 $y_2(t)$ 因外激励 $F_P(t)$ 的类型不同而性状各异。以下先讨论几种常见动荷载情形的解答和特点，再讨论任意荷载下的受迫振动的一般解。

3.2.1　简谐荷载作用下的动力响应分析

在简谐荷载 $F_P(t)=F_0\sin\theta t$ 作用下，体系的运动方程可写为

$$m\ddot{y}+c\dot{y}+ky=F_0\sin\theta t \tag{3-26}$$

其通解（对低阻尼体系）由式（3-18）可得

$$y_1(t)=e^{-\xi\omega t}(a\sin\omega_d t+b\cos\omega_d t) \tag{3-27}$$

其特解项在简谐荷载作用下也假定为简谐量，但由于阻尼的存在，反应一般与荷载不同相，而是存在一定的相位差，所以可写为

$$y_2(t)=G_1\sin\theta t+G_2\cos\theta t \tag{3-28}$$

对 $y_2(t)$分别求一次和两次导可得

$$\dot{y}_2(t)=G_1\theta\cos\theta t-G_2\theta\sin\theta t$$

$$\ddot{y}_2(t)=-G_1\theta^2\sin\theta t-G_2\theta^2\cos\theta t$$

代入方程（3-26），并且由 $c=2m\xi\omega$，$\omega^2=k/m$ 得运动方程为

$$-G_1\theta^2\sin\theta t-G_2\theta^2\cos\theta t+2\xi\omega G_1\theta\cos\theta t-2\xi\omega G_2\theta\sin\theta t+\omega^2 G_1\sin\theta t+\omega^2 G_2\cos\theta t=\frac{F_0}{m}\sin\theta t$$

整理得

$$\left(-G_1\theta^2-2G_2\xi\omega\theta+G_1\omega^2-\frac{F_0}{m}\right)\sin\theta t=(G_2\theta^2-2G_1\xi\omega\theta-G_2\omega^2)\cos\theta t$$

因为在任意时刻 t，上述等式恒成立，故

$$\left.\begin{aligned}-G_1\theta^2-2G_2\xi\omega\theta+G_1\omega^2-\frac{F_0}{m}=0\\ G_2\theta^2-2G_1\xi\omega\theta-G_2\omega^2=0\end{aligned}\right\}$$

引入频率比 $\beta=\dfrac{\theta}{\omega}$，即荷载频率与自振频率之比，整理并解出反应的振幅系数 G_1 和 G_2，得

$$\left.\begin{aligned}G_1&=\frac{F_0}{k}\frac{1-\beta^2}{(1-\beta^2)^2+(2\xi\beta)^2}\\G_2&=\frac{F_0}{k}\frac{-2\xi\beta}{(1-\beta^2)^2+(2\xi\beta)^2}\end{aligned}\right\}\tag{3-29}$$

将式（3-29）代回式（3-28）中，并联合式（3-27），则可得到方程（3-26）的全解为

$$y(t)=e^{-\xi\omega t}(a\sin\omega_d t+b\cos\omega_d t)+\frac{F_0}{k}\frac{1}{(1-\beta^2)^2+(2\xi\beta)^2}[(1-\beta^2)\sin\theta t-2\xi\beta\cos\theta t]\tag{3-30}$$

式中，第一项是按自振频率 ω_d 振动的响应分量，实际中由于阻尼这一项最终将转变为零，故称为瞬态响应（或非稳态响应）；第二项是按作用荷载频率 θ 振动的反应分量，称为稳态响应。系数 a 和 b 可由任何给定的初始条件算出，而且须由总响应（3-30）求出，不应由式（3-27）求。但是由于阻尼，第一项瞬态响应项很快消失，故通常意义不大，工程中只关心体系的稳态响应。但对有些场合，瞬态响应也不可忽视，如冲击荷载、地震动作用下的结构响应等，在其他章节和相关书籍中有所介绍。

将式（3-30）中的稳态响应的两个位移矢量求和，按三角函数公式得稳态受迫振动响应为

$$y(t)=A_0\sin(\theta t-\psi)\tag{3-31}$$

式中

$A_0=\dfrac{F_0}{k}\dfrac{1}{\sqrt{(1-\beta^2)^2+(2\xi\beta)^2}}$为反应振幅；

$\psi=\arctan\dfrac{2\xi\beta}{(1-\beta^2)}$为相位差。

称$\dfrac{F_0}{k}=y_{st}$为静位移，即将荷载幅值 F_0 静止地作用在体系上所产生的位移。A_0 与静位移之比称为位移动力放大系数，记为 μ，则

$$\mu=\frac{A_0}{y_{st}}=\frac{1}{\sqrt{(1-\beta^2)^2+(2\xi\beta)^2}}\tag{3-32}$$

可以看出，动力放大系数与阻尼比和频率比有关，其关系曲线如图 3-6 所示。

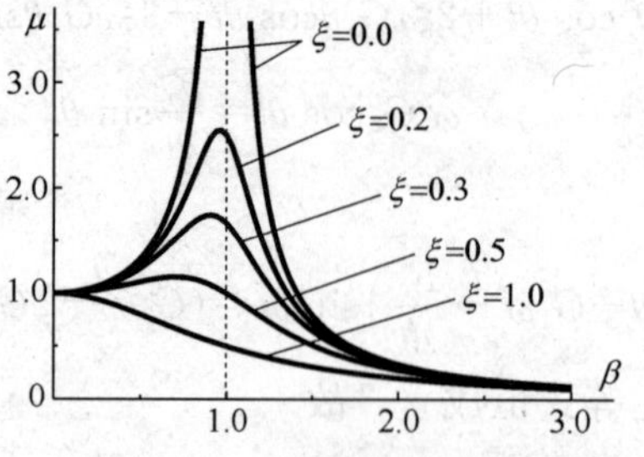

图 3-6　不同阻尼比的动力放大系数与频率比的关系曲线

通过对稳态受迫振动研究可以得到如下结论：

(1) 稳态振动表现为与外荷载同频率但却存在一定相位差的振动；

(2) 当无阻尼时，$\mu=\left|\dfrac{1}{1-\beta^2}\right|$；$\psi=0$，位移与外荷载同步；$\psi=180°$，位移与外荷载反相同步；

(3) 当发生共振时，即 $\theta=\omega$ 或 $\beta=1$ 时，$\mu=\dfrac{1}{2\xi}$，$\psi=\dfrac{\pi}{2}$；

(4) 按极值条件，μ 最大值发生在 $\beta=\sqrt{1-2\xi^2}$ 处；

(5) 实际工程中，一般应使结构的自振频率与荷载频率至少相差 30%左右，以便避开共振；

(6) 在共振区（$0.75<\beta<1.25$），外荷载主要由阻尼来平衡，因此阻尼的作用不可忽略。

根据以上分析，可以通过在结构中加入附加的阻尼器来增大结构的阻尼，从而减小结构的动力响应。图 3-7 分别是液体（油）阻尼器、粘弹性阻尼器、软钢屈服阻尼器等几种常用阻尼器类型。

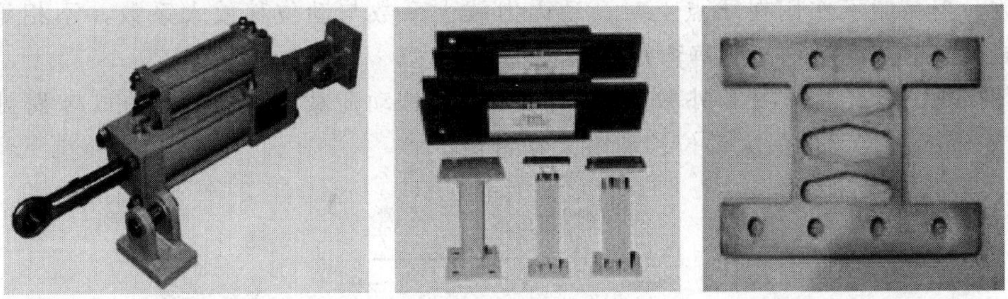

图 3-7　几种常用阻尼器示意图

【例 3-2】 不计阻尼，试求如图 3-8 所示的简支梁的最大动位移和最大动弯矩。已知 $\theta=0.6\omega$。

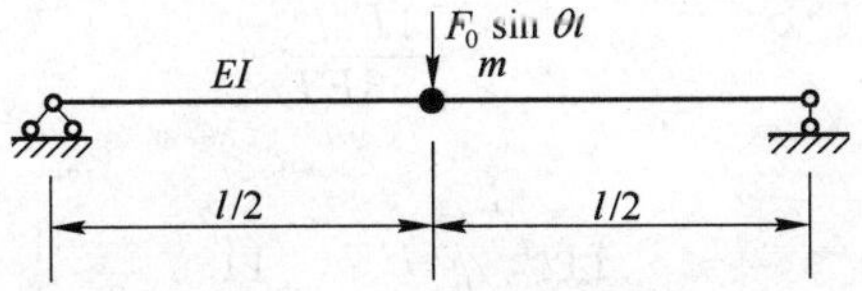

图 3-8　例 3-2 图

[解]

动荷载幅值 F_0 作用下的静位移　　$y_{st}=\dfrac{F_0 l^3}{48EI}$

频率比　　$\beta=\dfrac{\theta}{\omega}=0.6$

位移动力放大系数　　$\mu=\dfrac{1}{1-\beta^2}=1.5625$

因此

最大动位移为

$$y_{max}=\mu y_{st}=1.5625\times\frac{F_0 l^3}{48EI}$$

作用在质点上的惯性力为

$$F_{\mathrm{I}}(t)=m\ddot{y}(t)$$

方向与动荷载相反，联立式（3－31）并注意由于无阻尼，相位角 $\psi=0$，整理得

$$F_{\mathrm{I}}(t)=m\ddot{y}(t)=-F_0\beta^2\mu\sin\theta t$$

因此，质点上的合力为

$$F_0\sin\theta t-(-F_0\beta^2\mu\sin\theta t)=(1+\beta^2\mu)F_0\sin\theta t=\mu F_0\sin\theta t$$

因此，最大动弯矩为

$$M_{\max}=\frac{\mu F_0 l}{4}=\mu M_{\mathrm{st}}$$

式中，M_{st}为动荷载幅值作用下的最大静弯矩。称最大动内力（弯矩）与静内力（弯矩）之比为内力（弯矩）放大系数，记为 μ_{i}。应当注意，结构的最大内力是静内力与最大动内力之和。

例 3－2 计算结果表明，当荷载作用在质点上时，动内力放大系数就等于动位移放大系数。当荷载不作用在质点上时，动内力放大系数与动位移放大系数并不相等，而且不同截面对应的动弯矩和静弯矩比值也不同。

【例 3－3】 结构本身和外激励条件同例 3－2，动荷载作用位置改在 1/4 跨处，求图 3－9 所示简支梁的最大动位移和最大动弯矩。

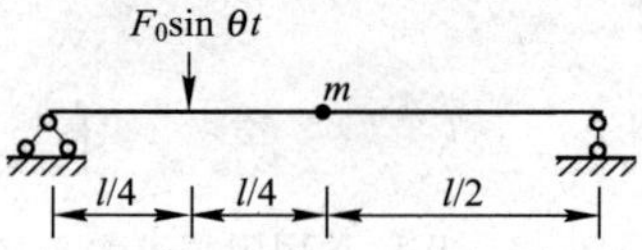

图 3－9　例 3－3 图

［解］

动荷载幅值 F_0 作用在简支梁 1/4 跨处时，跨中位移为

$$y_{\mathrm{st}}=\frac{11F_0l^3}{768EI}$$

所以等效作用力系数为

$$\frac{11l^3}{768EI}\Big/\frac{l^3}{48EI}=\frac{11}{16}$$

体系运动方程可写为

$$m\ddot{y}+ky=\frac{11}{16}F_0\sin\theta t$$

由例 3－2 可知，最大动位移为

$$y_{\max}=\mu y_{\mathrm{st}}=1.562\ 5\times\frac{11F_0l^3}{768EI}$$

最大动内力＝外力幅值作用内力＋惯性力作用内力。外力幅值和惯性力幅值作用下简支梁的弯矩图如图 3－10 所示。

将以上内力图叠加可得到如图 3－11 所示的弯矩图。

所以

$$M_{\max}=\frac{F_0l}{8}+\frac{11\mu\beta^2F_0l}{64}=0.221\ 7F_0l$$

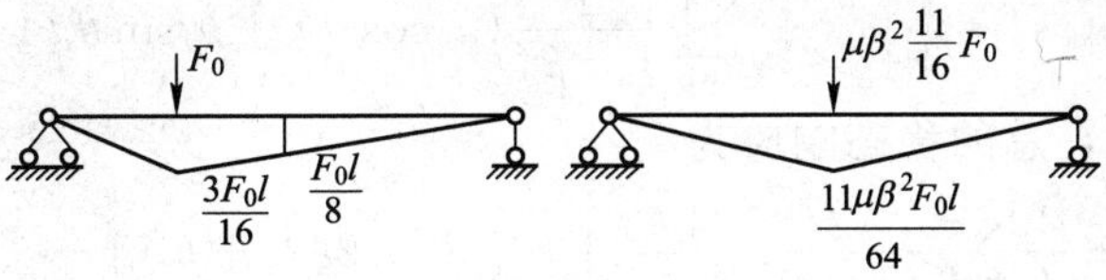

图 3-10　外力幅值和惯性力幅值作用下简支梁弯矩图

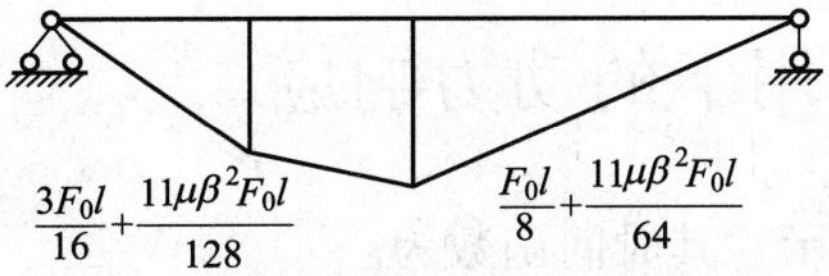

图 3-11　简支梁最大动弯矩图

通过叠加结果与外力幅值作用结果比较，最大动内力放大系数为

$$\mu_{\max}=0.2217/0.1875=1.1824$$

可以看出，最大动内力放大系数与动位移放大系数不同，而且，不同截面处可以计算出不同的动内力放大系数。

3.2.2　周期荷载作用下的动力响应分析

对于任意周期性荷载，可将荷载展开成傅里叶级数，级数中的每一项的反应就是简谐荷载下的反应，再利用叠加原理，总反应就是对各个荷载项反应的总和。

对于周期为 T_P 的任意周期荷载 $F_P(t)$，将其展开成傅里叶级数，具体为

$$F_P(t)=a_0+\sum_{n=1}^{\infty}a_n\cos\frac{2n\pi}{T_P}t+\sum_{n=1}^{\infty}b_n\sin\frac{2n\pi}{T_P}t \tag{3-33}$$

式（3-33）中，各系数为

$$\left.\begin{aligned}a_0&=\frac{1}{T_P}\int_0^{T_P}F_P(t)\mathrm{d}t\\a_n&=\frac{2}{T_P}\int_0^{T_P}F_P(t)\cos\frac{2n\pi}{T_P}t\mathrm{d}t\\b_n&=\frac{2}{T_P}\int_0^{T_P}F_P(t)\sin\frac{2n\pi}{T_P}t\mathrm{d}t\end{aligned}\right\} \tag{3-34}$$

可见式（3-33）中第一项为系数 a_0 表示的静荷载，第二、三项是一系列频率为 $\theta_n=\frac{2n\pi}{T_P}$，幅值为 a_n 与 b_n 的简谐荷载。

当不计阻尼，即 $\xi=0$ 时，此时 $\psi=0$，位移动力放大系数 $\mu_n=\frac{1}{1-\beta_n^2}$，记频率比 $\beta_n=\frac{\theta_n}{\omega}=\frac{2n\pi}{T_P\omega}$，则考虑各项荷载的稳态响应为：$a_0$ 的静力响应 $y_{st}=\frac{a_0}{k}$；正弦项的响应 $y_{ns}(t)=\frac{b_n}{k}\frac{1}{1-\beta_n^2}\sin\theta_nt$；余弦项的响应 $y_{nc}(t)=\frac{a_n}{k}\frac{1}{1-\beta_n^2}\cos\theta_nt$。

则体系的总位移响应为

$y(t)=y_{st}+\sum_{n=1}^{\infty}[y_{nc}(t)+y_{ns}(t)]$，整理得

$$y(t)=\frac{1}{k}\left[a_0+\sum_{n=1}^{\infty}\frac{1}{1-\beta_n^2}(a_n\cos\theta_n t+b_n\sin\theta_n t)\right] \tag{3-35}$$

考虑阻尼的影响，总的稳态响应为

$$y(t)=\frac{a_0}{k}+\frac{1}{k}\sum_{n=1}^{\infty}\frac{1}{(1-\beta_n^2)^2+(2\xi\beta_n)^2}\{[a_n 2\xi\beta_n+b_n(1-\beta_n^2)]\sin\theta_n t+(a_n(1-\beta_n^2)-b_n 2\xi\beta_n)\cos\theta_n t\} \tag{3-36}$$

3.2.3 突加荷载作用下的动力响应

荷载形式如图 3-12 所示，其时间函数为：

$$F_P(t)=\begin{cases}0 & t<0\\ F_0 & t\geqslant 0\end{cases} \tag{3-37}$$

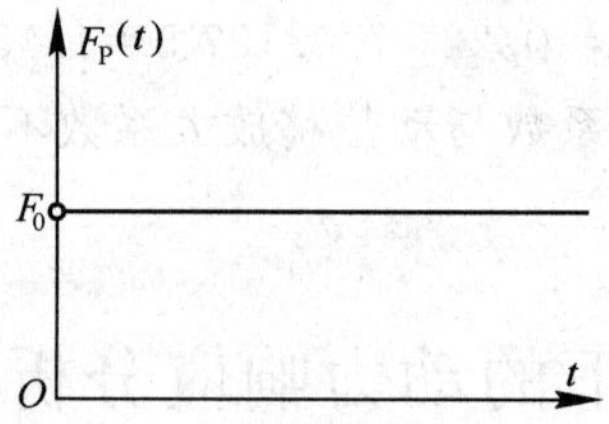

图 3-12 突加荷载

这种荷载下体系的特解即为它所引起的静位移，即 $y_{st}=\frac{F_0}{k}$，联合自由振动的通解式 (3-18)，得到体系的全解为

$$y(t)=e^{-\xi\omega t}(a\sin\omega_d t+b\cos\omega_d t)+y_{st} \tag{3-38}$$

在零初始条件下，即 $y(t=0)=0$，$\dot{y}(t=0)=0$，求出式（3-38）中的系数 a，b，得

$$y(t)=y_{st}\left[1-e^{-\xi\omega t}\left(\cos\omega_d t+\frac{\xi\omega}{\omega_d}\sin\omega_d t\right)\right] \tag{3-39}$$

如不考虑阻尼影响，则式（3-39）变为

$$y(t)=y_{st}(1-\cos\omega t) \tag{3-40}$$

可见，在突加荷载作用下，位移由两部分组成，即荷载引起的静位移和在静力平衡位置附近的简谐振动。由式（3-39）和式（3-40）可求出质量的最大动位移为

$$y_{max}=\begin{cases}y_{st}(1+e^{-\frac{\xi\omega\pi}{\omega_d}}) & \text{有阻尼}\\ 2y_{st} & \text{无阻尼}\end{cases} \tag{3-41}$$

因此，位移动力放大系数为

$$\mu=\begin{cases}(1+e^{-\frac{\xi\omega\pi}{\omega_d}}) & \text{有阻尼}\\ 2 & \text{无阻尼}\end{cases} \tag{3-42}$$

突加荷载作用下位移动力放大系数与阻尼比的关系曲线如图 3-13 所示，图中横轴为阻尼比 ξ，纵轴为位移动力放大系数 μ。

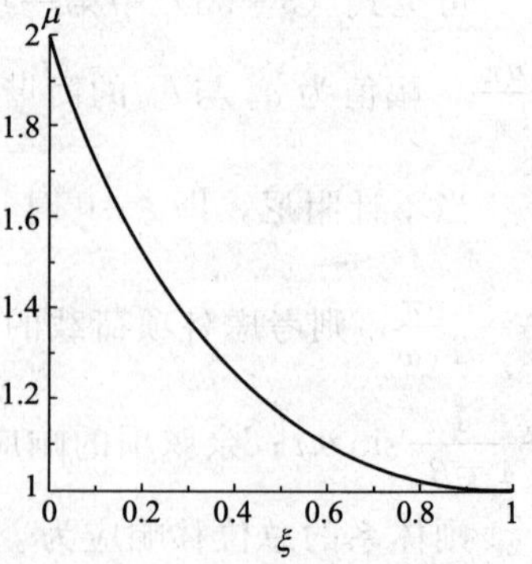

图 3-13 突加荷载作用下位移动力放大系数与阻尼比的关系曲线

由于工程实际中阻尼比都比较小，所以一般认为突加荷载的位移动力放大系数为 2。

3.2.4　冲击荷载作用下的动力响应

冲击荷载是由一个单独的主要脉冲组成的，一般来说持续时间很短，它对于设计某些类型的结构来说，如汽车、桥式吊车等，十分重要。冲击荷载一般可以简化为矩形脉冲、三角形脉冲和正弦脉冲等 3 类。

矩形脉冲荷载如图3 - 14所示，其表达式为

$$F_P(t)=\begin{cases}0 & t\leqslant 0,\ t>t_1\\ F_0 & 0<t\leqslant t_1\end{cases} \tag{3-43}$$

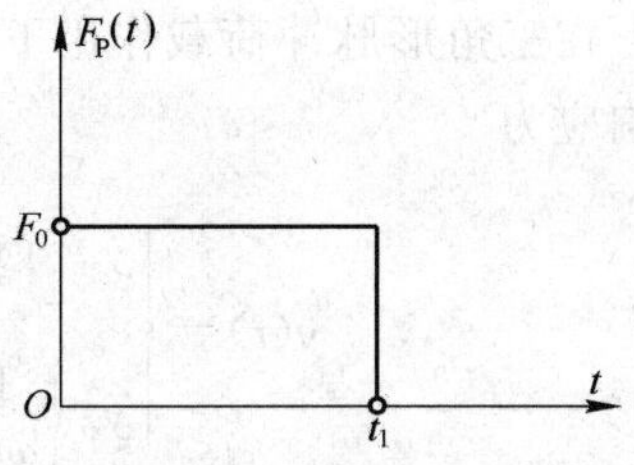

图 3 - 14　矩形脉冲荷载

在这种荷载作用下，结构的最大响应将在很短的时间内到达，这时振动衰减还很小，也就是阻尼还来不及从结构吸收较多的能量，通常不考虑阻尼的影响。因此本节仅介绍体系的无阻尼响应。当然冲击结束后，由于阻尼的存在，自由振动仍会衰减至静止状态。

在矩形脉冲荷载作用下，结构的响应分为两个阶段。第一阶段在 $0<t\leqslant t_1$ 时间内，与突加荷载的情形一样，结构响应也可由式（3 - 40）得到；第二阶段在 $t>t_1$ 即脉冲作用结束后，为以脉冲结束时的位移和速度作为初始条件的自由振动，利用上述初始条件求出式（3 - 12）中的系数 a 和 b，即可得到结构的响应表达式。综合两个阶段的响应，得

$$y(t)=\begin{cases}y_{st}(1-\cos\omega t) & 0<t\leqslant t_1\\ 2y_{st}\sin\dfrac{\omega t_1}{2}\sin\omega\left(t-\dfrac{t_1}{2}\right) & t>t_1\end{cases} \tag{3-44}$$

由式（3 - 44）推知，当 $t_1\geqslant\dfrac{T}{2}$时，质量的最大动位移为 $y_{max}=2y_{st}$，总是出现在第一阶段；而当 $t_1<\dfrac{T}{2}$时，质量的最大动位移为 $y_{max}=2y_{st}\sin\dfrac{\omega t_1}{2}$，在第二阶段的自由振动期间出现。因此在矩形脉冲荷载作用下，质量的位移动力放大系数为

$$\mu=\begin{cases}2 & t_1\geqslant\dfrac{T}{2}\\ 2\sin\dfrac{\omega t}{2} & t_1<\dfrac{T}{2}\end{cases} \tag{3-45}$$

可见，对于给定的冲击荷载，其位移动力放大系数依赖于脉冲的持续时间与结构的固有周期的比值 t_1/T，表 3 - 1 给出了不同的 t_1/T 下，矩形脉冲荷载作用下位移动力放大系数的数值。

表 3 - 1　矩形脉冲荷载作用下位移动力放大系数

t_1/T	0.01	0.02	0.05	0.10	1/6	0.2	0.3	0.4	0.5	>0.5
μ	0.063	0.126	0.313	0.618	1.0	1.176	1.618	1.902	2	2

三角形脉冲荷载如图 3 - 15 所示。其表达式为

$$F_p(t)=\begin{cases}0 & t>t_1\\ F_0(1-t/t_1) & 0\leqslant t\leqslant t_1\end{cases} \tag{3-46}$$

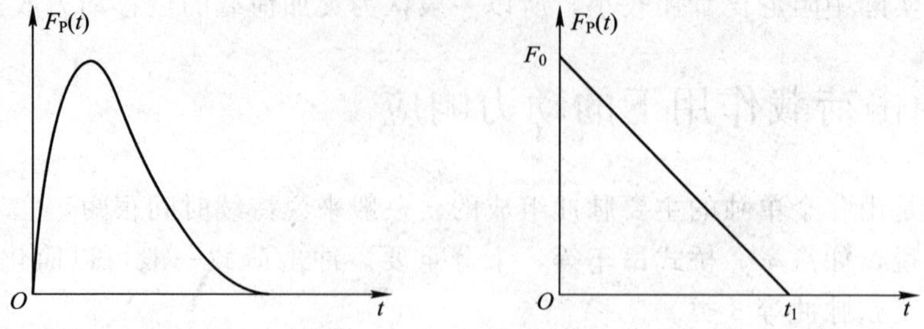

图 3-15　爆炸冲击荷载简化为三角形脉冲荷载

在三角形脉冲荷载作用下结构响应的分析方法与矩形脉冲作用下相同，可以求得其位移响应为

$$y(t)=\begin{cases} y_{st}\left[(1-\cos\omega t)+\dfrac{1}{t_1}\left(\dfrac{\sin\omega t}{\omega}-t\right)\right] & 0\leqslant t\leqslant t_1 \\ y_{st}\left\{\dfrac{1}{\omega t_1}[\sin\omega t-\sin\omega(t-t_1)]-\cos\omega t\right\} & t>t_1 \end{cases} \tag{3-47}$$

同样可以根据脉冲的持续时间与结构固有周期的比值不同，通过计算得到三角形脉冲荷载作用下位移放大系数的数值如表 3-2 所示。

表 3-2　三角形脉冲荷载作用下位移放大系数

t_1/T	0.125	0.2	0.25	0.371	0.4	0.5	0.75	1.00	1.5	2.0
μ	0.39	0.66	0.73	1.00	1.05	1.20	1.42	1.55	1.69	1.76

正弦脉冲荷载如图 3-16 所示。其表达式为

$$F_P(t)=\begin{cases} 0 & t>t_1 \\ F_0\sin\theta t & 0\leqslant t\leqslant t_1 \end{cases} \tag{3-48}$$

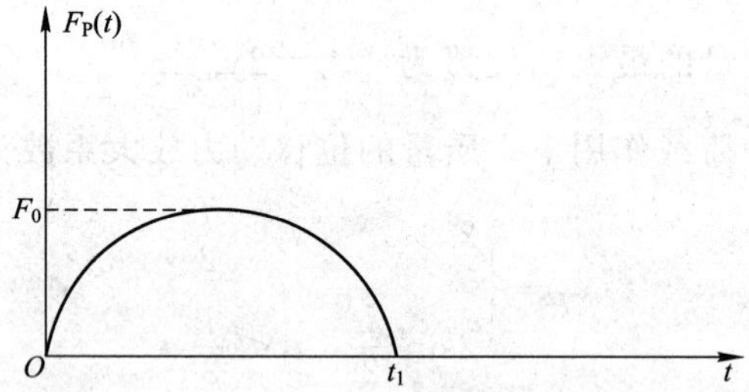

图 3-16　正弦脉冲荷载

在正弦脉冲荷载作用下结构响应的分析方法与矩形脉冲作用下相同，根据脉冲激励频率与结构自振频率之间的关系，可以推导出最大位移响应分为以下 3 种情况：

(1) $t_1>\dfrac{T}{2}(\beta<1)$，最大位移响应发生在第一阶段；

(2) $t_1<\dfrac{T}{2}(\beta>1)$，最大位移响应发生在第二阶段；

(3) $t_1=\dfrac{T}{2}(\beta=1)$，最大位移响应发生在荷载正好离开时，此时放大系数为 $\mu=\dfrac{\pi}{2}$。

这样也可以根据脉冲的持续时间与结构固有周期的比值不同，通过计算得到正弦脉冲荷载作用下位移放大系数的数值，如表 3-3 所示。

表 3-3　正弦脉冲荷载作用下位移放大系数

t_1/T	0.1	0.125	0.25	0.375	0.5	0.75	1.0	1.25	1.5	2.0
μ	0.40	0.49	0.94	1.31	1.57	1.77	1.732	1.625	1.5	1.268

对于各种冲击荷载形式，很容易根据表中数据画出动力放大系数作为 t_1/T 的函数的曲线，这些曲线称为冲击荷载的位移反应谱或简称反应谱。

矩形、三角形和正弦脉冲作用下的位移反应谱如图 3-17 所示。

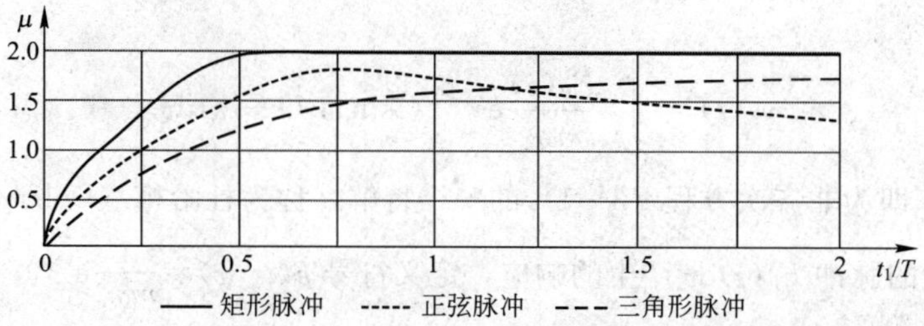

图 3-17　三种脉冲荷载作用下的反应谱

推广到有阻尼的单自由度体系，在给定动荷载下，其最大响应只和周期、阻尼比有关，对不同的阻尼比做出最大响应随周期的变化曲线，这些曲线称为体系在给定动荷载作用下的“反应谱”。反应谱的概念将应用于抗震设计中，在后续章节中详细叙述。

3.2.5　任意荷载作用下的动力响应

将任意的动荷载看成一系列独立脉冲的总和，求出每一独立冲量作用下的响应后，由叠加原理即可得到任意荷载的解答。

如图 3-18 所示任意荷载，在 $t=\tau$ 时刻荷载强度为 $F_P(\tau)$，质量 m 在一微分时间间隔 $d\tau$ 内受到冲量 $I(\tau)=F_P(\tau)d\tau$ 的作用，根据动量定理，冲量结束后质量获得初速度

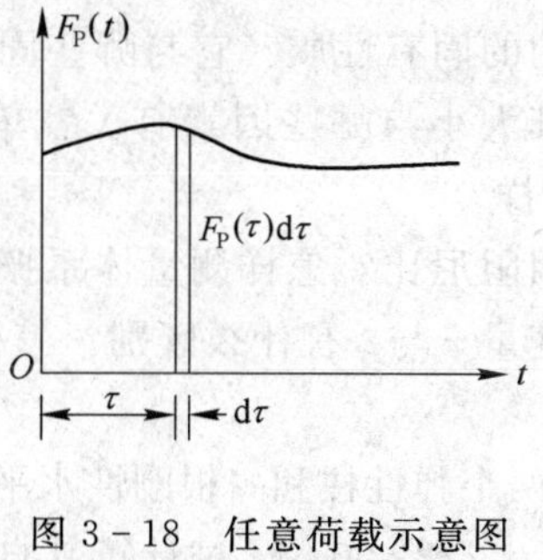

图 3-18　任意荷载示意图

$$\dot{y}_0(\tau+d\tau)=\frac{F_P(\tau)d\tau}{m} \tag{3-49}$$

加速度为

$$\ddot{y}_0(\tau+d\tau)=\frac{F_P(\tau)}{m} \tag{3-50}$$

在微分时间间隔 $d\tau$ 结束后，质量将产生的位移为

$$y_0(\tau+d\tau)=\frac{1}{2}\frac{F_P(\tau)(d\tau)^2}{m} \tag{3-51}$$

由式（3-49）和式（3-51）可知，初速度为一阶微量，初位移为二阶微量（可以忽略为零）。因此，质量将以冲量 $I(\tau)=F_P(\tau)d\tau$ 作为初始扰动，以式（3-49）的初速度作为初始条件做自由振动。根据自由振动的位移响应即式（3-20），在 $t>\tau$ 后，微幅自由振动为

$$dy(t)=\frac{F_P(\tau)d\tau}{m\omega_d}e^{-\xi\omega(t-\tau)}\sin\omega_d(t-\tau)\quad(t>\tau) \tag{3-52}$$

根据叠加原理，体系在动荷载作用下的响应看成一系列冲量 $I(\tau)=F_P(\tau)d\tau$ 连续作用的结果，为

$$y_2(t)=\int_0^t\frac{F_P(\tau)}{m\omega_d}e^{-\xi\omega(t-\tau)}\sin\omega_d(t-\tau)d\tau \tag{3-53}$$

式（3-53）即为非齐次方程（3-1）的一个特解，称为杜哈梅（Duhamel）积分。根据式（3-52）所示的脉冲 $F_P(\tau)d\tau$ 产生的响应，定义符号 $h(t-\tau)=\frac{1}{m\omega_d}e^{-\xi\omega(t-\tau)}\sin\omega_d(t-\tau)$ 为单位脉冲响应函数，简称脉冲函数，则式（3-53）又可记为

$$y_2(t)=\int_0^t F_P(\tau)h(t-\tau)d\tau \tag{3-54}$$

式（3-54）称为卷积积分，则方程的全解为

$$y(t)=y_1(t)+y_2(t)=e^{-\xi\omega t}(a\sin\omega_d t+b\cos\omega_d t)+\int_0^t F_P(\tau)h(t-\tau)d\tau \tag{3-55}$$

其中，系数 a 和 b 按初始条件由总响应（3-55）确定。

应用杜哈梅积分可以求得任意荷载作用下的响应，但当动荷载比较复杂时，不能写出解析解，往往只能通过数值积分求解。

思考题与习题

1. 为什么说自振周期是结构的固有性质？它与哪些固有量有关？

2. 什么叫动力放大系数？其大小与哪些因素有关？单自由度体系位移的动力放大系数与内力的动力放大系数是否一样？

3. 什么是临界阻尼？什么叫阻尼比？怎样测量体系振动过程中的阻尼比？

4. 在杜哈梅积分中，时间变量 τ 与 t 有什么区别？怎样应用杜哈梅积分求解任意动荷载作用下的动力位移问题？

5. 图 3-19 所示一个框架由两个弹性柱和一根刚性水平梁组成。其中，$E=2\times10^5$ MPa，$I=4.16\times10^{-3}$ m^4，梁的重量 $W=222\,400$ N，试计算其自振频率。

6. 试求图 3-20 所示体系的自振频率与周期。

7. 图 3-21 所示梁跨中有重量为 20 kN 的电动机，荷载幅值 $F_P=2$ kN，机器转速 400 rad/min，$EI=1.06\times10^4$ kN·m^2，梁跨度 $l=6$ m。试按以下两种情况求梁跨中处的最大动位移和最大动弯矩：

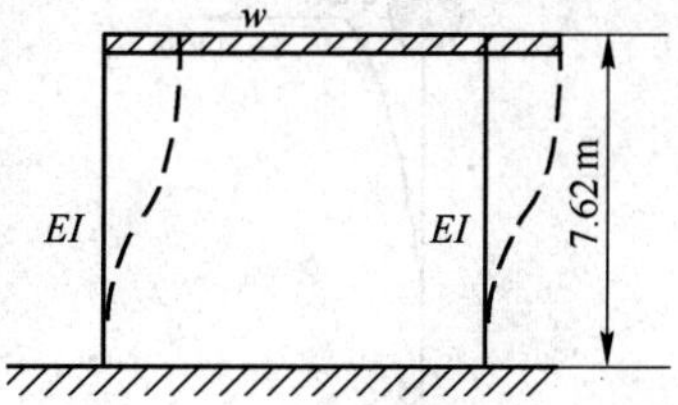

图 3-19　思考题与习题 5 图

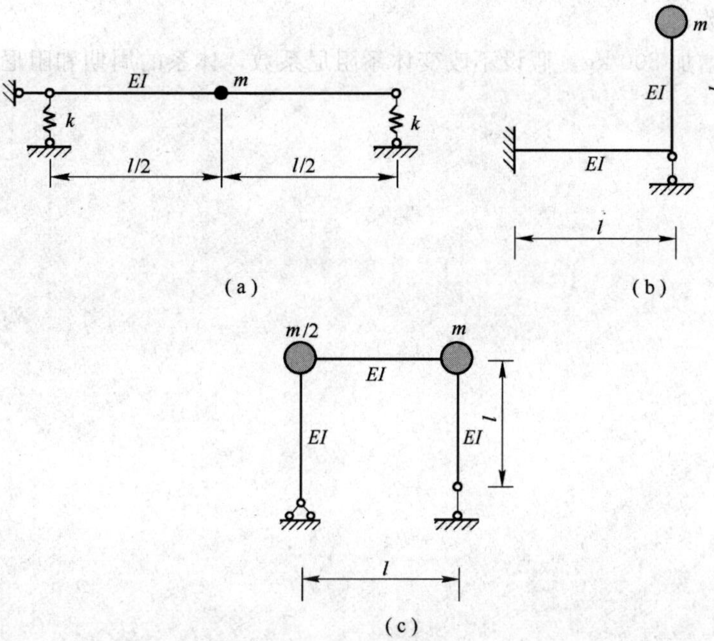

图 3-20　思考题与习题 6 图

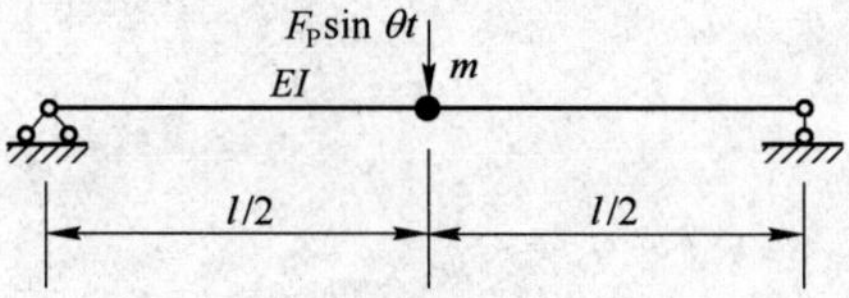

图 3-21　思考题与习题 7 图

(a) 不计阻尼；

(b) 阻尼比 $\xi=0.05$。

8. 对如图 3-22 所示的体系做自由振动试验。用钢丝绳将上端拉离平衡位置 2 cm，用力 16.4 kN 将绳突然切断，体系开始做自由振动。经 4 个周期，用时 2 s，振幅降为 1 cm。求：

(1) 阻尼比；

(2) 刚度系数；

(3) 无阻尼周期；

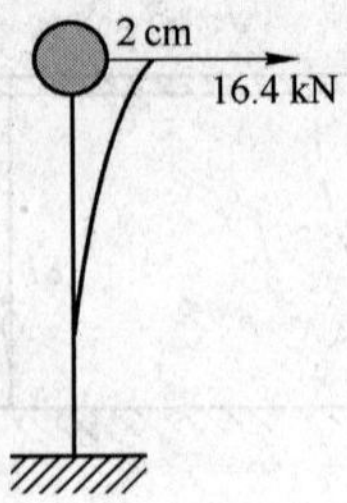

图 3－22　思考题与习题 8 图

(4) 重量；

(5) 阻尼系数；

(6) 若质量增加 800 kg，假设不改变体系阻尼系数，体系的周期和阻尼比为多少？

第 4 章　多自由度体系的振动分析

第 3 章介绍了单自由度体系振动分析，但实际结构简化为单自由度体系只是一种近似，其结果的精度取决于很多因素，如果体系真实的动力行为与计算得到的反应很不相似，则用单自由度简化就很难确定结果的可靠性，因此就必须用多自由度模型来描述体系的动力反应。特别是随着计算机技术和应用软件的发展，用有限元法将结构按多自由度体系进行动力分析，计算上已没有太大困难，并已在工程中得到普遍的应用。

4.1　无阻尼多自由度体系的自由振动分析

第 3 章已经介绍，工程实际中阻尼对体系的自振频率和周期影响不大，因此首先讨论无阻尼体系的情形。按照前面所述的刚度法和柔度法，n 个自由度体系无阻尼运动方程的一般形式为

$$\text{刚度法}\quad \boldsymbol{M\ddot{Y}}+\boldsymbol{KY}=\boldsymbol{F}_{\mathrm{E}}(t) \tag{4-1}$$

$$\text{柔度法}\quad \boldsymbol{Y}=\boldsymbol{\Delta}_{\mathrm{P}}-\boldsymbol{\delta M\ddot{Y}} \tag{4-2}$$

对刚度形式的方程进行求解的方法，称为刚度法；对柔度形式的方程进行求解的方法，称为柔度法，因为刚度矩阵和柔度矩阵互为逆矩阵，故两种形式完全等价。

对于体系的自由振动，其运动方程形式为

$$\text{刚度法}\quad \boldsymbol{M\ddot{Y}}+\boldsymbol{KY}=\boldsymbol{0} \tag{4-3}$$

$$\text{柔度法}\quad \boldsymbol{Y}+\boldsymbol{\delta M\ddot{Y}}=\boldsymbol{0} \tag{4-4}$$

4.1.1　多自由度体系振动频率分析的刚度法

与单自由度体系无阻尼自由振动的解类似，假设多自由度无阻尼自由振动是简谐振动，其中第 i 个自由度方向的位移响应可记为

$$y_i(t)=\varphi_i\sin(\omega t+\alpha) \tag{4-5}$$

式中，φ_i，ω，α 为未知的待定参数，将各自由度位移响应按自由度序号排列成向量，即为

$$\boldsymbol{Y}=\boldsymbol{\varphi}\sin(\omega t+\alpha) \tag{4-6}$$

式中

$$\boldsymbol{\varphi}=[\varphi_1 \quad \varphi_2 \quad \cdots \quad \varphi_n]^{\mathrm{T}} \tag{4-7}$$

式（4-6）称为位移 $\boldsymbol{Y}$ 的幅值向量。将其代入式（4-3）中，消去正弦项，得

$$(\boldsymbol{K}-\omega^2\boldsymbol{M})\boldsymbol{\varphi}=\boldsymbol{0} \tag{4-8}$$

式（4-8）是位移幅值 $\boldsymbol{\varphi}$ 的齐次矩阵方程，称为振型方程。如果方程存在非零解，则其系数行列式必须为零，即

$$|\boldsymbol{K}-\omega^2\boldsymbol{M}|=0 \tag{4-9}$$

方程（4-9）称为体系的频率方程或特征方程。可见，动力学问题最终归结为矩阵的求特征值问题。将特征方程展开，可得到 ω^2 的一个 n 次代数方程。对于无刚体位移的结构体系，由于具有实的、对称的、正定的质量矩阵和刚度矩阵，可以证明频率方程具有 n 个正实根 ω_i^2，开方并将 ω_i 按由小到大的顺序排列得到体系的频率谱（$\omega_1<\omega_2<\cdots<\omega_n$），其中最小的频率称为基频，其他依次称为第 1，2，3，…，n 阶频率。全部振型频率按次序排列组成的向量称为频率向量，记为 $\boldsymbol{\omega}$。

$$\boldsymbol{\omega}=[\omega_1 \quad \omega_2 \quad \cdots \quad \omega_n]^{\mathrm{T}} \tag{4-10}$$

下面推导两个自由度体系的自振频率，正如第 3 章所述，两个自由度体系的质量矩阵和刚度矩阵分别为

$$\boldsymbol{M}=\begin{bmatrix} m_1 & 0 \\ 0 & m_2 \end{bmatrix}$$
$$\boldsymbol{K}=\begin{bmatrix} k_{11} & k_{12} \\ k_{21} & k_{22} \end{bmatrix} \tag{4-11}$$

将两个矩阵代入方程（4-9）中，得

$$\begin{vmatrix} k_{11}-\omega^2 m_1 & k_{12} \\ k_{21} & k_{22}-\omega^2 m_2 \end{vmatrix}=0 \tag{4-12}$$

将行列式展开得

$$(\omega^2)^2-\left(\frac{k_{11}}{m_1}+\frac{k_{22}}{m_2}\right)\omega^2+\frac{k_{11}k_{22}-k_{12}k_{21}}{m_1 m_2}=0 \tag{4-13}$$

式（4-13）为关于 ω^2 的二次方程，求解得 ω^2 的两个根，即

$$(\omega^2)_{1,2}=\frac{1}{2}\left(\frac{k_{11}}{m_1}+\frac{k_{22}}{m_2}\right)\mp\sqrt{\frac{1}{4}\left(\frac{k_{11}}{m_1}+\frac{k_{22}}{m_2}\right)^2-\frac{k_{11}k_{22}-k_{12}k_{21}}{m_1 m_2}} \tag{4-14}$$

由式（4-14）即可求得两个自由度体系的自振频率 ω_1 和 ω_2（其中 $\omega_1<\omega_2$）。

【例 4-1】 如图 4-1 所示两层刚架，已知横梁为刚性，各立柱的抗弯刚度 $EI=6.0\times 10^6\ \mathrm{N\cdot m^2}$，立柱的质量不计，横梁的质量为 $m_1=m_2=5\ 000\ \mathrm{kg}$，每层的高度 $l=5\ \mathrm{m}$，试求其自振频率。

[解]

由图 4-1 可知，结构为两个自由度的剪切型结构体系，设 m_1，m_2 的位移分别为 y_1，

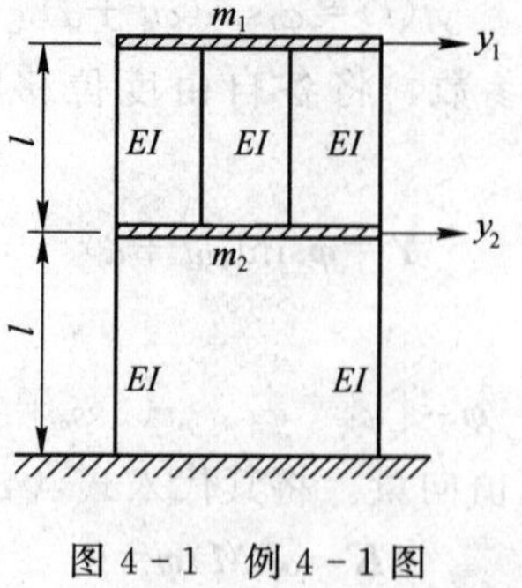

图 4-1 例 4-1 图

y_2，根据结构静力分析得

$$k_{11}=4\times\frac{12EI}{l^3}=\frac{48EI}{l^3}$$

$$k_{12}=k_{21}=-4\times\frac{12EI}{l^3}=-\frac{48EI}{l^3}$$

$$k_{22}=6\times\frac{12EI}{l^3}=\frac{72EI}{l^3}$$

将 k_{11}，k_{12}，k_{21}，k_{22}，m_1，m_2 代入式（4-12）中，展开可得关于 ω^2 的二次方程

$$(\omega^2)^2-\left(\frac{48EI/l^3}{5\ 000}+\frac{72EI/l^3}{5\ 000}\right)\omega^2+\frac{(48/EI/l^3)\times(72EI/l^3)-(48EI/l^3)^2}{5\ 000\times5\ 000}=0$$

求解可得刚架的自振频率为

$$\begin{cases}\omega_1=10.050\ 8(\text{rad/s})\\ \omega_2=32.418\ 8(\text{rad/s})\end{cases}$$

4.1.2　多自由度体系振型分析的刚度法

将第 i 阶频率 ω_i 代入振型方程中，有

$$(\boldsymbol{K}-\omega_i^2\boldsymbol{M})\boldsymbol{\varphi}_i=\boldsymbol{0}\quad(i=1,\ 2,\ 3,\ \cdots,\ n)\tag{4-15}$$

对应于 n 个自由度的位移幅值向量 $\boldsymbol{\varphi}_i=[\varphi_{1i}\quad\varphi_{2i}\quad\varphi_{3i}\quad\cdots\quad\varphi_{ni}]^{\mathrm{T}}$，式（4-15）为它的$n$个未知量 φ_{ji}（$j=1,\ 2,\ 3,\ \cdots,\ n$）的齐次线性方程组，因为其系数行列式为零，因此独立的方程只有 $n-1$ 个。从而对应于第 i 阶频率 ω_i，由式（4-15）只能求得 n 个未知量 φ_{ji} 的相对值，而不能唯一地确定振幅，但可以用来唯一地描述振动体系的形状。这个对应于第 i 阶频率 ω_i 的位移幅值向量非零解为

$$\boldsymbol{\varphi}_i-[\varphi_{1i}\quad\varphi_{2i}\quad\varphi_{3i}\quad\cdots\quad\varphi_{ni}]^{\mathrm{T}}\tag{4-16}$$

称为对应于第 i 阶频率 ω_i 的主振型，简称为第 i 阶振型。对于 n 个自由度的体系，由 n 个频率可以求得 n 个线性无关的主振型，形式为

$$\boldsymbol{\Phi}=[\boldsymbol{\varphi}_1\quad\boldsymbol{\varphi}_2\quad\boldsymbol{\varphi}_3\quad\cdots\quad\boldsymbol{\varphi}_n]=\begin{bmatrix}\varphi_{11}&\varphi_{12}&\varphi_{13}&\cdots&\varphi_{1n}\\ \varphi_{21}&\varphi_{22}&\varphi_{23}&\cdots&\varphi_{2n}\\ \varphi_{31}&\varphi_{32}&\varphi_{33}&\cdots&\varphi_{3n}\\ \vdots&\vdots&\vdots&&\vdots\\ \varphi_{n1}&\varphi_{n2}&\varphi_{n3}&\cdots&\varphi_{nn}\end{bmatrix}\tag{4-17}$$

式中，$\boldsymbol{\Phi}$ 称为振型矩阵。

由于振型的幅值是任意的，只有振型形状是唯一的，为了使幅值可以用确定值表示，通常取一个自由度的幅值（如幅值向量中的第一个元素或最大的元素）为 1，并以这个指定的值为基准确定其他位移，这叫做关于特定坐标的振型的规格化或称为标准化，这样得到的振型称为标准化振型。如对应于第 i 阶频率 ω_i 的振型 $\boldsymbol{\varphi}_i=[\varphi_{1i}\quad\varphi_{2i}\quad\varphi_{3i}\quad\cdots\quad\varphi_{ni}]^{\mathrm{T}}$，取其第一个元素 $\varphi_{1i}=1$（通常取最大值为 1，但只要重新排列矩阵中的行和列的次序即可），把向量表示成无量纲的形式，过程如下。

$$\boldsymbol{\varphi}_i=\begin{bmatrix}\varphi_{1i}\\ \varphi_{2i}\\ \varphi_{3i}\\ \vdots\\ \varphi_{ni}\end{bmatrix}=\varphi_{1i}\begin{bmatrix}1\\ \dfrac{\varphi_{2i}}{\varphi_{1i}}\\ \dfrac{\varphi_{3i}}{\varphi_{1i}}\\ \vdots\\ \dfrac{\varphi_{ni}}{\varphi_{1i}}\end{bmatrix} \tag{4-18}$$

则标准化振型为

$$\hat{\boldsymbol{\varphi}}_i=\begin{bmatrix}1\\ \dfrac{\varphi_{2i}}{\varphi_{1i}}\\ \dfrac{\varphi_{3i}}{\varphi_{1i}}\\ \vdots\\ \dfrac{\varphi_{ni}}{\varphi_{1i}}\end{bmatrix}=\frac{1}{\varphi_{1i}}\begin{bmatrix}\varphi_{1i}\\ \varphi_{2i}\\ \varphi_{3i}\\ \vdots\\ \varphi_{ni}\end{bmatrix} \tag{4-19}$$

然而，在进行结构振动分析的计算机程序中，最常用的标准化方法是规定振型 $\hat{\boldsymbol{\varphi}}_i$ 满足条件

$$\hat{\boldsymbol{\varphi}}_i^{\mathrm{T}}\boldsymbol{M}\hat{\boldsymbol{\varphi}}_i=1 \tag{4-20}$$

式（4-20）称为对质量归一化。对此有兴趣的读者可以参考有关文献。

下面推导两个自由度体系的振型。当 $n=2$ 时，式（4-15）变为

$$\begin{bmatrix}k_{11}-\omega_i^2m_1 & k_{12}\\ k_{21} & k_{22}-\omega_i^2m_2\end{bmatrix}\begin{bmatrix}\varphi_{1i}\\ \varphi_{2i}\end{bmatrix}=\begin{bmatrix}0\\ 0\end{bmatrix}\quad(i=1,\ 2) \tag{4-21}$$

将式（4-21）展开得

$$\left.\begin{aligned}(k_{11}-\omega_i^2m_1)\varphi_{1i}+k_{12}\varphi_{2i}=0\\ k_{21}\varphi_{1i}+(k_{22}-\omega_i^2m_2)\varphi_{2i}=0\end{aligned}\right\} \tag{4-22}$$

解得

$$\varphi_{2i}=-\frac{k_{11}-\omega_i^2m_1}{k_{12}}\varphi_{1i}=\frac{-k_{21}}{k_{22}-\omega_i^2m_2}\varphi_{1i} \tag{4-23}$$

则两个自由度体系的振型为

$$\boldsymbol{\varphi}_i=\begin{bmatrix}\varphi_{1i}\\ -\dfrac{k_{11}-\omega_i^2m_1}{k_{12}}\varphi_{1i}\end{bmatrix}=\begin{bmatrix}\varphi_{1i}\\ \dfrac{-k_{21}}{k_{22}-\omega_i^2m_2}\varphi_{1i}\end{bmatrix}$$

即

$$\boldsymbol{\varphi}_i=\begin{bmatrix}1\\ -\dfrac{k_{11}-\omega_i^2m_1}{k_{12}}\end{bmatrix}\varphi_{1i}=\begin{bmatrix}1\\ \dfrac{-k_{21}}{k_{22}-\omega_i^2m_2}\end{bmatrix}\varphi_{1i}\quad(i=1,\ 2) \tag{4-24}$$

其标准化振型为

$$\hat{\boldsymbol{\varphi}}_i=\begin{bmatrix}1\\ -\dfrac{k_{11}-\omega_i^2m_1}{k_{12}}\end{bmatrix}=\begin{bmatrix}1\\ \dfrac{-k_{21}}{k_{22}-\omega_i^2m_2}\end{bmatrix}\quad(i=1,\ 2) \tag{4-25}$$

【例 4-2】 计算例 4-1 所示刚架的振型。

[**解**]

将例 4-1 解得的自振频率 ω_i 代入式（4-22）中，用方程组中的任一方程都可求得

φ_{1i}与φ_{2i}之比

$$\left(\frac{48EI}{l^3}-\omega_1^2 m_1\right)\varphi_{11}-\frac{48EI}{l^3}\varphi_{21}=0$$

$$\left(\frac{48EI}{l^3}-\omega_2^2 m_1\right)\varphi_{12}-\frac{48EI}{l^3}\varphi_{22}=0$$

因此标准化振型为

$$\hat{\boldsymbol{\varphi}}_1=\begin{bmatrix}1\\0.7808\end{bmatrix}$$

$$\hat{\boldsymbol{\varphi}}_2=\begin{bmatrix}1\\-1.2809\end{bmatrix}$$

4.1.3　多自由度体系振动频率分析的柔度法

将式（4-6）代入柔度形式的运动方程（4-4）中，消去正弦因子，得振型方程为

$$\boldsymbol{\varphi}=\omega^2\boldsymbol{\delta M\varphi} \tag{4-26}$$

引入单位矩阵 $\boldsymbol{E}$ 和特征值$\lambda=\frac{1}{\omega^2}$，方程（4-26）可改写为：

$$(\boldsymbol{\delta M}-\lambda\boldsymbol{E})\boldsymbol{\varphi}=\boldsymbol{0} \tag{4-27}$$

如果方程（4-27）有非零解，则系数行列式必然为零，即可得到频率方程为

$$|\boldsymbol{\delta M}-\lambda\boldsymbol{E}|=0 \tag{4-28}$$

将式（4-28）展开，可得到λ的一个 n 次代数方程。可以证明频率方程具有 n 个正实根λ_i，即 n 个正实根$\frac{1}{\omega_i^2}$，取倒数并开方得到 n 个自由度体系的 n 个自振频率。

与刚度法类似，推导两个自由度体系的柔度形式的自振频率。当 $n=2$ 时，展开式(4-28)成为关于λ的一元二次方程，求解得λ的两个根，并根据$\lambda=\frac{1}{\omega^2}$解出两个自振频率。

4.1.4　多自由度体系振型分析的柔度法

将第 i 个特征值λ_i 代入式（4-27）中，则有

$$(\boldsymbol{\delta M}-\lambda_i\boldsymbol{E})\boldsymbol{\varphi}=\boldsymbol{0} \tag{4-29}$$

与刚度法同理，由式（4-29）即可求出对应频率 $\omega_i=\sqrt{\frac{1}{\lambda_i}}$的振型 $\boldsymbol{\varphi}_i$。对于两个自由度体系，其标准化振型（按第一个元素为 1 进行标准化时）为

$$\hat{\boldsymbol{\varphi}}_i=\begin{bmatrix}1\\-\frac{\delta_{11}m_1-\lambda_i}{\delta_{12}m_2}\end{bmatrix}=\begin{bmatrix}1\\-\frac{\delta_{21}m_1}{\delta_{22}m_2-\lambda_i}\end{bmatrix}\quad(i=1,\ 2) \tag{4-30}$$

通过比较刚度法和柔度法，可知由于刚度矩阵和柔度矩阵互为逆矩阵，因此两种方法是等价的，都属于矩阵特征值问题；只是由刚度法频率方程得到的根是频率平方，而柔度法得到的根是频率平方的倒数。

4.1.5 多自由度体系自由振动的通解

对于多自由度体系，自由振动的任一个解答都可表示为

$$\boldsymbol{Y}_i=\boldsymbol{\varphi}_i\sin(\omega_i t+\alpha_i)\quad (i=1,\ 2,\ \cdots,\ n) \tag{4-31}$$

式中 α_i——待定的参数；

$\boldsymbol{\varphi}_i$——对应于频率 ω_i 的振型向量。

由于自由振动运动方程是齐次方程组，式（4－31）表示方程组的解，则这些解的线性组合仍然是原方程的解。因此运动方程的通解形式为

$$\boldsymbol{Y}=\sum_{i=1}^{n}C_i\boldsymbol{\varphi}_i\sin(\omega_i t+\alpha_i)\quad (i=1,\ 2,\ \cdots,\ n) \tag{4-32}$$

式（4－32）中有 $2n$ 个待定参数，即 C_i 和 α_i，它们可由运动的初始条件确定。

从式（4－32）可以看出，在任意初始条件下，体系所发生的振动都不是按某单一频率的简谐振动，而是包含所有自振频率的复杂周期振动，各频率分别是按一定组合系数参与的。

4.2 多自由度体系振型的正交性

4.2.1 正交的数学概念

线性代数中，若两个 n 维向量 $\boldsymbol{A}_1$ 和 $\boldsymbol{A}_2$ 存在如下关系

$$\boldsymbol{A}_1^{\mathrm{T}}\boldsymbol{A}_2=0 \tag{4-33}$$

则称向量 $\boldsymbol{A}_1$ 和 $\boldsymbol{A}_2$ 正交。如果存在一个 n 阶方阵 $\boldsymbol{B}$，使得

$$\boldsymbol{A}_1^{\mathrm{T}}\boldsymbol{B}\boldsymbol{A}_2=0 \tag{4-34}$$

则称向量 $\boldsymbol{A}_1$ 与 $\boldsymbol{A}_2$ 加权正交，$\boldsymbol{B}$ 称为权矩阵，也称为向量 $\boldsymbol{A}_1$ 与 $\boldsymbol{A}_2$ 对矩阵 $\boldsymbol{B}$ 正交。

4.2.2 振型向量的正交性

n 个自由度的体系有 n 个振型向量 $\boldsymbol{\varphi}_i$（$i=1,\ 2,\ \cdots,\ n$）。在这些振型向量中，对应不同自振频率的振型向量之间存在着对质量矩阵 $\boldsymbol{M}$ 和对刚度矩阵 $\boldsymbol{K}$ 的正交性，也就是

$$\boldsymbol{\varphi}_i^{\mathrm{T}}\boldsymbol{M}\boldsymbol{\varphi}_j=0\quad (i\neq j) \tag{4-35}$$

$$\boldsymbol{\varphi}_i^{\mathrm{T}}\boldsymbol{K}\boldsymbol{\varphi}_j=0\quad (i\neq j) \tag{4-36}$$

关于振型向量的正交性可由矩阵的运算得到证明。证明过程如下所述。

设 $\boldsymbol{\varphi}_i$ 和 $\boldsymbol{\varphi}_j$ 分别为体系第 i 阶和第 j 阶振型，将第 i 阶振型代入振型方程式（4－18）中，有：

$$\boldsymbol{K}\boldsymbol{\varphi}_i=\omega_i^2\boldsymbol{M}\boldsymbol{\varphi}_i \tag{4-37}$$

式（4－37）两边同时左乘 $\boldsymbol{\varphi}_j^{\mathrm{T}}$，可得

$$\boldsymbol{\varphi}_j^{\mathrm{T}}\boldsymbol{K}\boldsymbol{\varphi}_i=\omega_i^2\boldsymbol{\varphi}_j^{\mathrm{T}}\boldsymbol{M}\boldsymbol{\varphi}_i \tag{4-38}$$

同理可得

$$\boldsymbol{\varphi}_i^{\mathrm{T}}\boldsymbol{K}\boldsymbol{\varphi}_j=\omega_j^2\boldsymbol{\varphi}_i^{\mathrm{T}}\boldsymbol{M}\boldsymbol{\varphi}_j \tag{4-39}$$

由于矩阵乘积的转置等于矩阵倒序后转置的乘积，并考虑质量矩阵和刚度矩阵都是对称矩阵（矩阵的转置与原矩阵相等），所以有

$$(\boldsymbol{\varphi}_i^{\mathrm{T}}\boldsymbol{K}\boldsymbol{\varphi}_j)^{\mathrm{T}}=\boldsymbol{\varphi}_j^{\mathrm{T}}\boldsymbol{K}\boldsymbol{\varphi}_i=(\omega_j^2\boldsymbol{\varphi}_i^{\mathrm{T}}\boldsymbol{M}\boldsymbol{\varphi}_j)^{\mathrm{T}}=\omega_j^2\boldsymbol{\varphi}_j^{\mathrm{T}}\boldsymbol{M}\boldsymbol{\varphi}_i$$

即

$$\boldsymbol{\varphi}_j^{\mathrm{T}}\boldsymbol{K}\boldsymbol{\varphi}_i=\omega_j^2\boldsymbol{\varphi}_j^{\mathrm{T}}\boldsymbol{M}\boldsymbol{\varphi}_i \tag{4-40}$$

式（4-40）与式（4-38）相减，得

$$(\omega_i^2-\omega_j^2)\boldsymbol{\varphi}_j^{\mathrm{T}}\boldsymbol{M}\boldsymbol{\varphi}_i=0 \tag{4-41}$$

当 $i\neq j$ 时，若 $\omega_i\neq\omega_j$，则有

$$\boldsymbol{\varphi}_j^{\mathrm{T}}\boldsymbol{M}\boldsymbol{\varphi}_i=0 \tag{4-42}$$

将式（4-42）代入式（4-38）中得

$$\boldsymbol{\varphi}_j^{\mathrm{T}}\boldsymbol{K}\boldsymbol{\varphi}_i=0 \tag{4-43}$$

式（4-42）和式（4-43）表明不同自振频率的振型向量之间存在着对质量矩阵 $\boldsymbol{M}$ 和对刚度矩阵 $\boldsymbol{K}$ 的正交性。

关于振型向量的正交性也可由 Batti 定律（功的互等）得到证明。Batti 定律说明：第一组荷载在第二组荷载引起的位移上所做的功等于第二组荷载在第一组荷载引起的位移上所做的功。

如图 4-2 所示的简支梁，如果忽略其轴向变形，可简化为三自由度体系。

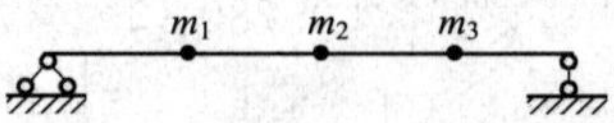

图 4-2　三自由度简支梁示意图

因此，它有 3 个自振频率和 3 个与之相应的振型。如图 4-3 所示。

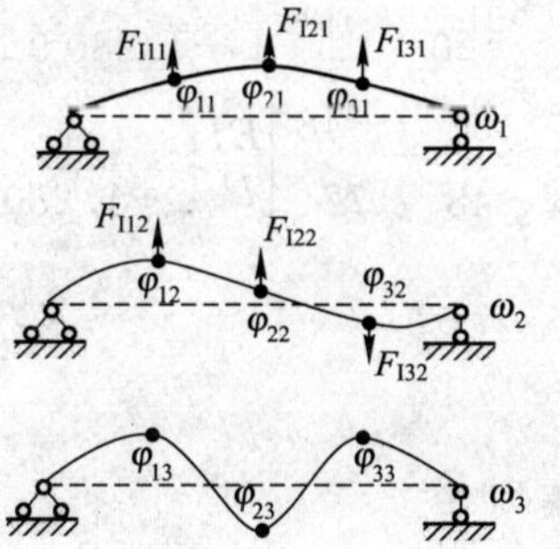

图 4-3　三自由度简支梁的 3 个振型示意图

将各振型代入振型方程可得

$$\boldsymbol{K}\boldsymbol{\varphi}_i=\omega_i^2\boldsymbol{M}\boldsymbol{\varphi}_i$$

上式的右端为惯性力，与左端的弹性力是平衡的。

因此，可以将体系按某一频率振动的变形看作是惯性力作用下产生的挠度。

对前两个振型应用 Betti 定理可得

$$\boldsymbol{F}_{11}^{\mathrm{T}}\boldsymbol{\varphi}_2=\boldsymbol{F}_{12}^{\mathrm{T}}\boldsymbol{\varphi}_1$$

即

$$\omega_1^2\boldsymbol{\varphi}_1^{\mathrm{T}}\boldsymbol{M}\boldsymbol{\varphi}_2=\omega_2^2\boldsymbol{\varphi}_2^{\mathrm{T}}\boldsymbol{M}\boldsymbol{\varphi}_1$$

两边相减即可得到式（4-41）的形式，可以证明前两个振型对于质量矩阵正交，同

理，可以证明其他振型的正交性。

4.2.3 正交性的应用

振型的正交性质在多自由度体系的动力分析中有着十分重要的用途，可归纳为以下几个方面。

1. 振型的检验

用振型的正交性来检验所求得的振型是否正确。

【例 4-3】 试检验例 4-2 所求振型是否正确。

[解]

由例 4-1 得到体系的质量矩阵和刚度矩阵分别为

$$\boldsymbol{M}=\begin{bmatrix}1 & 0\\0 & 1\end{bmatrix}m_1$$

$$\boldsymbol{K}=\begin{bmatrix}48 & -48\\-48 & 72\end{bmatrix}\frac{EI}{l^3}$$

由例 4-2 得到体系的振型为

$$\hat{\boldsymbol{\varphi}}_1=\begin{bmatrix}1\\0.780\,8\end{bmatrix}$$

$$\hat{\boldsymbol{\varphi}}_2=\begin{bmatrix}1\\-1.280\,9\end{bmatrix}$$

利用式（4-42）和式（4-43），有

$$\hat{\boldsymbol{\varphi}}_1^{\mathrm{T}}\boldsymbol{M}\hat{\boldsymbol{\varphi}}_2=[1\quad 0.780\,8]\begin{bmatrix}1 & 0\\0 & 1\end{bmatrix}m_1\begin{bmatrix}1\\-1.280\,9\end{bmatrix}=-0.000\,127m_1\approx 0$$

$$\hat{\boldsymbol{\varphi}}_1^{\mathrm{T}}\boldsymbol{K}\hat{\boldsymbol{\varphi}}_2=[1\quad 0.780\,8]\begin{bmatrix}48 & -48\\-48 & 72\end{bmatrix}\frac{EI}{l^3}\begin{bmatrix}1\\-1.280\,9\end{bmatrix}=-0.004\,324\,\frac{EI}{l^3}\approx 0$$

可见，所求振型是正确的。

2. 自振频率的计算

已知振型，计算对应的自振频率。

将自由振动的通解 $\boldsymbol{Y}=\sum_{i=1}^{n}C_i\boldsymbol{\varphi}_i\sin(\omega_i t+\alpha_i)$ 代入运动方程 $\boldsymbol{M}\ddot{\boldsymbol{Y}}+\boldsymbol{K}\boldsymbol{Y}=\boldsymbol{0}$ 中，得

$$-\boldsymbol{M}\sum_{i=1}^{n}C_i\omega_i^2\boldsymbol{\varphi}_i\sin(\omega_i t+\alpha_i)+\boldsymbol{K}\sum_{i=1}^{n}C_i\boldsymbol{\varphi}_i\sin(\omega_i t+\alpha_i)=\boldsymbol{0} \tag{4-44}$$

对式（4-44）两边同时左乘 $\boldsymbol{\varphi}_j^{\mathrm{T}}$，根据振型的正交性，和号内仅保留 $i=j$ 时的一项，其他各项均为零，可得

$$-\boldsymbol{\varphi}_j^{\mathrm{T}}\boldsymbol{M}\omega_j^2\boldsymbol{\varphi}_j+\boldsymbol{\varphi}_j^{\mathrm{T}}\boldsymbol{K}\boldsymbol{\varphi}_j=0 \tag{4-45}$$

式（4-45）也可由振型方程式（4-8）两边同时左乘 $\boldsymbol{\varphi}_j^{\mathrm{T}}$ 得到。其中记 $\boldsymbol{\varphi}_j^{\mathrm{T}}\boldsymbol{K}\boldsymbol{\varphi}_j=K_j^*$，称为第 j 阶振型的广义刚度；记 $\boldsymbol{\varphi}_j^{\mathrm{T}}\ \boldsymbol{K}\ \boldsymbol{\varphi}_j=M_j^*$，称为第 j 阶振型的广义质量。则

式（4-45）变为

$$K_j^* = \omega_j^2 M_j^* \tag{4-46}$$

因此

$$\omega_j^2 = \frac{K_j^*}{M_j^*} \tag{4-47}$$

可见，第 j 阶振型的自振频率与单自由度体系的频率计算公式，从形式上是一样的。已知第 j 阶振型，先计算出其广义刚度和广义质量，然后代入式（4-47）中即可计算出振型所对应的自振频率。

【例 4-4】 由例 4-3 中的振型、质量矩阵和刚度矩阵求体系的自振频率，并和例 4-1 所求频率相比较。

［解］

体系的质量矩阵和刚度矩阵分别为

$$\boldsymbol{M} = \begin{bmatrix} 1 & 0 \\ 0 & 1 \end{bmatrix} m_1$$

$$\boldsymbol{K} = \begin{bmatrix} 48 & -48 \\ -48 & 72 \end{bmatrix} \frac{EI}{l^3}$$

体系的振型为

$$\hat{\boldsymbol{\varphi}}_1 = \begin{bmatrix} 1 \\ 0.7808 \end{bmatrix}$$

$$\hat{\boldsymbol{\varphi}}_2 = \begin{bmatrix} 1 \\ -1.2809 \end{bmatrix}$$

先计算广义刚度和广义质量，

$$\frac{EI}{l^3} = \frac{6.0 \times 10^6}{5^3} = 48\,000 (\mathrm{N/m})$$

$$M_1^* = \hat{\boldsymbol{\varphi}}_1^{\mathrm{T}} \boldsymbol{M} \hat{\boldsymbol{\varphi}}_1 = [1 \quad 0.7808] \begin{bmatrix} 1 & 0 \\ 0 & 1 \end{bmatrix} m_1 \begin{bmatrix} 1 \\ 0.7808 \end{bmatrix} = 8\,048.2432 (\mathrm{kg})$$

$$M_2^* = \hat{\boldsymbol{\varphi}}_2^{\mathrm{T}} \boldsymbol{M} \hat{\boldsymbol{\varphi}}_2 = [1 \quad -1.2809] \begin{bmatrix} 1 & 0 \\ 0 & 1 \end{bmatrix} m_1 \begin{bmatrix} 1 \\ -1.2809 \end{bmatrix} = 13\,203.52405 (\mathrm{kg})$$

$$K_1^* = \hat{\boldsymbol{\varphi}}_1^{\mathrm{T}} \boldsymbol{K} \hat{\boldsymbol{\varphi}}_1 = [1 \quad 0.7808] \begin{bmatrix} 48 & -48 \\ -48 & 72 \end{bmatrix} \frac{EI}{l^3} \begin{bmatrix} 1 \\ 0.7808 \end{bmatrix} = 813\,019 (\mathrm{N/m})$$

$$K_2^* = \hat{\boldsymbol{\varphi}}_2^{\mathrm{T}} \boldsymbol{K} \hat{\boldsymbol{\varphi}}_2 = [1 \quad -1.2809] \begin{bmatrix} 48 & -48 \\ -48 & 72 \end{bmatrix} \frac{EI}{l^3} \begin{bmatrix} 1 \\ -1.2809 \end{bmatrix} = 13\,876\,663 (\mathrm{N/m})$$

所以

$$\omega_1 = \sqrt{\frac{K_1^*}{M_1^*}} = \sqrt{\frac{813\,019}{8\,048.2432}} \approx 10.0508 (\mathrm{rad/s})$$

$$\omega_2 = \sqrt{\frac{K_2^*}{M_2^*}} = \sqrt{\frac{13\,876\,663}{13\,203.52405}} \approx 32.4188 (\mathrm{rad/s})$$

与例 4-1 相比较，可见求得的频率是相同的。

3. 振型的计算

对于 n 个自由度体系，已知 $n-1$ 阶振型，求未知振型。

如对于 3 个自由度的体系，已知前两阶振型分别为

$$\boldsymbol{\varphi}_1=[1\quad \varphi_{21}\quad \varphi_{31}]^{\mathrm{T}}$$

$$\boldsymbol{\varphi}_2=[1\quad \varphi_{22}\quad \varphi_{32}]^{\mathrm{T}}$$

集中质量体系的质量矩阵为

$$\boldsymbol{M}=\begin{bmatrix} m_1 & 0 & 0 \\ 0 & m_2 & 0 \\ 0 & 0 & m_3 \end{bmatrix}$$

设第 3 阶振型未知，为 $\boldsymbol{\varphi}_3=[1\quad \varphi_{23}\quad \varphi_{33}]^{\mathrm{T}}$，根据振型的正交性，即

$$\begin{aligned} \boldsymbol{\varphi}_1^{\mathrm{T}}\boldsymbol{M}\boldsymbol{\varphi}_3=0=m_1+\varphi_{21}\varphi_{23}m_2+\varphi_{31}\varphi_{33}m_3=0 \\ \boldsymbol{\varphi}_2^{\mathrm{T}}\boldsymbol{M}\boldsymbol{\varphi}_3=0=m_1+\varphi_{22}\varphi_{23}m_2+\varphi_{21}\varphi_{33}m_3=0 \end{aligned} \tag{4-48}$$

解此方程组，即可求出第 3 阶振型。当然，上述方程组也可由已知振型与刚度矩阵建立。

4. 位移的分解

任意一个给定的位移向量 $\boldsymbol{Y}$，利用振型的正交性，均可将其分解为各阶振型的线性组合，即

$$\boldsymbol{Y}=\sum_{i=1}^{n}\eta_i\boldsymbol{\varphi}_i \tag{4-49}$$

式（4-49）称为位移向量 $\boldsymbol{Y}$ 按振型的正则坐标变换，其中组合系数 η_i 称为位移向量的正则坐标（或称广义坐标）。式（4-49）也可用矩阵符号表示为

$$\boldsymbol{Y}=\boldsymbol{\Phi}\boldsymbol{\eta} \tag{4-50}$$

式中，显然振型矩阵 $\boldsymbol{\Phi}$ 起着将广义坐标 $\boldsymbol{\eta}$ 转换成几何坐标 $\boldsymbol{Y}$ 的作用。

对于任意一个给定的位移向量 $\boldsymbol{Y}$，求解式（4-50）代表的联立方程，即可得到相关的广义坐标 $\boldsymbol{\eta}$。然而，利用振型的正交性，求 $\boldsymbol{\eta}$ 并不需要解联立方程。对式（4-49）的两边同时左乘 $\boldsymbol{\varphi}_j^{\mathrm{T}}\boldsymbol{M}$，即可得到

$$\boldsymbol{\varphi}_j^{\mathrm{T}}\boldsymbol{M}\boldsymbol{Y}=\boldsymbol{\varphi}_j^{\mathrm{T}}\boldsymbol{M}\sum_{i=1}^{n'}\eta_i\boldsymbol{\varphi}_i \tag{4-51}$$

根据振型的正交性，式（4-51）右端和号内仅保留 $i=j$ 时的一项，其他各项均为零，可得

$$\boldsymbol{\varphi}_j^{\mathrm{T}}\boldsymbol{M}\boldsymbol{Y}=\eta_jM_j^* \tag{4-52}$$

由式（4-52）即可求出位移向量的广义坐标为

$$\eta_j=\frac{\boldsymbol{\varphi}_j^{\mathrm{T}}\boldsymbol{M}\boldsymbol{Y}}{M_j^*} \tag{4-53}$$

求出每一个广义坐标后，代入式（4-49）中，即可得到将任意位移向量 $\boldsymbol{Y}$ 按振型分解的表达式。

【例 4-5】 设一位移向量 $\boldsymbol{Y}=[1\quad 3\quad 5]^{\mathrm{T}}$ mm，质量矩阵为 $\boldsymbol{M}=\begin{bmatrix} 1 & 0 & 0 \\ 0 & 1.5 & 0 \\ 0 & 0 & 1.5 \end{bmatrix}m_1$，其中，$m_1=180\,000$ kg，试用以下振型向量将其进行分解。其中 $\boldsymbol{\varphi}_1$，$\boldsymbol{\varphi}_2$，$\boldsymbol{\varphi}_3$ 分别为

$$\boldsymbol{\varphi}_1=\begin{bmatrix}1 & \frac{2}{3} & \frac{1}{3}\end{bmatrix}^{\mathrm{T}}$$

$$\boldsymbol{\varphi}_2=\begin{bmatrix}1 & -\frac{2}{3} & -\frac{2}{3}\end{bmatrix}^{\mathrm{T}}$$

$$\boldsymbol{\varphi}_3=[1 \quad -3 \quad 4]^{\mathrm{T}}$$

[解]

首先求广义质量，根据式 $\boldsymbol{\varphi}_j^{\mathrm{T}}\boldsymbol{M}\boldsymbol{\varphi}_j=\boldsymbol{M}_j^*$，得

$$M_1^*=\boldsymbol{\varphi}_1^{\mathrm{T}}\boldsymbol{M}\boldsymbol{\varphi}_1=33\times10^4(\mathrm{kg})$$

$$M_2^*=\boldsymbol{\varphi}_2^{\mathrm{T}}\boldsymbol{M}\boldsymbol{\varphi}_2=42\times10^4(\mathrm{kg})$$

$$M_3^*=\boldsymbol{\varphi}_3^{\mathrm{T}}\boldsymbol{M}\boldsymbol{\varphi}_3=693\times10^4(\mathrm{kg})$$

然后，求式（4-52）的分子项即 $\boldsymbol{\varphi}_j^{\mathrm{T}}\boldsymbol{MY}$，得

$$\boldsymbol{\varphi}_1^{\mathrm{T}}\boldsymbol{MY}=1\,170\times10^3(\mathrm{kg\cdot mm})$$

$$\boldsymbol{\varphi}_2^{\mathrm{T}}\boldsymbol{MY}=-1\,260\times10^3(\mathrm{kg\cdot mm})$$

$$\boldsymbol{\varphi}_3^{\mathrm{T}}\boldsymbol{MY}=3\,150\times10^3(\mathrm{kg\cdot mm})$$

将以上结果代入式（4-53）中，得

$$\eta_1\approx3.545\,45$$

$$\eta_2\approx-3$$

$$\eta_3\approx0.454\,55$$

把 η_1、η_2 和 η_3 再代入式（4-49）中，得到位移向量按振型分解的表达式为

$$\boldsymbol{Y}=3.545\,45\begin{bmatrix}1\\2/3\\1/3\end{bmatrix}-3\begin{bmatrix}1\\-2/3\\-2/3\end{bmatrix}+0.454\,55\begin{bmatrix}1\\-3\\4\end{bmatrix}(\mathrm{mm})$$

也就是说位移向量 $\boldsymbol{Y}$ 是 $\boldsymbol{\varphi}_1$、$\boldsymbol{\varphi}_2$、$\boldsymbol{\varphi}_3$ 按 η_1、η_2、η_3 的组合系数合成的。

5. 多自由度体系运动方程的简化

如前面所述，对于多自由度体系的自由振动，其运动方程形式为

$$\boldsymbol{M}\ddot{\boldsymbol{Y}}+\boldsymbol{KY}=\boldsymbol{0} \tag{4-54}$$

将式（4-49）代入式（4-54）中，有

$$\sum_{i=1}^{n}\ddot{\eta}_i(t)\boldsymbol{M}\boldsymbol{\varphi}_i+\sum_{i=1}^{n}\eta_i(t)\boldsymbol{K}\boldsymbol{\varphi}_i=\boldsymbol{0} \tag{4-55}$$

将式（4-55）两边同时左乘 $\boldsymbol{\varphi}_j^{\mathrm{T}}$，根据振型的正交性，有

$$M_j^*\ddot{\eta}_j(t)+K_j^*\eta_j(t)=0 \quad (j=1,\ 2,\ \cdots,\ n) \tag{4-56}$$

式（4-56）即为第 j 阶振型的单自由度运动方程。

对于结构的每一阶振型，都可以用上述方法求出一个独立的单自由度方程，从而计算出广义坐标。这样通过广义坐标就可以将式（4-3）表示的 n 个联立运动方程（也称耦合的运动方程）转换成 n 个独立的广义坐标方程（此过程也称解耦）。在确定动力响应时，首先分别求每一个广义坐标的响应，然后按式（4-49）叠加即可得到用原始几何坐标表示的响应，这种方法称为振型叠加法。因为式（4-49）是将位移向量按振型进行分解，所以此方法又称振型分解法。

6. 自由振动初值问题的确定

式（4-32）给出了自由振动的通解形式，即

$$\boldsymbol{Y}=\sum_{i=1}^{n}C_i\boldsymbol{\varphi}_i\sin(\omega_i t+\alpha_i)\quad(i=1,2,\cdots,n)\tag{4-57}$$

其中，参数 C_i，α_i（$i=1$，2，3，…，n）可用初始条件确定。对式（4-57）求导，得

$$\dot{\boldsymbol{Y}}=\sum_{i=1}^{n}\omega_i C_i\boldsymbol{\varphi}_i\cos(\omega_i t+\alpha_i)\quad(i=1,2,\cdots,n)\tag{4-58}$$

式（4-57）与式（4-58）两边同时左乘 $\boldsymbol{\varphi}_i^{\mathrm{T}}\boldsymbol{M}$，利用振型的正交性，和号中仅保留第 i 项，其他项为零，得

$$\boldsymbol{\varphi}_i^{\mathrm{T}}\boldsymbol{M}\boldsymbol{Y}=C_i\boldsymbol{\varphi}_i^{\mathrm{T}}\boldsymbol{M}\boldsymbol{\varphi}_i\sin(\omega_i t+\alpha_i)\quad(i=1,2,\cdots,n)\tag{4-59}$$

$$\boldsymbol{\varphi}_i^{\mathrm{T}}\boldsymbol{M}\dot{\boldsymbol{Y}}=\omega_i C_i\boldsymbol{\varphi}_i^{\mathrm{T}}\boldsymbol{M}\boldsymbol{\varphi}_i\cos(\omega_i t+\alpha_i)\quad(i=1,2,\cdots,n)\tag{4-60}$$

当 $t=0$ 时，记 $\boldsymbol{Y}(0)=\boldsymbol{Y}_0$，$\dot{\boldsymbol{Y}}(0)=\dot{\boldsymbol{Y}}_0$，并引入记号 $\boldsymbol{Y}_{ai}=\boldsymbol{\varphi}_i^{\mathrm{T}}\boldsymbol{M}\boldsymbol{Y}$，$\boldsymbol{Y}_{bi}=\boldsymbol{\varphi}_i^{\mathrm{T}}\boldsymbol{M}\dot{\boldsymbol{Y}}$，可以求得参数为

$$C_i=\sqrt{\left(\frac{Y_{ai}}{M_i^*}\right)^2+\left(\frac{Y_{bi}}{\omega_i M_i^*}\right)^2}$$

$$\alpha_i=\arctan\left(\frac{\omega_i Y_{ai}}{Y_{bi}}\right)\quad(i=1,2,\cdots,n)\tag{4-61}$$

4.3 多自由度体系的受迫振动

多自由度体系在动荷载作用下产生振动，由于阻尼的存在，很快就进入稳态振动。由于实际结构一般都属于小阻尼情况，在非共振区，阻尼对稳态响应的影响不大，因此首先讨论多自由度无阻尼体系在动荷载作用下的受迫振动稳态响应，然后再讨论有阻尼的情况。由于任何周期性荷载作用下结构的稳态响应都可分解为各项简谐荷载响应之和，因此本节讨论简谐荷载及一般荷载作用下体系的响应。

4.3.1 多自由度无阻尼体系的受迫振动分析

1. 简谐荷载作用下的响应分析

无阻尼体系受简谐荷载作用时，其运动方程为

$$\boldsymbol{M}\ddot{\boldsymbol{Y}}+\boldsymbol{K}\boldsymbol{Y}=\boldsymbol{F}_0\sin\theta t\tag{4-62}$$

式中　$\boldsymbol{F}_0$——作用于体系各自由度的简谐荷载的幅值向量；

　　θ——简谐荷载的角频率，简称扰频。

假设方程（4-62）的位移向量为如下形式的稳态解。

$$\boldsymbol{Y}=\boldsymbol{A}\sin\theta t\tag{4-63}$$

式中　$\boldsymbol{A}$——位移幅值向量。

将式（4-63）代入方程（4-62）中，并消去时间因子 $\sin\theta t$ 后得

$$(\boldsymbol{K}-\theta^2\boldsymbol{M})\boldsymbol{A}=\boldsymbol{F}_0 \tag{4-64}$$

如果括号中的矩阵可逆，则幅值向量 $\boldsymbol{A}$ 为

$$\boldsymbol{A}=(\boldsymbol{K}-\theta^2\boldsymbol{M})^{-1}\boldsymbol{F}_0 \tag{4-65}$$

将式（4-65）代回式（4-63）中，即可得到运动方程（4-62）的稳态解。

如果式（4-63）的系数行列式为零，即

$$|\boldsymbol{K}-\theta^2\boldsymbol{M}|=0 \tag{4-66}$$

则位移幅值 $\boldsymbol{A}$ 将为无穷大，即出现共振现象。将式（4-66）与频率方程 $|\boldsymbol{K}-\omega^2\boldsymbol{M}|=0$ 比较，可知，如果 $\theta=\omega_i$（$i=1$，2，…，n），将出现共振。对于 n 个自由度体系，也就意味着当外界干扰频率等于体系的任意一阶自振频率时，都会出现共振现象，即体系存在 n 个共振点。体系发生共振，对其使用和寿命都会产生不利影响，因此设计时应注意避免。当然，利用共振的原理，又可以来测定体系的固有频率和阻尼等特性参数。读者如有兴趣，可参阅有关振动测量的书籍。

以一个三自由度无阻尼体系为例，对其振型以及在简谐荷载作用下的振动情况进行动画演示。

一个三层刚架结构，仅在质量 m_1 处水平作用一简谐荷载 $F_0\sin\theta t$，简化后结构示意图如图 4-4 所示。

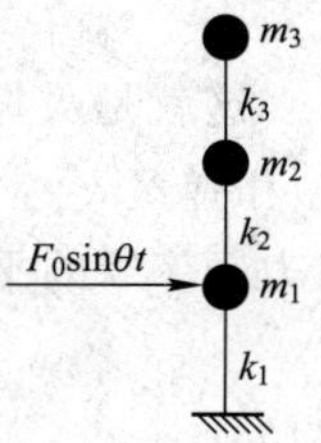

图 4-4　三层刚架结构示意图

给定参数：单位质量；单位线刚度；第 1，2，3 阶频率对应的振型动画如图 4-5 所示。

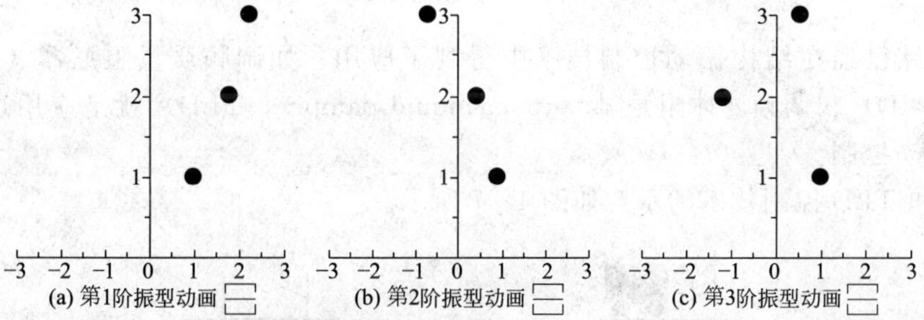

图 4-5　振型动画

【例 4-6】 试推导两个自由度体系在简谐荷载作用下位移幅值的一般解。

[解]

对于两个自由度体系，式（4-64）的系数矩阵（$\boldsymbol{K}-\theta^2\boldsymbol{M}$）可写为

$$(\boldsymbol{K}-\theta^2\boldsymbol{M})=\begin{bmatrix} k_{11}-\theta^2 m_1 & k_{12} \\ k_{21} & k_{22}-\theta^2 m_2 \end{bmatrix} \tag{4-67}$$

如果 $\theta\neq\omega_i$，则上述矩阵可逆，则位移幅值向量为

$$\boldsymbol{A}=\begin{bmatrix} A_1 \\ A_2 \end{bmatrix}=(\boldsymbol{K}-\theta^2\boldsymbol{M})^{-1}\boldsymbol{F}_0=\frac{1}{B_0}\begin{bmatrix} k_{22}-\theta^2 m_2 & -k_{12} \\ -k_{21} & k_{11}-\theta^2 m_1 \end{bmatrix}\begin{bmatrix} F_{01} \\ F_{02} \end{bmatrix} \tag{4-68}$$

式中

$$B_0=\begin{vmatrix} k_{11}-\theta^2 m_1 & k_{12} \\ k_{21} & k_{22}-\theta^2 m_2 \end{vmatrix} \tag{4-69}$$

特殊地，如果体系只有一个自由度受简谐荷载，如 $F_{01}\sin\theta t$，而 $F_{02}=0$，则式（4-68）中各自由度的位移幅值可简化为

$$
\begin{aligned}
A_1 &= \frac{k_{22}-\theta^2 m_2}{B_0}F_{01} \\
A_2 &= -\frac{k_{21}}{B_0}F_{01}
\end{aligned}
\tag{4-70}
$$

如果改变参数 k_{22} 和 m_2，使其满足条件

$$
\frac{k_{22}}{m_2}=\theta^2 \tag{4-71}
$$

则式（4-70）可变为

$$
\begin{aligned}
A_1 &= 0 \\
A_2 &= \frac{F_{01}}{k_{12}}
\end{aligned}
\tag{4-72}
$$

这就是吸振器的原理。也就是说，为了减小单自由度体系的振动，可适当附加质量 m_2 和弹簧 k_{22}，使之形成两个自由度的体系，此时只要使 k_{22} 和 m_2 的比值等于或接近于干扰力频率 θ 的平方，就可以消除主体结构质量 m_1 的振动，即 $A_1=0$。如图 4-6 所示。

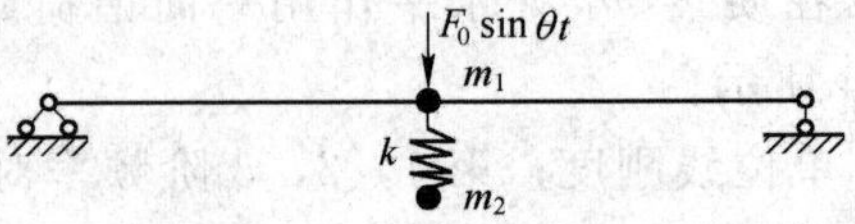

图 4-6　吸振器原理图

这一思路已经在结构振动控制技术中得到了应用。如调频质量阻尼器（tuned mass damper，TMD）和调频液体阻尼器（tuned liquid damper，TLD）就是应用这一原理对结构进行振动控制。

TMD 和 TLD 控制技术的示意如图 4-7 所示。

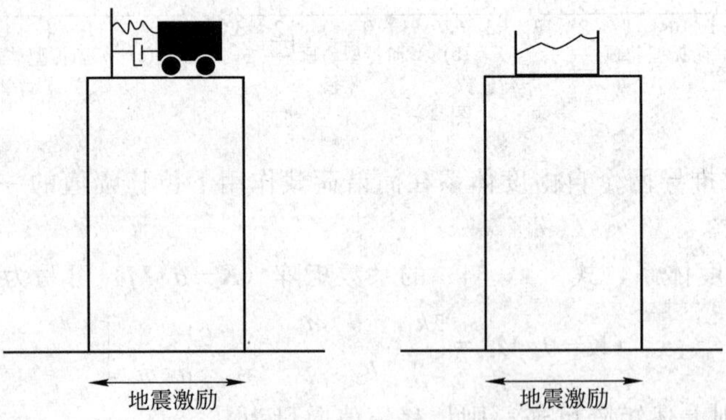

图 4-7　调频质量阻尼器和调频液体阻尼器示意图

TMD 是在被控主结构上附加具有质量、刚度和阻尼的子结构，通过调整子结构的自振频率，使其尽量接近主结构的基本频率或激励频率。当主结构受激励而振动时，子结构产生一个与结构振动方向相反的惯性力作用于主结构，使主结构的振动反应衰减并受到控制。

TLD 是通过调型结构上部水箱的尺寸和水的深度，使结构振动时水箱中水产生的波

浪对结构产生一个反作用力，使结构的振动响应减小。

2. 任意荷载作用下的响应分析

在任意动荷载 $\boldsymbol{F}(t)$ 作用下，体系的运动方程为

$$\boldsymbol{M}\ddot{\boldsymbol{Y}}+\boldsymbol{K}\boldsymbol{Y}=\boldsymbol{F}(t) \tag{4-73}$$

这是一个耦合的运动方程组，用广义坐标进行解耦，将 $\boldsymbol{Y}=\sum_{i=1}^{n}\eta_i\boldsymbol{\varphi}_i$ 代入式（4-73）中得

$$\sum_{i=1}^{n}\ddot{\eta}_i(t)\boldsymbol{M}\boldsymbol{\varphi}_i+\sum_{i=1}^{n}\eta_i(t)\boldsymbol{K}\boldsymbol{\varphi}_i=\boldsymbol{F}(t) \tag{4-74}$$

式（4-74）两边同时左乘 $\boldsymbol{\varphi}_j^{\mathrm{T}}$，利用振型的正交性可得

$$M_j^*\ddot{\eta}_j(t)+K_j^*\eta_j(t)=F_j^*(t)\quad(j=1,2,\cdots,n) \tag{4-75}$$

式中，M_j^*，K_j^*，$F_j^*(t)$ 分别为第 j 阶振型的广义质量、广义刚度、广义荷载，$F_j^*(t)=\boldsymbol{\varphi}_j^{\mathrm{T}}\boldsymbol{F}(t)$。这样 n 自由度体系的运动方程就简化成关于广义坐标的 n 个独立运动方程，其解法与单自由度问题完全一致。其解答可由式（3-30）所示的 Duhamel 积分给出，注意 $\xi=0$，则广义坐标为

$$\eta_j(t)=\int_0^t\frac{F_j^*(\tau)}{M_j^*\omega_j}\sin\omega_j(t-\tau)\mathrm{d}\tau\quad(j=1,2,\cdots,n) \tag{4-76}$$

再代回到 $\boldsymbol{Y}=\sum_{i=1}^{n}\eta_i\boldsymbol{\varphi}_i$ 中，即可得到多自由度问题的解答。

综上所述，多自由度体系在任意动荷载作用下的响应由振型叠加法按以下步骤进行：

（1）求体系的各阶自振频率 ω_i 和对应的振型 $\boldsymbol{\varphi}_i$；

（2）计算各阶振型对应的广义质量 M_i^* 和广义荷载 $F_i^*(t)$；

（3）用 Duhamel 积分求解广义坐标 $\eta_i(t)$；

（4）振型叠加计算位移响应向量 $\boldsymbol{Y}=\sum_{i=1}^{n}\eta_i\boldsymbol{\varphi}_i$。

【例 4-7】 求解如图 4-8 所示结构在质点 2 处受突加荷载作用时的位移响应。已知 $m_1=m_2=m$，荷载为 $F_{\mathrm{P}}(t)=\begin{cases}0 & t<0\\ F_0 & t\geqslant 0\end{cases}$，$EI$ 为常数。

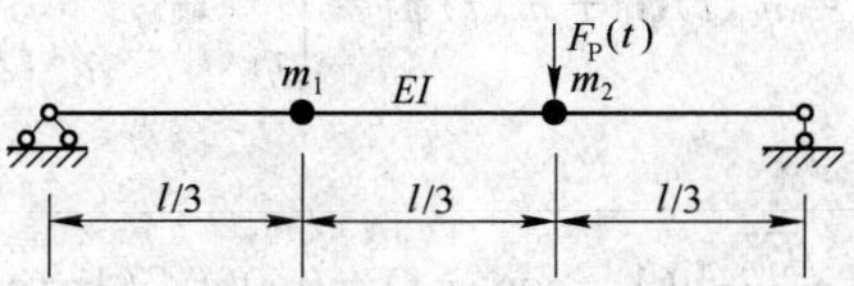

图 4-8　例 4-7 图

［解］

（1）求体系的各阶自振频率 ω_i 和对应的振型 $\boldsymbol{\varphi}_i$。

根据前面介绍的频率分析和振型分析，用柔度法求自振频率和振型。首先用图乘法可求得柔度系数为

$$\delta_{11}=\delta_{22}=\frac{4l^3}{243EI}$$

$$\delta_{12}=\delta_{21}=\frac{7l^3}{486EI},$$

代入频率方程 $|\boldsymbol{\delta M}-\lambda\boldsymbol{E}|=0$ 中，展开并求解方程，得到 $\lambda_{1,2}$，从而根据 $\omega_{1,2}=\frac{1}{\sqrt{\lambda_{1,2}}}$ 得

$$\omega_1=5.69\sqrt{\frac{EI}{ml^3}}$$

$$\omega_2=22\sqrt{\frac{EI}{ml^3}}$$

代入式（4-30）中可求得振型为

$$\boldsymbol{\varphi}_1=\begin{bmatrix}1\\1\end{bmatrix}$$

$$\boldsymbol{\varphi}_2=\begin{bmatrix}1\\-1\end{bmatrix}$$

（2）计算各振型对应的广义质量 M_i^* 和广义荷载 $F_i^*(t)$。

$$M_1^*=\boldsymbol{\varphi}_1^{\mathrm{T}}\boldsymbol{M}\boldsymbol{\varphi}_1=2m$$

$$M_2^*=\boldsymbol{\varphi}_2^{\mathrm{T}}\boldsymbol{M}\boldsymbol{\varphi}_2=2m$$

$$F_1^*(t)=\boldsymbol{\varphi}_1^{\mathrm{T}}\boldsymbol{F}(t)=[1\quad 1]\begin{bmatrix}0\\F_{\mathrm{P}}(t)\end{bmatrix}=F_0$$

$$F_2^*(t)=\boldsymbol{\varphi}_2^{\mathrm{T}}\boldsymbol{F}(t)=[1\quad -1]\begin{bmatrix}0\\F_{\mathrm{P}}(t)\end{bmatrix}=-F_0$$

（3）用 Duhamel 积分求解广义坐标 $\eta_i(t)$。

$$\eta_1(t)=\int_0^t\frac{F_1^*(\tau)}{M_1^*\omega_1}\sin\omega_1(t-\tau)\mathrm{d}\tau=\frac{F_0}{2m\omega_1^2}(1-\cos\omega_1 t)$$

$$\eta_2(t)=\int_0^t\frac{F_2^*(\tau)}{M_2^*\omega_2}\sin\omega_2(t-\tau)\mathrm{d}\tau=\frac{-F_0}{2m\omega_2^2}(1-\cos\omega_2 t)$$

（4）振型叠加计算位移响应向量 $\boldsymbol{Y}=\sum_{i=1}^{n}\eta_i\boldsymbol{\varphi}_i$。

$$\boldsymbol{Y}=\eta_1(t)\boldsymbol{\varphi}_1+\eta_2(t)\boldsymbol{\varphi}_2=\begin{bmatrix}\eta_1(t)+\eta_2(t)\\\eta_1(t)-\eta_2(t)\end{bmatrix}$$

代入广义坐标即可得到

$$y_1(t)=\frac{F_0}{2m\omega_1^2}[(1-\cos\omega_1 t)-0.0667(1-\cos\omega_2 t)]$$

$$y_2(t)=\frac{F_0}{2m\omega_1^2}[(1-\cos\omega_1 t)+0.0667(1-\cos\omega_2 t)]$$

可见，第 2 阶振型所占比例要比第 1 阶振型小得多。通常在多自由度体系的动力分析中，动力位移一般主要由前几阶较低频率的振型组成，高阶振型的影响较小。但具体取几阶振型进行计算，要看具体问题的精度要求而定。

3. 无阻尼结构的动内力计算

无阻尼结构在动荷载作用下产生振动时，结构中的内力将由动荷载和惯性力共同产生。而结构位移的时程函数可以作为内力响应的度量，即内力可由位移求出。如果已经求得体系的位移向量 $\boldsymbol{Y}$，则惯性力向量为

$$\boldsymbol{F}_{\mathrm{I}}=-\boldsymbol{M}\ddot{\boldsymbol{Y}} \tag{4-77}$$

特殊地，当结构承受简谐荷载 $\boldsymbol{F}(t)=\boldsymbol{F}_0\sin\theta t$ 作用时，结构的位移向量可由式（4-63)和式（4-65）得到，即

$$\boldsymbol{Y}=(\boldsymbol{K}-\theta^2\boldsymbol{M})^{-1}\boldsymbol{F}_0\sin\theta t \tag{4-78}$$

将式（4-78）代入式（4-77）中得到

$$\boldsymbol{F}_{\mathrm{I}}=\theta^2\boldsymbol{M}(\boldsymbol{K}-\theta^2\boldsymbol{M})^{-1}\boldsymbol{F}_0\sin\theta t=\boldsymbol{F}_{\mathrm{I0}}\sin\theta t \tag{4-79}$$

可见，当结构承受简谐荷载而产生无阻尼振动时，由振动产生的惯性力随时间的变化与外荷载同步。因此在计算结构最大内力时，可将外荷载幅值 $\boldsymbol{F}_0$ 与惯性力幅值 $\boldsymbol{F}_{\mathrm{I0}}$ 产生的内力直接相加。

4.3.2　多自由度有阻尼体系的受迫振动分析

对于多自由度有阻尼体系的受迫振动，其运动方程的一般形式为

$$\boldsymbol{M}\ddot{\boldsymbol{Y}}+\boldsymbol{C}\dot{\boldsymbol{Y}}+\boldsymbol{K}\boldsymbol{Y}=\boldsymbol{F}(t) \tag{4-80}$$

$\boldsymbol{C}$ 称为阻尼矩阵，它是一个 n 阶方阵，由黏阻系数 c_{ij} 组成。与无阻尼分析一样，将位移向量用振型分解，即将 $\boldsymbol{Y}=\sum_{i=1}^{n}\eta_i\boldsymbol{\varphi}_i$ 代入式（4-80）中，再左乘 $\boldsymbol{\varphi}_j^{\mathrm{T}}$，利用振型的正交性，得

$$M_j^*\ddot{\eta}_j(t)+\sum_{i=1}^{n}\dot{\eta}_i(t)\boldsymbol{\varphi}_j^{\mathrm{T}}\boldsymbol{C}\boldsymbol{\varphi}_i+K_j^*\eta_j(t)=F_j^*(t)\quad(j=1,2,\cdots,n) \tag{4-81}$$

式中，M_j^*，K_j^*，$F_j^*(t)$分别为第 j 阶振型的广义质量、广义刚度、广义荷载。如果假定相应的正交条件也适用于阻尼矩阵，则阻尼表达式也能进行类似的简化，即假定

$$\boldsymbol{\varphi}_j^{\mathrm{T}}\boldsymbol{C}\boldsymbol{\varphi}_i=\begin{cases}0 & i\neq j\\ C_j^* & i=j\end{cases} \tag{4-82}$$

式中，C_j^* 称为第 j 阶振型的广义黏阻系数。则式（4-81）可写为

$$M_j^*\ddot{\eta}_j(t)+C_j^*\dot{\eta}_i(t)+K_j^*\eta_j(t)=F_j^*(t)\quad(j=1,2,\cdots,n) \tag{4-83}$$

或

$$\ddot{\eta}_j(t)+2\xi_j\omega_j\dot{\eta}_i(t)+\omega_j^2\eta_j(t)=\frac{F_j^*(t)}{M_j^*}\quad(j=1,2,\cdots,n) \tag{4-84}$$

式中，ξ_j 称为第 j 阶振型的广义阻尼比，而 $C_j^*=2\xi_j\omega_jM_j^*$，正如前面所述，用每一阶振型的阻尼比来确定阻尼，比求阻尼矩阵的系数要方便得多。这样，与单自由度问题一样，可用 Duhamel 积分求得广义坐标 $\eta_j(t)$的响应。

$$\eta_j(t)=\frac{1}{M_j^*\omega_j}\int_0^t F_j^*(\tau)\mathrm{e}^{-\xi_j\omega_j(t-\tau)}\sin\omega_j(t-\tau)\mathrm{d}\tau \quad (j=1,2,\cdots,n) \tag{4-85}$$

再进行振型叠加即可得到位移向量$\boldsymbol{Y}$。

如上面所述，为了对耦合运动方程组（4-80）解耦，通常假定阻尼矩阵$\boldsymbol{C}$是质量矩阵$\boldsymbol{M}$和刚度矩阵$\boldsymbol{K}$的线性组合，即

$$\boldsymbol{C}=a\boldsymbol{M}+b\boldsymbol{K} \tag{4-86}$$

式中，a，b为两个常数，满足上式的阻尼称为比例阻尼（或 Rayleigh 阻尼）。将式（4-86）代入到式（4-82）中，很明显正交条件满足，并得到

$$C_j^*=\boldsymbol{\varphi}_j^{\mathrm{T}}(a\boldsymbol{M}+b\boldsymbol{K})\boldsymbol{\varphi}_j=aM_j^*+bK_j^* \tag{4-87}$$

考虑$C_j^*=2\xi_j\omega_jM_j^*$，并且$K_j^*=\omega_j^2M_j^*$，可得到

$$\xi_j=\frac{1}{2}\left(\frac{a}{\omega_j}+b\omega_j\right) \tag{4-88}$$

在实际问题中，通常根据两个已知的ω_j和由实验测得的阻尼比ξ_j来计算系数a，b的值。并且还可以用求出的a，b来计算更高阶振型的阻尼比ξ。多自由度有阻尼体系受迫振动问题通常采用有限元的方法，用通用计算程序（如 SAP，ANSYS 等）完成。

4.4　结构振动控制的应用

在结构上施加控制系统，由结构和控制系统共同抵御外界动荷载和作用，达到减轻结构动力响应的目的，这就是结构振动控制。它拓展了传统的依靠加强结构来抵御外界动力作用的做法，将控制理论和控制系统用于结构工程，是当前结构工程的高科技领域之一。按照是否需要外界输入能量，可分为被动控制、主动控制、混合控制 3 种。

1. 被动控制

被动控制是通过调整结构的自振频率（改变$\boldsymbol{M}$，$\boldsymbol{K}$），或增大结构的阻尼$\boldsymbol{C}$减小外力$\boldsymbol{F}(t)$作用下的动力响应。

前面已经介绍过两种被动控制方式，即利用阻尼器耗能减振和利用吸振器原理的 TMD、TLD。常用的耗能器有铅挤压耗能器、摩擦耗能器、粘弹性耗能器等，在与主结构共同振动的同时消耗输入到结构中的能量；TMD 通过调节质量块的频率，在与主结构共同振动的同时提供给主结构控制反力，与此类似的还有调频液体阻尼器（TLD）。

另外一种常用的被动控制方式为隔震，即在工程结构的基础底部或桥梁支座处设置隔离层，使地震时较少的地面运动能量传递到上部结构。

隔震分为基础隔震和隔震支座两种主要形式，如图 4-9 所示。

它主要是通过延长结构的自振周期减小地震作用，这一点将在后面工程结构抗震中介绍。目前，被动控制的理论和实际应用已趋于成熟，已经逐步纳入规范。

2. 主动控制

主动控制是根据外界激励和结构响应预估所需控制力，从而调节控制器性能参数，或

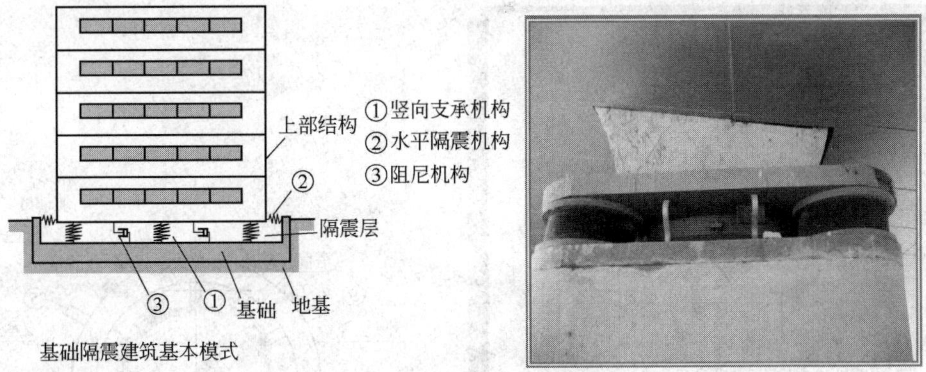

图 4-9　基础隔震装置和隔震支座示意图

由输入能量驱使作动器施加控制力。它是一种积极主动的智能化控制，其控制效果要优于被动控制。其动力学方程为

$$\boldsymbol{M}\ddot{\boldsymbol{Y}}+\boldsymbol{C}\dot{\boldsymbol{Y}}+\boldsymbol{K}\boldsymbol{Y}=\boldsymbol{F}(t)+\boldsymbol{U}(t) \tag{4-89}$$

与式（4-80）相比，式（4-89）增加了主动控制力 $\boldsymbol{U}(t)$。

根据作用于结构的控制力是否由作动器直接输出，主动控制又分为主动和半主动控制。主动控制的控制力直接由作动器输出，往往需要较大的能量供应，例如主动拉索、主动质量阻尼器（active mass damper，AMD）等，这也限制了其工程实现；半主动控制是通过可以控制的阻尼器施加控制力，例如磁流变和电流变阻尼器，输入较小的能量就能提供较大的控制力。

该类型阻尼器如图 4-10 所示。

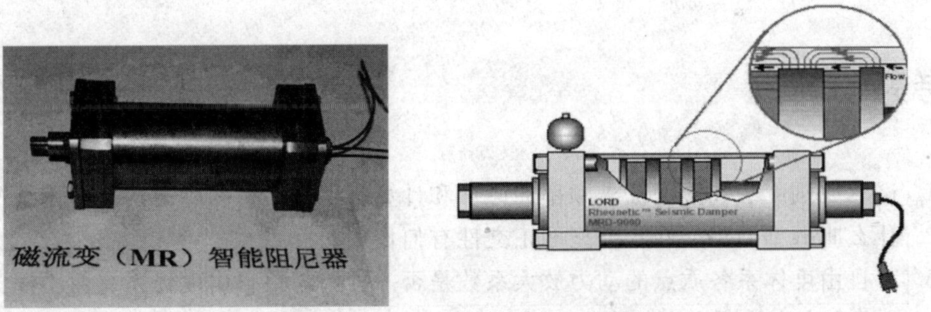

图 4-10　磁流变阻尼器及其原理示意图

主动控制力是按一定的控制律加入的，例如二次最优控制律、瞬时最优控制律等。目前，主动控制正处于理论和试验研究阶段，具有很好的应用前景，同时也有存在很多问题，有兴趣的读者可参考有关书籍。

我国南京电视塔就采用了 AMD 控制系统进行风振控制，取得了较好的应用效果。其控制系统示意如图 4-11 所示。

3. 混合控制

顾名思义，混合控制是把被动控制和主动控制结合使用，发挥各自的优点，克服各自的缺点。例如被动耗能器和主动作动器结合使用，既可以改善被动控制的控制效果和使用

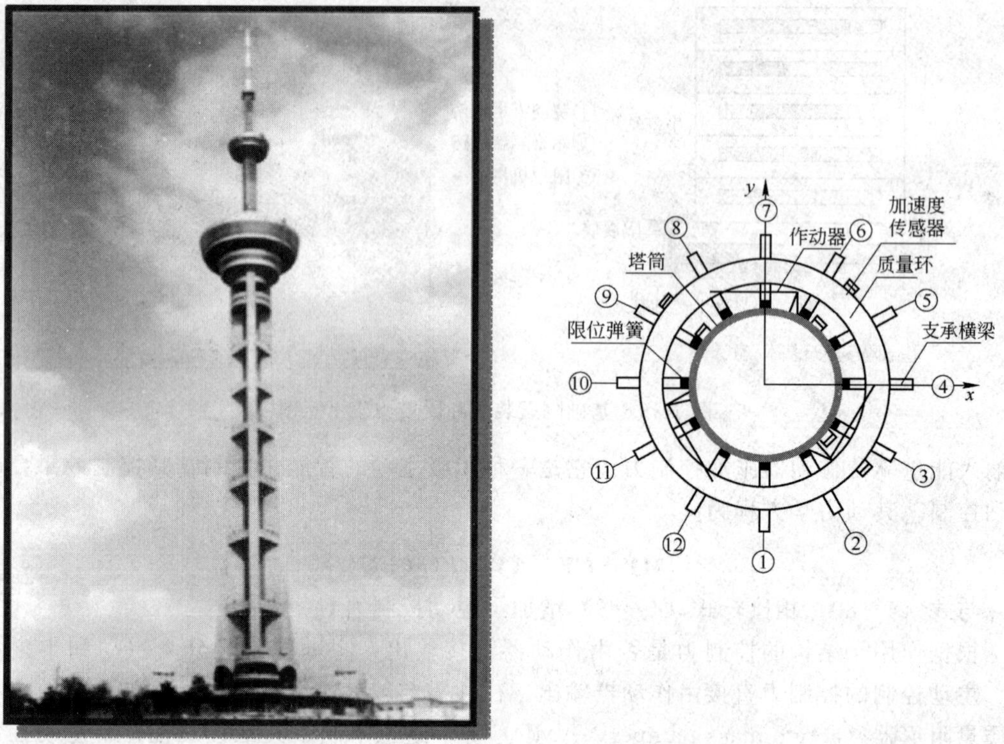

图 4-11　南京电视塔主动控制示意图

条件，又可以减小主动控制所需要的控制力。目前，怎样把各种被动和主动控制方式有机地结合，应用到未来的工程实际中，是非常有价值的研究课题。

思考题与习题

1. 试对比刚度法和柔度法求频率的原理和计算步骤，分析两种方法的适用情况。
2. 什么叫振型的正交性？振型的正交性有何作用？
3. 多自由度体系各质点的动力放大系数是否一样？与单自由度体系有何不同？
4. n 个自由度体系有多少个发生共振的可能？为什么？
5. 在结构动力计算中，什么情况下可以应用振型叠加法？试简述其计算步骤。
6. 结构振动控制方法分为哪几种？各应用什么原理？
7. 试求图 4-12 所示刚架的自振频率和振型，并用振型的正交性质验算所求振型。

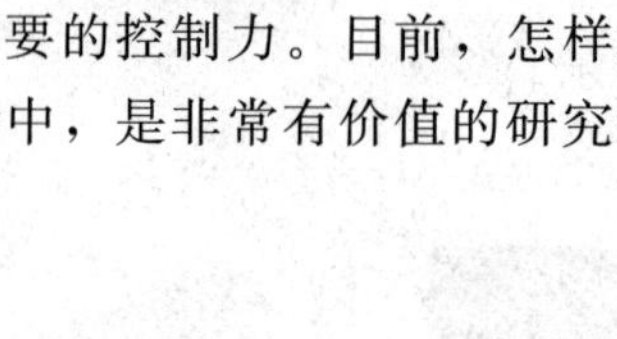

图 4-12　思考题与习题 7 图

8. 试求图 4-13 所示刚架的自振频率和振型，并用振型的正交性质验算所求振型。设楼面质量分别为 $m_1=120$ t，$m_2=100$ t，柱子质量集中在楼面，柱子的线刚度分别为 $i_1=20\times10^6$ N·m，$i_2=14\times10^6$ N·m。

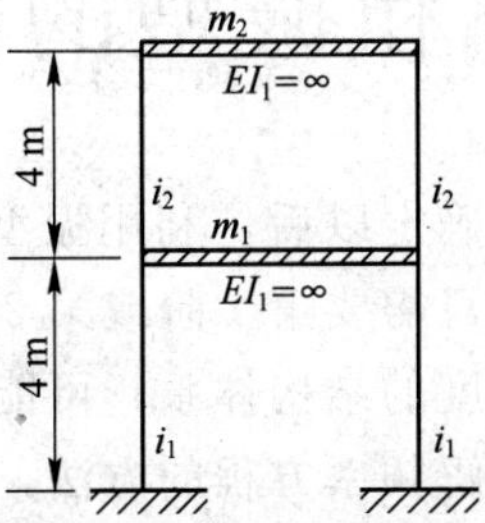

图 4-13　思考题与习题 8 图

9. 设在习题 8 的刚架结构的第二层楼面处沿水平方向作用一简谐干扰力 $F_P\sin\theta t$，其幅值 $F_P=5$ kN，机器转速为 150 rad/min。试求第一、第二层楼面处的振幅值和柱端弯矩幅值。

10. 试用振型分解法重做习题 9。

第 5 章　频率和振型的实用计算方法

如第 4 章所述，当振型和频率确定以后，利用振型叠加法即可求得线性结构的响应。对于只有几个自由度的结构体系，只需要第 1 阶或第 2 阶振型就可以求得动力响应的近似解，而对于包含几百或几千个自由度的结构体系，可能有五六十甚至更多阶振型对响应有重要影响，此时采用前面介绍的求解频率方程的方法，效果很差。为了有效地处理这些问题在计算上的需要，本章将介绍一些关于振型和频率的实用计算方法。

5.1 能量法

能量法（Rayleigh 法）的基本原理是建立在能量守恒定律的基础上的。也就是说，如果没有阻尼力耗散能量，那么在自由振动体系中，能量应保持常量。对此，首先介绍单自由度无阻尼体系自由振动的情况，进而推广到一般的多自由度体系及无限自由度体系的情况。

5.1.1 单自由度体系

单自由度无阻尼线性体系（如无阻尼弹簧-质量体系）自由振动的位移响应随时间的变化规律为

$$y(t)=A\sin(\omega t+\alpha) \tag{5-1}$$

式中 A——振幅；

ω——自振频率；

α——初相位。

速度为

$$\dot{y}(t)=A\omega\cos(\omega t+\alpha) \tag{5-2}$$

当 $\cos(\omega t+\alpha)=0$ 时，速度为零，从而动能为零，而位移和变形能（或位能）达到最大值，最大变形能为

$$V_{\varepsilon,\max}=\frac{1}{2}ky_{\max}^2=\frac{1}{2}kA^2 \tag{5-3}$$

当 $\sin(\omega t+\alpha)=0$ 时，位移和变形能为零，而速度和动能达到了最大值，最大动能为

$$T_{\max}=\frac{1}{2}m\dot{y}_{\max}^2=\frac{1}{2}mA^2\omega^2 \tag{5-4}$$

对于无阻尼自由振动的体系，能量必须守恒，则最大动能必等于最大变形能，即

$$V_{\varepsilon,\max}=T_{\max} \tag{5-5}$$

将式（5-3）与式（5-4）代入式（5-5）中，得到

$$\omega=\sqrt{\frac{k}{m}} \tag{5-6}$$

式（5-6）显然与第 3 章中应用刚度和质量求得的频率计算公式完全一样。由于这里是采用能量守恒定律而得到，因此称为能量法，又称为 Rayleigh 法。但是对于简单的单自由度体系，这种方法的优点并不明显，它的主要用处是对多自由度体系进行近似的频率分析。

5.1.2 多自由度体系

多自由度无阻尼体系自由振动的位移向量用式（4-6）来表示，即

$$\boldsymbol{Y}=\boldsymbol{\varphi}\sin(\omega t+\alpha) \tag{5-7}$$

而速度向量为

$$\dot{\boldsymbol{Y}}=\boldsymbol{\varphi}\omega\cos(\omega t+\alpha) \tag{5-8}$$

与 5.1.1 节思路一样，用矩阵形式给出的体系的最大动能为

$$T_{\max}=\frac{1}{2}\dot{\boldsymbol{Y}}_{\max}^{\mathrm{T}}\boldsymbol{M}\dot{\boldsymbol{Y}}_{\max} \tag{5-9}$$

体系的最大变形能为

$$V_{\varepsilon,\max}=\frac{1}{2}\boldsymbol{Y}_{\max}^{\mathrm{T}}\boldsymbol{K}\boldsymbol{Y}_{\max} \tag{5-10}$$

将式（5-7）与式（5-8）代入式（5-9）与式（5-10）中，得到

$$T_{\max}=\frac{1}{2}\omega^2\boldsymbol{\varphi}^{\mathrm{T}}\boldsymbol{M}\boldsymbol{\varphi} \tag{5-11}$$

$$V_{\varepsilon,\max}=\frac{1}{2}\boldsymbol{\varphi}^{\mathrm{T}}\boldsymbol{K}\boldsymbol{\varphi} \tag{5-12}$$

按照能量守恒定律，最大动能与最大变形能相等，所以有

$$\omega^2=\frac{\boldsymbol{\varphi}^{\mathrm{T}}\boldsymbol{K}\boldsymbol{\varphi}}{\boldsymbol{\varphi}^{\mathrm{T}}\boldsymbol{M}\boldsymbol{\varphi}} \tag{5-13}$$

对于第 i 阶振型，其频率为

$$\omega_i^2=\frac{\boldsymbol{\varphi}_i^{\mathrm{T}}\boldsymbol{K}\boldsymbol{\varphi}_i}{\boldsymbol{\varphi}_i^{\mathrm{T}}\boldsymbol{M}\boldsymbol{\varphi}_i} \tag{5-14}$$

这与第 4 章按照振型的正交性，利用广义刚度和广义质量得到的频率公式是一样的，即

$$\omega_i^2=\frac{K_i^*}{M_i^*}=\frac{\boldsymbol{\varphi}_i^{\mathrm{T}}\boldsymbol{K}\boldsymbol{\varphi}_i}{\boldsymbol{\varphi}_i^{\mathrm{T}}\boldsymbol{M}\boldsymbol{\varphi}_i} \tag{5-15}$$

对于式（5-14），由于频率的计算需要先知道相对应的振型，但是在频率未求得之前，振型同样是未知的，因此用式（5-14）无法精确地计算体系的频率。也就是说，只能采用假定的振型来计算。对此，实际分析时先假定一个与体系的第 i 阶振型相接近的位移函数 $\boldsymbol{Y}_i$，以此位移函数代替振型 $\boldsymbol{\varphi}_i$，利用式（5-14）来计算相应的近似频率。即

$$\omega_i^2=\frac{\boldsymbol{Y}_i^{\mathrm{T}}\boldsymbol{K}\boldsymbol{Y}_i}{\boldsymbol{Y}_i^{\mathrm{T}}\boldsymbol{M}\boldsymbol{Y}_i} \tag{5-16}$$

用上述方法计算体系的振动频率时，频率的精度取决于所假定的位移函数。原则上，只要满足体系的位移约束条件，此函数可以任意选取。如果选取的位移函数就是体系的真实振型，那么得到的振动频率是精确的。但是对于不是真实振型的位移函数，为了保持体系的平衡，就必须有附加的外部约束作用，这样附加约束将使体系变得刚硬，使其应变能增加，从而计算的频率增大。因此用真实振型所得到的频率是用 Rayleigh 法求得的频率中最低的一个，所以对用 Rayleigh 法求得的近似频率加以选择时，最低的一个也就是最好的那个近似值。另外，要很好地假设出接近于更高阶振型的位移函数，是非常困难的，所以一般只用式（5-16）来计算基本频率，即

$$\omega_1^2=\frac{\boldsymbol{Y}_1^{\mathrm{T}}\boldsymbol{K}\boldsymbol{Y}_1}{\boldsymbol{Y}_1^{\mathrm{T}}\boldsymbol{M}\boldsymbol{Y}_1} \tag{5-17}$$

对于高阶频率，可采用后面介绍的方法（如迭代法、Rayleigh-Ritz 法、子空间迭代法等）进行计算。

现在出现这样一个问题，为了保证用 Rayleigh 法求得的近似频率能够获得较正确的结果，应该如何选取合理的位移函数呢？我们知道，体系自由振动中的位移是由惯性力作用引起的，为了减少计算工作量，假定惯性荷载为运动质量所对应的重量为 $m_i g$，而将此重量沿振动方向作用在结构上，由此产生的挠曲线记为 $\boldsymbol{Y}_1$，作为近似的第 1 阶振型，代入式（5-17）中计算第 1 阶频率。实践证明，这样计算出的基频具有很好的精度。

【例 5-1】 试用能量法求例 4-1 所示两层刚架的第 1 阶频率，并与例 4-1 的计算结果相比较。已知横梁为刚性，各立柱的抗弯刚度 $EI=6.0\times10^6\ \mathrm{N\cdot m^2}$，立柱的质量不计，横梁的质量为 $m_1=m_2=5\,000\ \mathrm{kg}$，每层的高度 $l=5\ \mathrm{m}$。

［解］

结构的层间侧移刚度为

$$k_1=4\times\frac{12EI}{l^3}=\frac{48EI}{l^3}$$

$$k_2=2\times\frac{12EI}{l^3}=\frac{24EI}{l^3}$$

将运动质量所对应的重量 $m_1 g$，$m_2 g$ 沿振动方向作用在结构上，由此产生的挠曲线记为 $\boldsymbol{Y}_1$，作为近似的第 1 阶振型，得各质量的静位移为

$$A_2=\frac{2mg}{k_2}=\frac{mgl^3}{12EI}$$

$$A_1=A_2+\frac{mg}{k_1}=\frac{5mgl^3}{48EI}$$

则

$$\boldsymbol{Y}_1=\begin{bmatrix}A_1\\A_2\end{bmatrix}=\frac{mgl^3}{12EI}\begin{bmatrix}1.25\\1.00\end{bmatrix}$$

体系的质量矩阵和刚度矩阵分别为

$$\boldsymbol{M}=\begin{bmatrix}1&0\\0&1\end{bmatrix}m_1$$

$$\boldsymbol{K}=\begin{bmatrix}48&-48\\-48&72\end{bmatrix}\frac{EI}{l^3}$$

将以上结果代入式（5-17），得

$$\omega_1^2=101.151\,2$$
$$\omega_1=10.057(\mathrm{rad/s})$$

例 4－1 的计算结果为 $\omega_1=10.050\,8$ rad/s，近似频率的误差仅为 0.062%。可见，将运动质量对应的重量沿振动方向作用在结构上，由此产生的静位移作为近似的第 1 振型，按能量法计算得到的第 1 阶频率具有相当高的精度。

无限自由度体系也可采用同样的方法计算基阶频率。但在工程实际应用中，一般都把复杂结构用有限元方法离散为多自由度体系，很少采用无限自由度体系，读者可参考有关书籍了解无限自由度体系的计算。

5.2　迭代法

本节所述迭代法的基本思路，是先假定一个初始振型，并迭代调整，直到获得一个与真实振型适当近似的振型为止，然后利用此振型求得振动频率。由于在计算过程中习惯用矩阵符号来阐述，因此迭代法又称为矩阵迭代法。此方法是由 Stodola 创造的，故有的参考书中又称为 Stodola 法。

5.2.1　第 1 阶振型和频率的计算

第 4 章中的方程（4－27）表示用柔度法描述的振型方程，即

$$(\boldsymbol{\delta M}-\lambda \boldsymbol{E})\boldsymbol{\varphi}=\boldsymbol{0} \tag{5-18}$$

式中，$\boldsymbol{E}$ 为单位矩阵；$\lambda=\dfrac{1}{\omega^2}$为特征值；$\boldsymbol{\delta}=\boldsymbol{K}^{-1}$。

方程（5－18）又可写为

$$\lambda_i\boldsymbol{\varphi}_i=\boldsymbol{D}\boldsymbol{\varphi}_i \quad (i=1,\ 2,\ 3,\ \cdots,\ n) \tag{5-19}$$

式中，$\boldsymbol{D}=\boldsymbol{K}^{-1}\boldsymbol{M}=\boldsymbol{\delta M}$ 称为动力矩阵。当然只有当这些振型向量表示真实的振型时，方程（5－19）才得以成立，而这样的振型有 n 个，迭代法的根本问题就是去求这些振型。为了求第 1 阶振型，迭代过程开始时，先假定一个初始迭代向量 $\boldsymbol{A}_0$，它应该尽可能接近于第 1 阶振型的形状，而振幅是任意的（所以 $\boldsymbol{A}_0$ 是经过标准化的向量，例如取第一个元素为 1）。将其按振型进行分解，可得

$$\boldsymbol{A}_0=\sum_{i=1}^{n}\eta_i\boldsymbol{\varphi}_i \tag{5-20}$$

注意到迭代过程的物理意义就是首先计算与假设形状对应的惯性力，并计算由这些力产生的挠度，再计算由算得的挠度而产生的惯性力，如此重复以上过程。因此，初始迭代向量 $\boldsymbol{A}_0$ 对应的惯性力为

$$\boldsymbol{F}_{\mathrm{I}}^{(0)}=\omega_1^2\boldsymbol{M}\boldsymbol{A}_0 \tag{5-21}$$

将式（5－20）代入式（5－21），得

$$\boldsymbol{F}_{\mathrm{I}}^{(0)}=\omega_1^2\boldsymbol{M}\boldsymbol{A}_0=\omega_1^2\boldsymbol{M}\sum_{i=1}^{n}\eta_i\boldsymbol{\varphi}_i=\omega_1^2\sum_{i=1}^{n}\eta_i\boldsymbol{M}\boldsymbol{\varphi}_i \tag{5-22}$$

再计算由上述惯性力产生的挠度，可得

$$\boldsymbol{\delta F}_1^{(0)}=\boldsymbol{\delta}\omega_1^2\sum_{i=1}^{n}\eta_i\boldsymbol{M\varphi}_i=\omega_1^2\sum_{i=1}^{n}\eta_i\boldsymbol{\delta M\varphi}_i \tag{5-23}$$

注意到振型的形状是确定的，而振幅可以是任意的，这里 ω_1^2 可以看成是一个未知的系数，因此为了数学处理上的方便，将式（5－23）除以 ω_1^2，并记为 $\overline{\boldsymbol{A}}_1$，为形状向量迭代值，得

$$\overline{\boldsymbol{A}}_1=\frac{1}{\omega_1^2}\boldsymbol{\delta F}_1^{(0)}=\frac{1}{\omega_1^2}\omega_1^2\sum_{i=1}^{n}\eta_i\boldsymbol{\delta M\varphi}_i=\boldsymbol{\delta M}\sum_{i=1}^{n}\eta_i\boldsymbol{\varphi}_i \tag{5-24}$$

注意到动力矩阵 $\boldsymbol{D}=\boldsymbol{K}^{-1}\boldsymbol{M}=\boldsymbol{\delta M}$，并将式（5－19）代入到式（5－24）中，可得

$$\overline{\boldsymbol{A}}_1=\boldsymbol{DA}_0=\sum_{i=1}^{n}\eta_i\boldsymbol{D\varphi}_i=\sum_{i=1}^{n}\eta_i\lambda_i\boldsymbol{\varphi}_i=\frac{1}{\omega_1^2}\sum_{i=1}^{n}\eta_i\frac{\omega_1^2}{\omega_i^2}\boldsymbol{\varphi}_i \tag{5-25}$$

对式（5－25）稍加整理得

$$\overline{\boldsymbol{A}}_1=\boldsymbol{DA}_0=\frac{1}{\omega_1^2}\sum_{i=1}^{n}\eta_i\left(\frac{\omega_1}{\omega_i}\right)^2\boldsymbol{\varphi}_i \tag{5-26}$$

由于 $\omega_1<\omega_2<\cdots<\omega_n$，所以在新的形状向量 $\overline{\boldsymbol{A}}_1$ 中，除了第 1 阶振型外，其他振型参与的比例均较初始迭代向量 $\boldsymbol{A}_0$ 减小到 $\left(\frac{\omega_1}{\omega_i}\right)^2$ 倍，即迭代后的向量 $\overline{\boldsymbol{A}}_1$ 变为在初始向量 $\boldsymbol{A}_0$ 的每一阶振型参与系数上乘以一个减小的倍数 $\left(\frac{\omega_1}{\omega_i}\right)^2$。将 $\overline{\boldsymbol{A}}_1$ 标准化，可得

$$\overline{\boldsymbol{A}}_1=\alpha_1\boldsymbol{A}_1 \tag{5-27}$$

式（5－27）中的 α_1 为常数，所以

$$\boldsymbol{A}_1=\frac{1}{\alpha_1}\overline{\boldsymbol{A}}_1=\frac{1}{\alpha_1}\frac{1}{\omega_1^2}\sum_{i=1}^{n}\eta_i\left(\frac{\omega_1}{\omega_i}\right)^2\boldsymbol{\varphi}_i \tag{5-28}$$

重复以上的迭代过程，可得第二循环的形状向量为

$$\overline{\boldsymbol{A}}_2=\boldsymbol{DA}_1=\frac{1}{\alpha_1}\frac{1}{\omega_1^4}\sum_{i=1}^{n}\eta_i\left(\frac{\omega_1}{\omega_i}\right)^4\boldsymbol{\varphi}_i \tag{5-29}$$

将 $\overline{\boldsymbol{A}}_2$ 标准化，即 $\overline{\boldsymbol{A}}_2=\alpha_2\boldsymbol{A}_2$，可得

$$\boldsymbol{A}_2=\frac{1}{\alpha_1\alpha_2}\frac{1}{\omega_1^4}\sum_{i=1}^{n}\eta_i\left(\frac{\omega_1}{\omega_i}\right)^4\boldsymbol{\varphi}_i \tag{5-30}$$

如此反复，经过 m 次迭代后，得到标准化的形状向量为

$$\boldsymbol{A}_m=\frac{1}{\alpha_1\alpha_2\cdots\alpha_m}\frac{1}{\omega_1^{2m}}\sum_{i=1}^{n}\eta_i\left(\frac{\omega_1}{\omega_i}\right)^{2m}\boldsymbol{\varphi}_i \tag{5-31}$$

当 m 足够大，且 $i\neq1$ 时，$\left(\frac{\omega_1}{\omega_i}\right)^{2m}\ll1$，也就是其他各高阶振型对形状 $\boldsymbol{A}_m$ 的贡献非常小，从而可得

$$\boldsymbol{A}_m\approx\frac{1}{\alpha_1\alpha_2\cdots\alpha_m}\frac{1}{\omega_1^{2m}}\eta_1\boldsymbol{\varphi}_1 \tag{5-32}$$

所以形状向量 $\boldsymbol{A}_m$ 就可以作为第 1 阶振型的近似，其精度与迭代次数 m 和初始迭代向量 $\boldsymbol{A}_0$ 有关。此处要求初始假定的迭代向量 $\boldsymbol{A}_0$ 中的振型贡献系数 η_1 不为零，否则迭代将无法收敛到第 1 阶振型。

当 m 足够大时，$\boldsymbol{A}_m$ 与 $\boldsymbol{A}_{m-1}$ 可看成近似相等，即

$$\frac{1}{\alpha_1\alpha_2\cdots\alpha_{m-1}}\frac{1}{\omega_1^{2(m-1)}}\eta_1\boldsymbol{\varphi}_1\approx\frac{1}{\alpha_1\alpha_2\cdots\alpha_m}\frac{1}{\omega_1^{2m}}\eta_1\boldsymbol{\varphi}_1 \tag{5-33}$$

所以，可以求得第 1 阶频率为

$$\omega_1=\sqrt{\frac{1}{\alpha_m}} \tag{5-34}$$

综上所述，采用迭代法求解第 1 阶频率和振型的步骤为：

(1) 计算体系的质量矩阵 $\boldsymbol{M}$、柔度矩阵 $\boldsymbol{\delta}$ 及动力矩阵 $\boldsymbol{D}=\boldsymbol{\delta M}$；

(2) 假设第 1 阶振型的初始迭代向量 $\boldsymbol{A}_0$；

(3) 根据 $\overline{\boldsymbol{A}}_1=\boldsymbol{DA}_0$ 求得 $\overline{\boldsymbol{A}}_1$，并标准化得到 $\boldsymbol{A}_1$；

(4) 用 $\boldsymbol{A}_1$ 代替 $\boldsymbol{A}_0$，重复第 (3) 步，即 $\overline{\boldsymbol{A}}_2=\boldsymbol{DA}_1$，并得到标准化的 $\boldsymbol{A}_2$，如此迭代直到满足精度要求为止；

(5) $\boldsymbol{A}_m$ 即为第 1 阶振型，按式 (5-34) 计算第 1 阶频率。

【例 5-2】 用迭代法求图 5-1 所示简支梁的第 1 阶频率和振型。

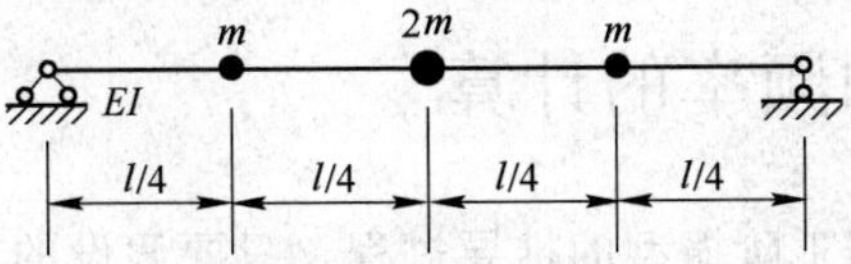

图 5-1　例 5-2 图

[解]

在不计轴向变形的条件下，体系有 3 个自由度，根据静力分析的位移计算，可得体系的柔度矩阵和质量矩阵为

$$\boldsymbol{\delta}=\frac{l^3}{768EI}\begin{bmatrix}9 & 11 & 7\\ 11 & 16 & 11\\ 7 & 11 & 9\end{bmatrix}$$

$$\boldsymbol{M}=\begin{bmatrix}m & 0 & 0\\ 0 & 2m & 0\\ 0 & 0 & m\end{bmatrix}$$

由此得动力矩阵为

$$\boldsymbol{D}=\frac{ml^3}{768EI}\begin{bmatrix}9 & 22 & 7\\ 11 & 32 & 11\\ 7 & 22 & 9\end{bmatrix}$$

设振型初始迭代向量为

$$\boldsymbol{A}_0=[1\quad 2\quad 1]^{\mathrm{T}}$$

则

$$\overline{\boldsymbol{A}}_1=\boldsymbol{DA}_0=\frac{ml^3}{768EI}[60\quad 86\quad 60]^{\mathrm{T}}$$

标准化得

$$\alpha_1=\frac{60ml^3}{768EI}$$

$$\boldsymbol{A}_1=[1\quad 1.433\quad 1]^{\mathrm{T}}$$

$$\overline{\boldsymbol{A}}_2=\boldsymbol{DA}_1=\frac{ml^3}{768EI}[47.526\quad 67.856\quad 47.526]^{\mathrm{T}}$$

$$\alpha_2=\frac{47.526ml^3}{768EI}$$

$$\boldsymbol{A}_2=[1\quad 1.4278\quad 1]^{\mathrm{T}}$$

$$\overline{\boldsymbol{A}}_3=\boldsymbol{D}\boldsymbol{A}_2=\frac{ml^3}{768EI}[47.416\quad 67.689\quad 47.416]^{\mathrm{T}}$$

$$\alpha_3=\frac{47.416ml^3}{768EI}$$

$$\boldsymbol{A}_3=[1\quad 1.4277\quad 1]^{\mathrm{T}}$$

$\boldsymbol{A}_3$ 与 $\boldsymbol{A}_2$ 已经非常接近，故可取第 1 阶振型为 $\boldsymbol{\varphi}_1\approx[1\quad 1.4277\quad 1]^{\mathrm{T}}$，第 1 阶频率为

$$\omega_1\approx\sqrt{\frac{1}{\alpha_3}}=\sqrt{\frac{768EI}{47.416ml^3}}=\sqrt{\frac{16.19EI}{ml^3}}$$

5.2.2 高阶振型和频率的计算

正如 5.2.1 节中关于第 1 阶振型的推导过程，只要假设的初始迭代向量 $\boldsymbol{A}_0$ 中 η_1 不等于零，也就是第 1 阶振型的贡献不为零，那么无论 $\boldsymbol{A}_0$ 如何选取，当 m 足够大时，迭代结果总是能收敛到第 1 阶振型。当初始迭代向量 $\boldsymbol{A}_0$ 中不包含第 1 阶振型，即 η_1 等于零，则同样可证明迭代结果一定收敛到第 2 阶振型（此时式（5－20）中 $\eta_2\neq0$）。如果 $\eta_1=\eta_2=0$，则迭代结果必收敛到第 3 阶振型。依此类推，要求出体系的更高阶振型和频率，只要把假设的初始迭代向量中低阶振型的分量消除掉即可，这个步骤称为清型或滤型。前面介绍的正交条件则提供了这种方法。

1. 第 2 阶振型和频率的计算

将任意假定的第 2 阶振型迭代向量按振型分解，得

$$\boldsymbol{A}_0=\sum_{i=1}^{n}\eta_i\boldsymbol{\varphi}_i \tag{5-35}$$

式（5－35）两边同时左乘 $\boldsymbol{\varphi}_1^{\mathrm{T}}\boldsymbol{M}$，根据振型的正交性，得

$$\eta_1=\frac{\boldsymbol{\varphi}_1^{\mathrm{T}}\boldsymbol{M}\boldsymbol{A}_0}{M_1^*} \tag{5-36}$$

为了滤掉第 1 阶振型分量，可假设迭代向量为

$$\widetilde{\boldsymbol{A}}_0=\boldsymbol{A}_0-\eta_1\boldsymbol{\varphi}_1=\boldsymbol{A}_0-\frac{\boldsymbol{\varphi}_1\boldsymbol{\varphi}_1^{\mathrm{T}}\boldsymbol{M}\boldsymbol{A}_0}{M_1^*}=\left(\boldsymbol{I}-\frac{\boldsymbol{\varphi}_1\boldsymbol{\varphi}_1^{\mathrm{T}}\boldsymbol{M}}{M_1^*}\right)\boldsymbol{A}_0 \tag{5-37}$$

式（5－37）则为不包含第 1 阶振型分量的迭代向量，引入记号 $\boldsymbol{Q}_1$，即

$$\boldsymbol{Q}_1=\boldsymbol{I}-\frac{\boldsymbol{\varphi}_1\boldsymbol{\varphi}_1^{\mathrm{T}}\boldsymbol{M}}{M_1^*} \tag{5-38}$$

称为一阶滤型矩阵，它具有从假设的迭代向量中消除掉第 1 阶振型分量的特性。由于在数值运算中产生的舍入误差会引起第 1 阶振型在迭代向量中再现，因此必须在迭代求解的每一循环中重复上述的滤型过程，以保证迭代收敛到第 2 阶振型。

运用 5.2.1 节中介绍的迭代方法，将迭代向量 $\widetilde{\boldsymbol{A}}_0$ 代替式 $\overline{\boldsymbol{A}}_1=\boldsymbol{D}\boldsymbol{A}_0$ 中的 $\boldsymbol{A}_0$，得到

$$\widetilde{\boldsymbol{A}}_1=\boldsymbol{D}\widetilde{\boldsymbol{A}}_0=\boldsymbol{D}\boldsymbol{Q}_1\boldsymbol{A}_0=\boldsymbol{D}_2\boldsymbol{A}_0 \tag{5-39}$$

式中，$\boldsymbol{D}_2$ 是一个新的动力矩阵，是经过滤型后的求第 2 阶振型所需要的动力矩阵。利用此修正的动力矩阵，结合 5.2.1 节中介绍的求解振型和频率的步骤即可计算出第 2 阶振型和频率。简单归纳，求解第 2 阶振型和频率的步骤为：

(1) 计算体系的质量矩阵 $\boldsymbol{M}$、柔度矩阵 $\boldsymbol{\delta}$ 及动力矩阵 $\boldsymbol{D}=\boldsymbol{\delta}\boldsymbol{M}$；

(2) 利用 5.2.1 节中的方法求解第 1 阶振型 $\boldsymbol{\varphi}_1$，并计算滤型矩阵 $\boldsymbol{Q}_1=\boldsymbol{I}-\dfrac{\boldsymbol{\varphi}_1\boldsymbol{\varphi}_1^{\mathrm{T}}\boldsymbol{M}}{M_1^*}$，从而得到 $\boldsymbol{D}_2=\boldsymbol{D}\boldsymbol{Q}_1$；

(3) 假设第 2 阶振型的初始迭代向量 $\boldsymbol{A}_0$；

(4) 根据 $\widetilde{\boldsymbol{A}}_1=\boldsymbol{D}_2\boldsymbol{A}_0$ 求得 $\boldsymbol{A}_1$，并标准化得到 $\boldsymbol{A}_1$；

(5) 用 $\boldsymbol{A}_1$ 代替 $\boldsymbol{A}_0$，重复第 (4) 步，即 $\widetilde{\boldsymbol{A}}_2=\boldsymbol{D}_2\boldsymbol{A}_1$，并得到标准化的 $\boldsymbol{A}_2$，如此迭代直到满足精度要求为止；

(6) $\boldsymbol{A}_m$ 即为第 2 阶振型，按式 $\omega_2=\sqrt{\dfrac{1}{\alpha_m}}$ 计算第 2 阶频率。

显然，用迭代法求解第 2 阶振型和频率时，必须先求出第 1 阶振型，而且要想得到满意的结果，在计算滤型矩阵 $\boldsymbol{Q}_1$ 时，第 1 阶振型 $\boldsymbol{\varphi}_1$ 必须具有非常高的精度。当然，求出的第 2 阶振型在精度上要比第 1 阶振型低，大约降低一位有效数字。

2. 第 3 阶和更高阶振型的计算

由 5.2.1 节的思路可知，只要从初始迭代向量中滤掉第 1 阶和第 2 阶振型分量，迭代过程显然会收敛到第 3 阶振型。为此，在求得第 1 阶和第 2 阶振型后，只要计算出二阶滤型矩阵 $\boldsymbol{Q}_0$ 并进而求得新的动力矩阵 $\boldsymbol{D}_3$，按照迭代法的计算步骤就可以求出第 3 阶振型和频率。其中，二阶滤型矩阵可表示为

$$\boldsymbol{Q}_2=\boldsymbol{Q}_1-\frac{\boldsymbol{\varphi}_2\boldsymbol{\varphi}_2^{\mathrm{T}}\boldsymbol{M}}{M_2^*} \tag{5-40}$$

滤掉第 1 阶和第 2 阶振型分量后的动力矩阵 $\boldsymbol{D}_3$ 为

$$\boldsymbol{D}_3=\boldsymbol{D}\boldsymbol{Q}_2=\boldsymbol{D}\boldsymbol{Q}_1-\frac{\boldsymbol{D}\boldsymbol{\varphi}_2\boldsymbol{\varphi}_2^{\mathrm{T}}\boldsymbol{M}}{M_2^*}=\boldsymbol{D}_2-\frac{\boldsymbol{\varphi}_2\boldsymbol{\varphi}_2^{\mathrm{T}}\boldsymbol{M}}{\omega_2^2M_2^*} \tag{5-41}$$

依次类推，很容易得到适合于计算任意的第 p 阶振型和频率的矩阵，即

$$\boldsymbol{Q}_{p-1}=\boldsymbol{Q}_{p-2}-\frac{\boldsymbol{\varphi}_{p-1}\boldsymbol{\varphi}_{p-1}^{\mathrm{T}}\boldsymbol{M}}{M_{p-1}^*} \tag{5-42}$$

$$\boldsymbol{D}_p=\boldsymbol{D}\boldsymbol{Q}_{p-1}=\boldsymbol{D}_{p-1}-\frac{\boldsymbol{\varphi}_{p-1}\boldsymbol{\varphi}_{p-1}^{\mathrm{T}}\boldsymbol{M}}{\omega_{p-1}^2M_{p-1}^*} \tag{5-43}$$

很显然，在求任意指定的高阶振型以前，必须先计算出所有较低的振型；另外，要得到满意的高阶振型的结果，必须使较低的振型具有很高的精度。一般采用这种方法用于计算体系的前 4 阶或前 5 阶振型是比较有效的，而求更高阶的振型时收敛很慢，效果不是太好。

为了有效地求解高阶频率和振型，可采用其他方法，如瑞利-里兹法（Rayleigh -

Ritz)、子空间迭代法等方法。对此，本书不做详细介绍，读者如有兴趣可参阅相关书籍。

5.3 经验公式法

由于各类结构物的特征差异很大，其自振频率也完全不一样。为此，本书介绍一部分常用结构物的实测统计经验公式，以便快速地计算其近似的基本自振频率（或自振周期），未列举的结构物类型，其基频的计算公式可参阅相关文献。

5.3.1 建筑结构

1. 钢筋混凝土柱单层厂房

计算单跨或等高多跨的钢筋混凝土柱厂房纵向地震作用时，在柱顶高程不大于 15 m 且平均跨度不大于 30 m 时，结构的纵向基本周期可按式（5-44）计算。

砖围护墙厂房

$$T_1=0.23+0.00025\psi_1 l\sqrt{H^3} \tag{5-44}$$

式中 ψ_1——屋盖类型系数，大型屋面板钢筋混凝土屋架可采用 1.0，钢屋架可采用 0.85；

l——厂房跨度，多跨厂房可取各跨的平均值，m；

H——基础顶面至柱顶的高度，m。

对于敞开、半敞开或墙板与柱子柔性连接的厂房，可按式（5-44）计算并乘以下列围护墙影响系数：

$$\psi_2=2.6-0.002l\sqrt{H^3} \tag{5-45}$$

式中 ψ_2——围护墙影响系数，小于 1.0 时应采用 1.0。

2. 多层及高层房屋

1）框架结构

根据 70 多幢有较多填充墙的框架结构的办公楼、旅馆等房屋的实测统计，在一般场地条件下，高度低于 30 m 时，基本自振周期为

$$T_1=\frac{0.22+0.035H^2}{\sqrt[3]{B}} \tag{5-46}$$

根据数十幢高度低于 35 m 的化工、煤炭系统的工业框架厂房的实测统计，基本自振周期为

$$T_1=\frac{0.29+0.0015H^{2.5}}{\sqrt[3]{B}} \tag{5-47}$$

2）框架-剪力墙结构

根据近百幢高度低于 50 m 的框架-剪力墙结构的实测统计，在一般场地条件下，基本自振周期为

$$T_1=\frac{0.25+0.000\,53H^2}{\sqrt[3]{B}} \tag{5-48}$$

3）剪力墙结构

根据数十幢高度低于 50 m 的规则剪力墙结构的实测统计，基本自振周期为

$$T_1=\frac{0.03+0.03H}{\sqrt[3]{B}} \tag{5-49}$$

式（5-46）～式（5-49）中，H 为房屋总高度，当各榀框架不等高时取平均高度，以 m 为单位；B 为所考虑方向的房屋总宽度，各榀框架不等时取平均宽度，以 m 为单位。

4）钢结构

根据《建筑结构荷载规范》(GB 50009—2012)，一般情况下钢结构高层建筑的基本自振周期可用式（5-50）估算。

$$T_1=(0.10\sim0.15)n \tag{5-50}$$

式中　n 为建筑层数。

5.3.2　桥梁结构

1. 梁式桥

（1）对于简支的钢筋混凝土梁式桥或预应力混凝土梁式桥的第 1 阶竖向自振频率，可由式（5-51）直接计算。

$$\omega_1=\left(\frac{\pi}{l}\right)^2\sqrt{\frac{EI}{m}} \tag{5-51}$$

式中　l——桥梁的跨度，m；

EI——桥梁的抗弯刚度，$N\cdot m^2$；

m——单位长度桥梁的自重质量，kg。

（2）对于简支的钢桁梁式桥的第 1 阶竖向自振频率，可由式（5-52）直接计算。

$$\omega_1=\frac{2\pi(47l-0.1l^2)}{10^4} \tag{5-52}$$

式中　l——桥梁的跨度，m。

2. 斜拉桥

（1）对于漂浮体系斜拉桥，其漂浮频率为

$$\omega_1=\sqrt{\frac{M_{sub}}{K_T}} \tag{5-53}$$

式中　M_{sub}——塔顶处的全桥集中替代质量，kg；

K_T——塔顶处的抗推刚度，$N\cdot m^2$。(可考虑塔架变截面的影响)

（2）一阶竖弯频率为

$$\omega_1=\frac{2\pi C}{l} \tag{5-54}$$

式中　l——桥梁的主跨跨度，m；

C——系数，预应力混凝土斜拉桥为105，钢斜拉桥为110，边孔设有辅助墩的斜拉桥可取150。

（3）一阶扭频为

$$\omega_1=\frac{2\pi C}{\sqrt{l}} \tag{5-55}$$

式中　l——桥梁的主跨跨度，m；

C——与主梁和索面布置有关的系数，可按表5-1取值。

表5-1　一阶扭频系数C值

索　面	主梁截面形状	钢　桥	混凝土桥
平行索面	开　口	10	9
	半开口	11～13	12
	闭　口		
斜索面	开　口	12	11
	半开口	13～15	
	闭　口	20	

3. 悬索桥

对于中跨加劲梁为简支的悬索桥，其最低阶振型是反对称两个半波形式，其频率计算公式为

$$\omega_1=\frac{2\pi}{l}\sqrt{\frac{EI+H_g\left(\frac{l}{2\pi}\right)^2}{m}} \tag{5-56}$$

式中　l——桥梁的中跨跨度，m；

EI——加劲梁的竖弯刚度，$N\cdot m^2$；

H_g——恒载下主索的水平拉力，N；

m——桥面和主索的单位长度质量之和，kg/m。

思考题与习题

1. 简述能量法求解结构体系频率和振型的原理。
2. 为什么迭代法收敛于第1阶振型？怎样用迭代法求解高阶振型和频率？
3. 分别用能量法和迭代法计算图示体系的基频。

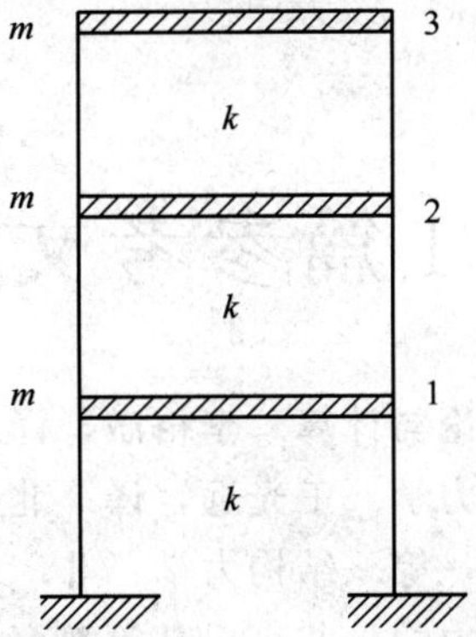

图 5-2　思考题与习题 3 图

第1篇参考文献

[1] 帕兹. 结构动力学：理论与计算. 李裕澈，译. 北京：地震出版社，1993.

[2] 克拉夫，彭津. 结构动力学. 王光远，译. 北京：科学出版社，1983.

[3] 王焕定，章梓茂，景瑞，等. 结构力学：Ⅱ. 北京：高等教育出版社，2000.

[4] 龙驭球，包世华. 结构力学. 北京：高等教育出版社，1996.

[5] 俞载道. 结构动力学基础. 上海：同济大学出版社，1987.

[6] SZULADZINSKI G. 机器与结构动力学例题与习题. 肖灿章，译. 北京：机械工业出版社，1985.

[7] 范立础. 桥梁抗震. 上海：同济大学出版社，1997.

[8] 曹雪琴. 桥梁结构动力分析. 北京：中国铁道出版社，1987.

[9] 周幅霖. 工程结构减震控制. 北京：地震出版社，1997.

[10] 哈尔滨工业大学理论力学教研室. 理论力学. 7版. 北京：高等教育出版社，2009.

[11] 同济大学应用数学系. 高等数学. 5版. 北京：高等教育出版社，2002.

[12] 同济大学数学教研室. 工程数学：线性代数. 4版. 北京：高等教育出版社，2003.

第 2 篇　工程结构抗震基础

- 抗震设计的基本知识
- 场地、地基和基础
- 地震作用和结构抗震验算

第 6 章　抗震设计的基本知识

本章首先介绍有关地震的基础知识，使读者对地震的成因、地震相关名词、地震破坏形式、我国地震的特点等有一个概略的了解；然后，从工程抗震的角度出发，以我国现行的《建筑抗震设计规范》（GB 50011—2010）、《铁路工程抗震设计规范》（GB 50111—2006）（2009 年版）、《公路桥梁抗震设计细则》（JTG/T B02—01—2008）、《城市轨道交通结构抗震设计规范》（GB 50909—2014）等规范为依据，介绍各规范具体的抗震设防原则和抗震设计方法，并对今后抗震设计规范改革的思路进行简单的介绍。

6.1　地震概论

本节的目的在于介绍一些有关地震的基础知识，方便读者对以下各章节的了解，因此其内容的编排是从工程抗震的角度出发，详细的地震学知识请参考其他有关书籍。

6.1.1　地震成因

地震是由于某种原因引起的地面强烈振动，属于一种自然现象。按其成因，地震可以分成以下几种类型。

1）火山地震

由于火山爆发，地下岩浆猛烈冲击地面时引起的地面振动，称为火山地震。由于此类地震释放的能量小，相对来说，其影响的范围和所造成的破坏程度均比较小。

2）塌陷地震

由于地表或地下岩层因某种原因突然大规模塌陷或崩塌而引起的地面振动，称为塌陷地震。如石灰岩地区较大的地下溶洞的塌陷或古旧矿坑的塌陷等。此类地震释放能量小，发生的数量也少。我国几十年来发生的多次大地震中，仅 1954 年和 1965 年四川自贡发生的两次地震属于塌陷地震。

3）构造地震

由于地壳构造运动产生的自然力推挤地壳岩层，使其薄弱部位突然发生断裂错动，地壳岩层中长期积累的变形能在瞬时内转化为振动动能，并以波的形式传播到地面从而引起地面的振动，这种在构造变动中引起的地震称为构造地震。此类地震破坏性大、发生频繁、影响面广，约占破坏性地震总数的 95%以上。因此，在工程抗震设计中，所针对的地震为构造地震，以下简称为地震。

地震是由地壳运动引起的，但地壳为什么会运动呢？要回答这个问题，应先了解地球内部的构造。

地球是一个一端微扁的球体，平均半径为 6 400 km。研究表明，地球从地表至核心由

3 种性质不同的物质构成。最外层是很薄的地壳，平均厚度约为 30 km；中间一层是地幔，厚度约为 2 900 km，地壳与地幔的交接面称为莫霍面；最里面部分叫地核，半径约为 3 500 km（见图 6－1）。

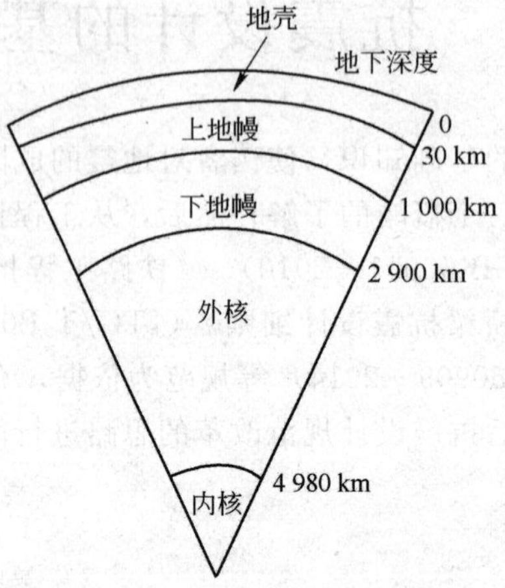

图 6－1　地球内部构造示意图

1）地壳

地壳由各种不均匀的岩石组成。地表覆盖一层薄薄的沉积岩、风化土及疏松沉积物等。陆地下面的地壳主要为：上部是花岗岩层，下部是玄武岩层；海洋下面的地壳性质较单一，一般只有玄武岩层。地壳厚度变化很大，在海洋下面，一般仅有几千米；而在大陆下面，平均厚度为 30～40 km。世界上绝大部分地震都发生在地壳内。

2）地幔

地幔主要由质地坚硬、密度较大的黑色橄榄岩组成。据推测，它约占地球全部体积的 5/6。从莫霍面以下 40km 至 70 km 内是一层岩石层，它与地壳共同组成所谓的岩石圈或岩石壳。由于地球内部从地下 20km 至 700 km，其温度由约 600 ℃上升到2 000 ℃。在岩石层以下存在一个厚约几百千米的软流层。岩石层与软流层合称为上地幔，上地幔之下为下地幔，下地幔颇为均匀。由于温度分布不均匀，发生了地幔内部物质的对流。此外，地球内部的压力也是不均匀的。因此，地幔内部物质在这样的热状态和不均衡压力作用下缓慢地运动，这可能是地壳运动的根源。到目前为止，所观测到的最深地震发生在地下约 700 km 处，可见地震仅发生在地壳内和地幔上部。

3）地核

地核可分为外核与内核，其主要构成物质是镍和铁。据推测，外核可能处于液态，厚度约为 2 100 km；内核可能处于固态，半径约为 1 400 km。

目前为大多数人所接受的关于地震成因的说法源于板块构造学说，它是 20 世纪 60 年代初由美国地质学家提出的。这一学说认为地壳与地幔顶部的岩石层可以分为若干大大小小的板块，它们在地幔软流层之上异常缓慢而又持久不停地漂移。全球地壳可以分为 6 大板块，即欧亚、太平洋、美洲、非洲、印澳与南极板块，各大板块之内又可以划分为较小的板块。由于各大板块之间的相互挤压与碰撞，使得世界上大部分地震的震中都集中于板块边缘；各大板块内部小板块的边缘也是地震密集的地带；另外，板块内部也可能发生地震。地震发生的过程可以参照图 6－2。

图 6－2　地震形成过程示意图

地球内部总是在不停地运动着，在它的运动过程中，始终存在着巨大的能量，地壳中的岩层在这些能量引发的巨大的力的作用下，使处在原始水平状态的岩层（见图 6－2(a)）发生变形。当作用力仅能使岩层产生弯曲变形而没有丧失其连续性时，岩层只产生褶皱（见图 6－2（b））；但当作用力超过岩层所能承受的程度时，岩层产生断裂和错动（见图 6－2（c））。在这种地壳岩层构造状态的变化过程中，岩层处在复杂的地应力作用状态之下，随着地壳运动的不断变化，地应力的作用超过某处岩层的强度极限时，岩层就会发生突然的断裂和错动，从而引起振动，并以弹性波的形式传到地面，形成了地震。由于岩层的破裂往往是由一系列裂缝组成的破碎地带，整个破碎地带的岩层不可能同时达到平衡，因此在一次强烈地震（主震）之后，岩层的变形还将继续进行调整，进而形成一系列余震。

6.1.2　地震相关名词解释

1. 震源

地壳深处岩层发生断裂、错动的地方称为震源。震源至地面的距离称为震源深度，如图 6－3 所示。震源深度小于 70 km 的地震称为浅源地震；70～700 km的地震称为中源地震，大于700 km的地震称为深源地震。世界上绝大多数破坏性地震都属于浅源地震，一般深度为 5～40 km。

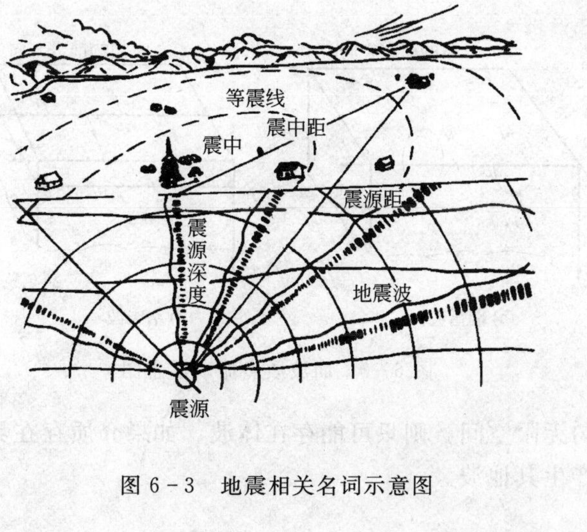

图 6－3　地震相关名词示意图

2. 震中

震源在地表面上的投影点，称为震中。震中周围地区称为震中区。地震灾害最严重的地区，称为极震区。一般情况下，极震区与震中区大体上是一致的。

3. 地震波

地震发生时，地下岩层破裂、错动所产生的强烈振动，以波的形式从震源向四周传播，这种波称为地震波。地震波是一种弹性波，它包含在地球内部传播的体波和只限于在地面附近传播的面波。

体波包括两种形式，即纵波（又称为压缩波或 P 波）和横波（又称为剪切波或 S 波）。纵波由震源向外传播过程中，介质质点的振动方向与波的前进方向一致，如图 6－4（a）所示；横波由震源向外传播过程中，介质质点的振动方向与波的前进方向垂直，如图 6-4（b）所示。在地壳内，纵波的传播速度为 7～8 km/s，横波的传播速度比纵波慢，横波的传播速度为 4～5 km/s。

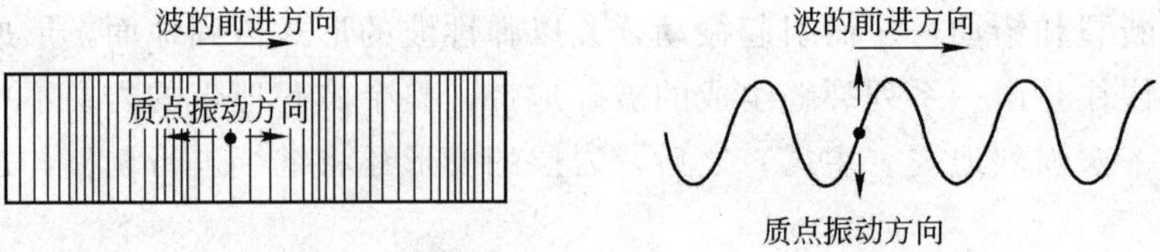

(a) 纵波　　(b) 横波

图 6－4　弹性波传播示意图

面波主要包括两种形式，即瑞雷波（Rayleigh 波，简称 R 波）和洛夫波（Love 波，简称 L 波）。瑞雷波和洛夫波都是在地层界面处产生的，统称为面波。瑞雷波传播时，质点只在波的传播方向和地面法线组成的平面内做椭圆运动，质点在地面上呈滚动形式，如图 6－5（a）所示；洛夫波传播时，质点只在与波的传播方向相垂直的水平方向运动，质点在地面上呈蛇行运动形式，如图 6－5（b）所示。面波振幅大、周期长，只在地表附近传播，比体波衰减慢，因此能传播到很远的地方。一般来说，面波的传播速度约为横波波速的 0.9 倍。

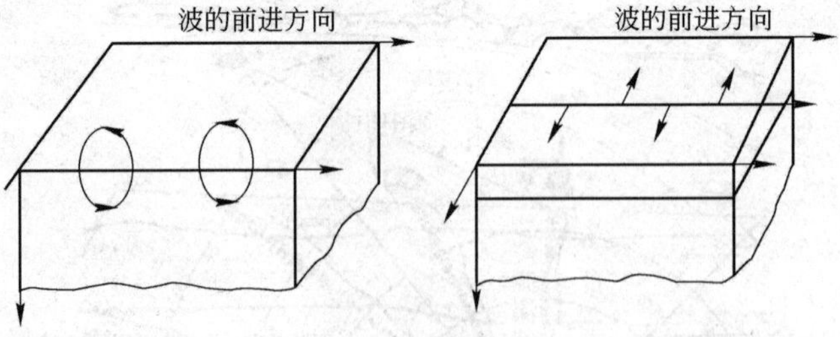

(a) 瑞雷波　　(b) 洛夫波

图 6－5　面波质点振动示意图

如果介质是均匀无限空间，则只可能存在体波。如果介质存在界面，体波经界面多次反射、折射就可能产生其他波。

图 6－6 为某次地震由地震仪记录下来的地震时程曲线图。由图 6－6 中可见，纵波最先到达，横波次之，面波最后到达。分析地震时程曲线图上纵波和横波到达的时间差，可确定震源的距离。

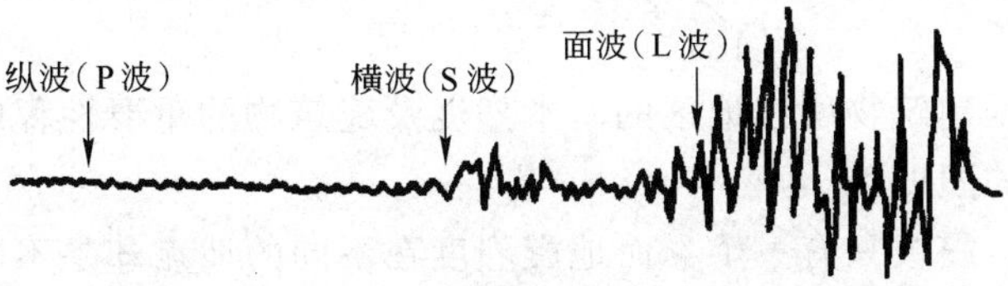

图 6－6　地震时程曲线图

4. 震级

震级是表示地震本身大小的一种度量，其数值是根据地震仪记录到的地震波来确定。目前，世界上比较通用的是里氏震级。其最初定义是由里克特（Richter）在 1935 年提出的，即：震级大小是指用标准地震仪（指自振周期为 0.8 s，阻尼系数为 0.8，静态放大倍数为 2 800 的地震仪）在距震中 100 km 处记录的以 μm 为单位的最大水平地面位移 A 的常用对数，用公式表示为

$$M=\lg A \tag{6-1}$$

式中　M——地震震级（里氏震级）；

A——地震时程曲线图上的最大振幅，μm。

例如，在距震中 100 km 处，用标准地震仪记录到的地震时程曲线的最大振幅 A 为 10 mm（10^4 μm），于是该次地震的震级为

$$M=\lg A=\lg 10^4=4$$

实际上，地震发生的时间和地点都有比较大的随机性，地震仪的型号也各不相同。当一次地震发生时，距震中 100 km 处不一定有地震仪，更不一定是标准地震仪。因此，对于震中距不是 100 km 的地震台站和采用非标准地震仪测得的地震时程记录，要经修止后换算为里氏震级，对具体修正方法感兴趣的读者可参考有关资料。然而，由于地震波传播介质的差异，同一次地震在不同地点确定的震级常常不同，差别常达 0.3～0.5，有时甚至超过 1.0。

震级 M 与震源释放的能量 E（以尔格计）之间的对应关系为

$$\lg E=1.5M+11.8 \tag{6-2}$$

由式（6－1）和式（6－2）可知，当震级增大 1 级时，地面振动幅值增加 10 倍，而能量增加约 32 倍。一个 7 级破坏性地震所释放的能量，相当于 30 个 2 万吨级的原子弹所具有的能量。

通常将地震震级划分为若干等级。小于 2 级的地震，人们感觉不到，只有仪器才能记录下来，称为微震；2～4 级地震，称为有感地震；5 级以上地震，会对建筑物造成不同程度的破坏，称为破坏性地震；7 级以上地震，称为强烈地震或大地震；大于 8 级的地震，称为特大地震。

5. 烈度

与烈度相关的概念有 3 个，即地震烈度、基本烈度和设防烈度。

地震烈度是指地震时某一地区的地面和各类建筑物遭受地震影响的平均强弱程度，是衡量地震所引起后果的一种标度。

基本烈度是指 50 年期限内，在一般场地条件下，可能遭遇的地震事件中超越概率为 10%所对应的烈度值，即《中国地震烈度区划图》（1990）规定的烈度，带有中长期地震预报的性质。

设防烈度是根据建筑物所在地区的基本烈度及建筑物的重要性程度等，进行综合考虑后，设计时所采用的烈度。

对于一次地震，震级只有一个，而地震烈度在不同的地点却是不同的。一般说来，距震中愈远，地震影响愈小，烈度就愈低；反之，烈度就愈高。地震烈度还与地震大小、震源深度、地震波传播介质、表土性质、建筑物特性、施工质量等许多因素有关。震中区的烈度称为震中烈度。迄今为止，我国发生的大多数地震属于浅源地震，地震震级 M 与震中烈度 I_0 的大致对应关系如表 6-1 所示。

表 6-1　我国浅源地震震级与震中烈度的对应关系

M	4.75～5.25	5.5～5.75	6～6.5	6.75～7	7.25～7.75	8～8.125	8.5
I_0	6	7	8	9	10	11	12

6. 地震烈度表

地震烈度表的使用已有 400 多年的历史。早期的烈度表由于没有地震观测仪器，只能根据地震宏观现象来制定，如人的感觉、物体的反应、地表和建筑的影响和破坏程度等。由于宏观烈度表没有提供定量的数据，因而不能直接应用于工程抗震设计。出现强震观测仪器后，人们才有可能用记录到的地面运动的某些参数，如加速度峰值、速度峰值等来定义烈度，从而出现了将地震宏观烈度与地面运动参数之间建立联系的地震烈度表。1980 年，由国家地震局颁布实施的中国地震烈度表（1980）就属于这种烈度表（见表6-2）。

表 6-2　中国地震烈度表（1980）

烈度	人的感觉	一般房屋		其他现象	参考物理指标	
		大多数房屋震害程度	平均震害指数		水平加速度/（cm/s^2）	水平速度/（cm/s）
1	无感					
2	室内个别静止中的人感觉					
3	室内个别静止中的人感觉	门窗轻微作响		悬挂物微动		
4	室内多数人感觉，室外少数人感觉，少数人梦中惊醒	门窗作响		悬挂物明显摆动，器皿作响		
5	室内普遍感觉，室外多数人感觉，多数人梦中惊醒	门窗、屋顶、屋架颤动作响，灰土掉落，抹灰面出现细裂缝		不稳定器物翻倒	31（22～44）	3（2～4）

续表

烈度	人的感觉	一般房屋		其他现象	参考物理指标	
		大多数房屋震害程度	平均震害指数		水平加速度/(cm/s²)	水平速度/(cm/s)
6	惊慌失措，仓皇逃出	损坏——个别砖瓦掉落，墙体微细裂缝	0～0.1	河岸和松软土上出现裂缝，饱和砂层出现喷砂冒水，地面上有的砖烟囱轻微裂缝、掉头	63 (45～89)	6 (5～9)
7	大多数人仓皇逃出	轻微破坏——局部破坏、开裂，但不妨碍使用	0.11～0.30	河岸出现塌方，饱和砂层常见喷砂冒水，松软土上地裂缝较多，大多数砖烟囱中等破坏	125 (90～177)	13 (10～18)
8	摇晃颠簸，行走困难	中等破坏——结构受损，需要修理	0.31～0.50	干硬土上有裂缝，大多数砖烟囱严重破坏	250 (178～353)	25 (19～35)
9	坐立不稳，行动的人可能摔倒	严重破坏——墙体开裂、局部倒塌，复修困难	0.51～0.70	干硬土上有许多地方出现裂缝，基岩上可能出现裂缝，滑坡、坍方常见，砖烟囱出现倒塌	500 (354～707)	50 (36～71)
10	骑自行车的人会摔倒，处不稳定状态的人会摔出几尺远，有抛起感	倒塌——大部倒塌，不堪修复	0.71～0.90	山崩和地震断裂出现；基岩上的拱桥破坏，大多数砖烟囱从根部破坏或倒塌	1 000 (708～1 414)	100 (72～141)
11		毁灭	0.91～1.00	地震断裂延续很长，山崩常见，基岩上拱桥毁坏		
12				地面剧烈变化、山河改观		

注：① 1～5 度以地面上人的感觉为主；6～10 度以房屋震害为主，人的感觉仅供参考；11、12 度以地表现象为主，11、12 度的评定，需要专门研究。

② 一般房屋包括用木构架和土、石、砖墙构造的旧式房屋和单层或数层的、未经抗震设计的新式砖房。对于质量特别差或特别好的房屋，可根据具体情况，对表列各烈度的震害程度和震害指数予以提高或降低。

③ 震害指数以房屋"完好"为 0，"毁灭"为 1，中间按表所列震害程度分级。平均震害指数是对所有房屋的震害指数的总平均值而言，可以用普查或抽查方法来确定。

④ 使用本表时可根据地区具体情况，做出临时的补充规定。

⑤ 在农村可以自然村为单位，在城镇可以分区进行烈度的评定，但面积以 1 km^2 左右为宜。

⑥ 烟囱指工业或取暖用的锅炉房烟囱。

⑦ 表中数量词的说明：个别，10%以下；少数，10%～50%；多数，50%～70%；大多数，70%～90%；普遍，90%以上。

值得指出的是，现已有足够资料证明，同一烈度区可以有相差几十倍甚至上百倍的加速度值或速度值与之相对应，故表 6 - 2 中的水平向加速度和速度不能作为烈度评定指标，而只能作为参考指标。

从实际应用的情况来看，使用最经常的烈度是6～10度。它们大多是根据低层房屋的震害评定的，这也是工程抗震中最关心的烈度范围。因为更小的烈度对工程无影响，更高的烈度既少见而又超过人们可以经济地防御范围。

6.1.3 等震线和地震区划

1. 等震线

对于一次地震，在受到影响的区域内，根据地震烈度表对每一地点评定出一个烈度。烈度相同区域的外包线，称为等震线（或等烈度线）。等震线的形状与地震构造断裂带和地面断裂密切相关，并与地形、土质等条件有关，多数呈椭圆形状。但实际上，由于建筑物的差异及地质、地形等因素的影响，等震线多为一些不规则的封闭曲线。图6-7示出了1976年我国唐山地震的等震线图。绘制等震线图时，一般取地震烈度的差为1度。图上某一度线表示该烈度区的外边界。

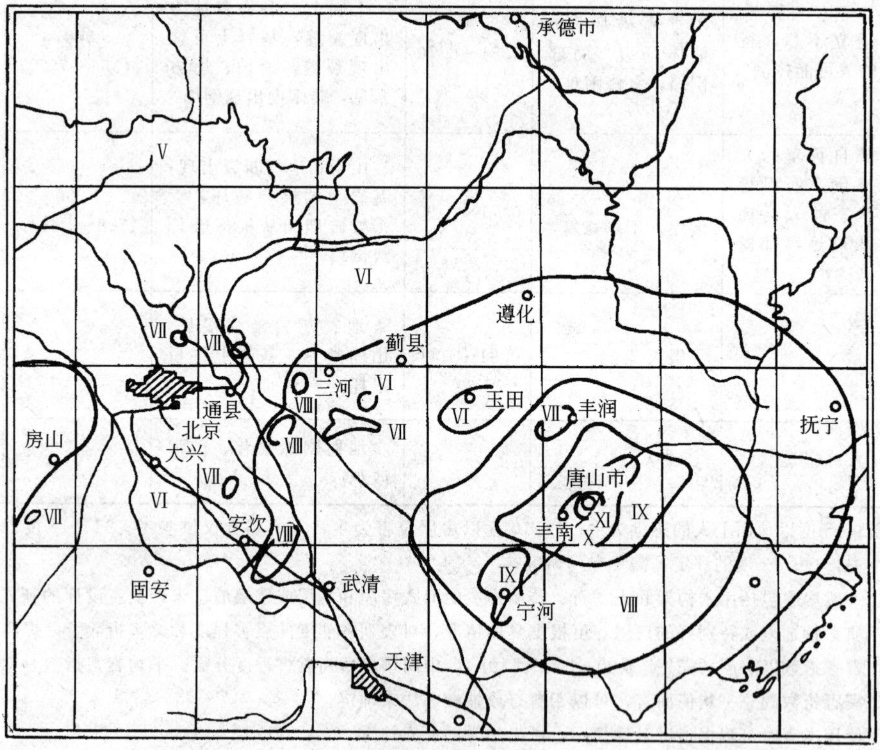

图6-7 1976年唐山地震等震线图

一般情况下，等震线的度数随震中距的增大而递减。但有时由于局部地形、地质情况的影响，也会在某一烈度区内出现比它高1度或低1度的异常区。例如图6-7中Ⅷ度的等震线圆内，有Ⅶ度（丰润）和Ⅸ度（宁河）的异常区。

2. 地震烈度区划图

地震烈度区划图是为了贯彻地震工作以预防为主的方针，以现有资料为基础，根据当前的科学技术水平和国家的抗震设防需要，按当地可能的地震危险程度对国土进行划分，以展示地区间潜在地震危险性的差异，地震烈度区划图是国土资源合理利用与开发、环境保护与根治、重大工程设施的布局与发展规划、国家建设的投向等方面工作的依据，对中、长期地震预报也有积极的意义。

地震烈度区划图是表示未来一定时期内，不同地点的地震危险性程度的图件。它是抗震设防的依据，对于减轻地震灾害，以及保证人民生命财产和现代化建设的安全有着极为重要的作用。

《中国地震烈度区划图》(1990)（见图 6－8）的比例尺为 1∶400 万，该图全面反映了各地区地震活动的相对危险程度。图上所标示的地震烈度值，系指在 50 年期限内，一般场地条件下，可能遭遇的地震事件中，超越概率为 10％所对应的烈度值。50 年内超越概率为 10％的风险水平，是目前国际上普遍采用的一般建筑物抗震设计标准。因此，该图不仅可以作为中小工程和民用建筑的抗震设防依据，也是国家经济建设和国土利用规划的基础资料；同时，还是制定减轻和防御地震灾害对策的依据。然而，由于现代抗震设计正在逐步走向安全度要求高、分析方法力求符合实际的阶段，要求在抗震设计中考虑地震动的振幅、频谱和持续时间 3 个要素。所以，地震区划也逐渐从简单、粗略的烈度区划向更复杂的多个地震动参数指标过渡。

3. 地震动参数区划图

《中国地震动参数区划图》(GB 13806—2015）是根据双参数标定标准设计谱原则编制的。该图实际是地震反应谱区划图，涉及地震动反应谱、标准设计反应谱、反应谱特征周期等概念，这些概念将在第 8 章中详细介绍。

《中国地震动参数区划图》(GB 13806—2015）包括两图一表，即地震动峰值加速度区划图、反应谱特征周期区划图和地震动特征周期调整表。考虑到现行很多工程抗震设计规范还沿用抗震烈度的概念，地震动参数区划图还给出了关于地震基本烈度向地震动参数过渡的说明。

地震动峰值加速度区划图（图 6－9）表示Ⅱ类场地条件下（即我国绝大多数居民点所在的土质条件），在 50 年超越概率 10％水平时，不同档次地震动峰值加速度的空间分布区域。加速度值分为 7 档：$<0.05g$、$0.05g$、$0.10g$、$0.15g$、$0.20g$、$0.30g$ 和 $\geqslant 0.40g$，它与地震基本烈度的关系如表 6－3 所示。

表 6－3　地震动峰值加速度与地震基本烈度的对应关系

地震动峰值加速度	$0.05g$	$0.10g$	$0.15g$	$0.20g$	$0.30g$	$0.40g$
地震基本烈度	6	7	7 度半	8	8 度半	9

地震动反应谱特征周期区划图（图 6－10）绘制了在一般场地（中硬）、阻尼比为 0.05 时，不同档次加速度反应谱特征周期的空间分布区域，特征周期分为 3 档：0.35 s、0.40 s和 0.45 s。

地震动特征周期的调整方法如表 6－4 所示。

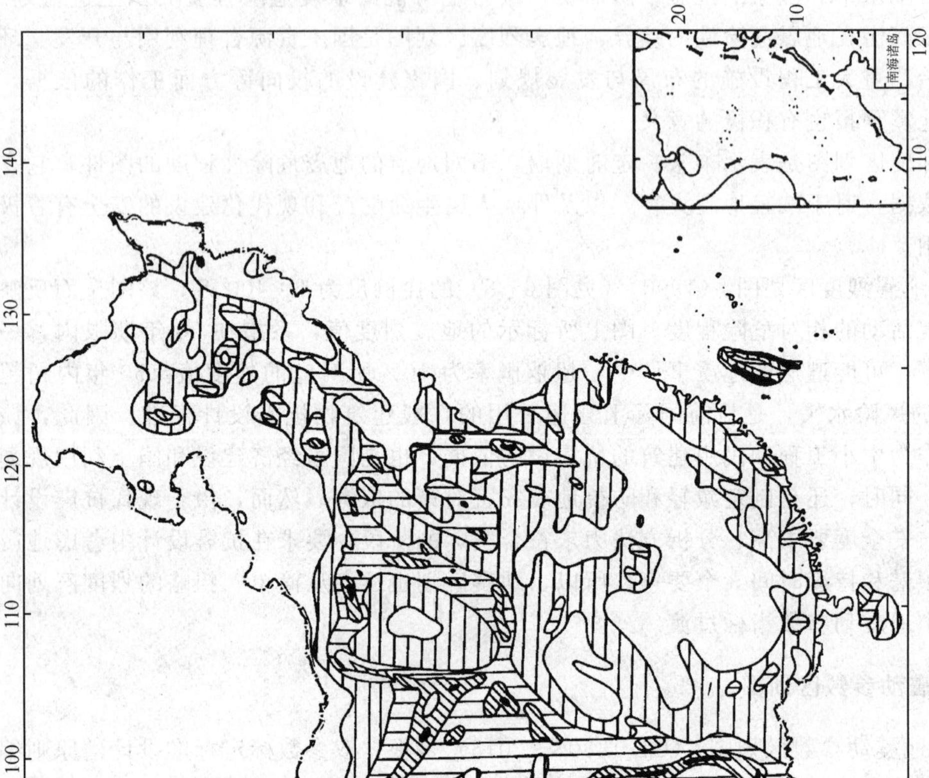

图 6－8　缩简的中国地震烈度区划图（1990，50 年超越概率 10%）
（引自《中国地震烈度区划图（1990）概论》，地震出版社，1996）

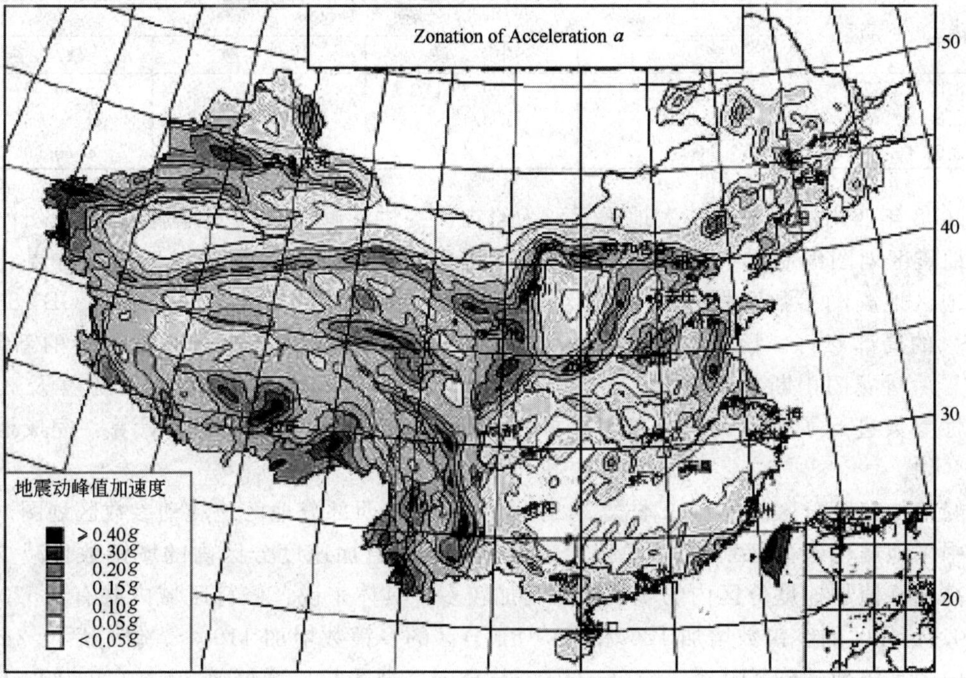

图 6-9　示意性的中国地震动峰值加速度区划图

(引自《Development of Earthquake Engineering in China》，Yuxian HU，13th World Conference on Earthquake Engineering，Vancouver，B. C.，Canada，August 1-6，2004. 5008)

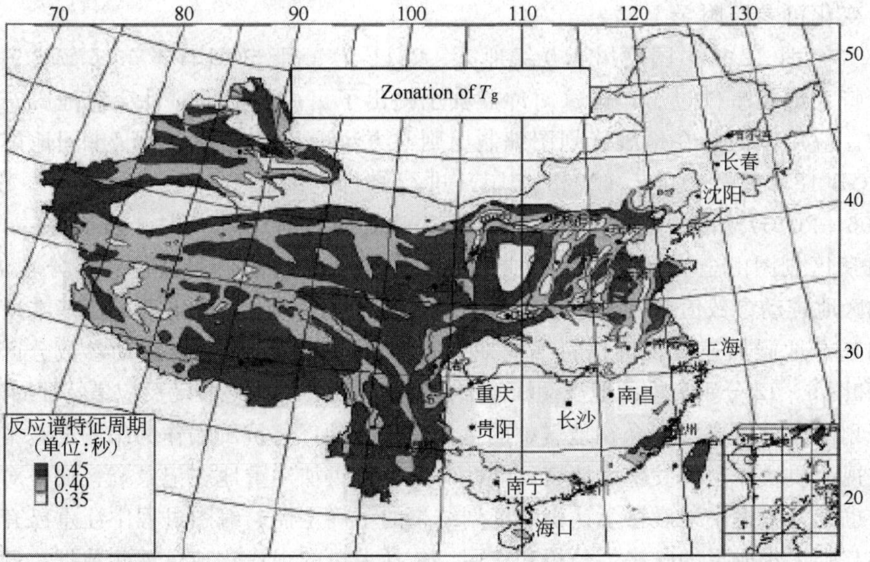

图 6-10　示意性的中国地震动反应谱特征周期区划图

(引自《Development of Earthquake Engineering in China》，Yuxian HU，13th World Conference on Earthquake Engineering，Vancouver B. C.，Canada，August 1-6，2004. 5008)

表 6-4　不同地震分区和场地类别对应的地震加速度反应谱特征周期值表　　s

特征周期分区	场地类型划分			
	坚　硬	中　硬	中　软	软　弱
1 区 (0.35)	0.25	0.35	0.45	0.65
2 区 (0.40)	0.30	0.40	0.55	0.75
3 区 (0.45)	0.35	0.45	0.65	0.90

2008 年四川汶川 8 级特大地震后，为给灾区提供能够抗御强烈地震的抗震设计依据，全国地震区划图编制委员会专家经过十余天紧张工作，编制修订了《四川、甘肃、陕西部分地区地震动参数区划图》，作为对国家标准《中国地震动参数区划图》(GB 18306—2001) 的局部修订。该区划图重点根据震后初步的发震构造现场调查获得的新资料，以及震后对龙门山断裂带地震构造条件的新的认识，对潜在震源区划分方案及其地震活动性参数进行了重点调整和修订，并据此对灾区地震动参数进行了计算，完成地震动参数区划。

峰值加速度分区的修订：本次《四川、甘肃、陕西部分地区地震动参数区划图》相比原《中国地震动参数区划图》，总体而言位于低档峰值加速度分区内的城镇数目减少，而位于高档峰值加速度分区内的城镇数目增加较多。具体来说，修订区域内共有 1 520 个乡镇，0.2g 分区的乡镇数增加 126 个，0.15g 分区的乡镇数增加 119 个。修订后 0.2g 以上分区内的乡镇数达到 419 个，占 27.6%，与全国区划图相比增加 8.7%；0.15g 以上分区内的乡镇数达到 720 个，占 47.4%，与全国区划图相比增加 16.5%。

特征周期 T_g 分区的修订：区域内 1 520 个乡镇中，位于 0.35 s 分区内的有 86 个，占 5.7%；位于 0.40 s 分区内的有 1 064 个，占 70%；位于 0.45 s 分区内的有 370 个，占 24.3%。

具体变化可参照附录 B。

2008 年 5 月 12 日中国汶川 8.0 级地震、2011 年 3 月 11 日日本东部海域 9.0 级地震等国内外特大地震事件过后，国家对地震安全提出了更高的要求，社会对地震安全提出了新的需求。应用国内外在地震区划图编制原则与方法取得的进展，对《中国地震动参数区划图》(GB 18306—2001) (2008 年版) 进行修订，编制了《中国地震动参数区划图》(GB 18306—2015)。该规范于 2015 年 5 月 15 日发布，2016 年 6 月 1 日实施。

2015 版区划图由全文强制改为条文强制，增加了规范性引用文件、部分术语和定义。对局部地区地震动参数值进行了适当调整。主要增加了“全国城镇Ⅱ类场地基本地震动峰值加速度和基本地震加速度反应谱特征周期”“场地类别划分”“地震动参数分区值范围”。图 6-11和图 6-12 分别为中国地震动峰值加速度区划图、中国地震动反应谱特征周期区划图。

该区划图充分考虑了公众在地震中的生命安全问题，将抗倒塌作为编图的基本准则，同时更加重视地质块体边界发生大地震可能性的判断，更加注重地震记录资料缺失对区划结果的影响，也充分考虑了地震科学认识和区划结果的不确定性。编图过程中注重已有基础资料及科研和基础工作成果的收集、分析和应用，包括大量的现代化地震观测数据，城市活断层探测、重大工程地震安全性评价、大震现场考察等基础性工作积累的丰富基础资料，“973”等一系列重大科技专项的研究成果，以及国内外在地震区划图编制原则与方法方面取得的重要进展，建立了新的地震构造模型、地震活动性模型和中国分区地震动衰减关系，确立了新的场地影响调整原则，首次提出了四级地震作用并相应地震动参数的确定原则。

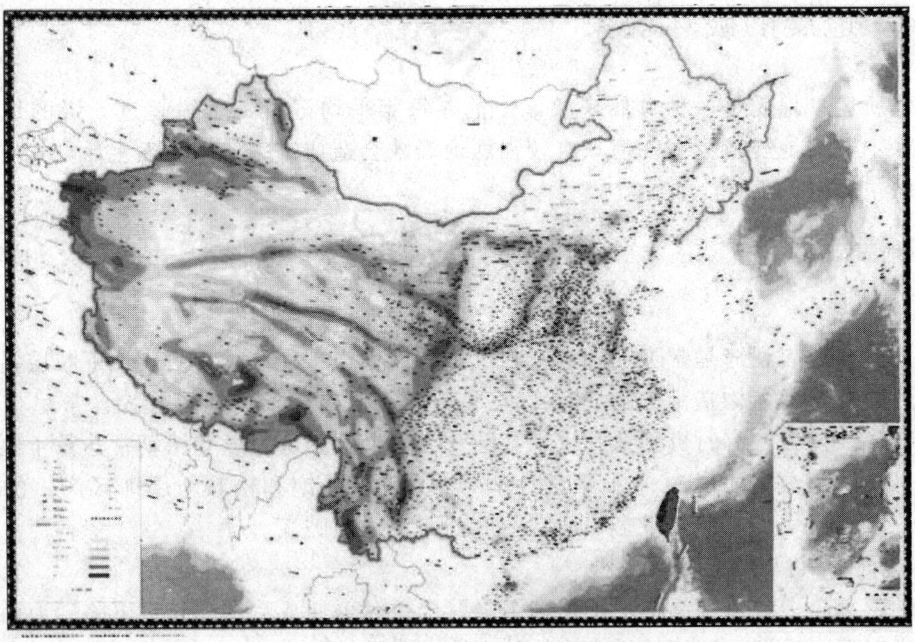

图 6－11　中国地震动峰值加速度区划图

（引自中国地震局地球物理研究所官方微博“地球所”）

图 6－12　中国地震动反应谱特征周期区划图

（引自中国地震局地球物理研究所官方微博“地球所”）

6.1.4 地震的破坏现象

如上所述，地震是一种自然现象，全世界每年平均记录到震级超过 5 级的地震约千次，记录不到的地震就更多。但只有较强烈地震才会造成灾害。强震发生后，它所造成的破坏现象主要有以下 3 个方面。

1. 地表破坏

1）地裂缝

强震时，地表裂缝是常见的现象。它可分为两种类型，一种是由于地下断层错动延伸至地表的裂缝，称为构造地裂缝。它与地下断裂带走向一致，规模较大，常呈带状出现（由数条裂缝组成），有时可延续几千米甚至几十千米，裂缝宽度和错动常达数十厘米甚至数米。另一种是在湖河岸边、古河道上、陡坡及较厚的饱和松软土层地区产生的地表裂缝。它一般规模较小，但数量多，通常造成公路、房屋破坏。

2）地面下沉（或称震陷）

这种震害会造成地面结构的不均匀沉降，严重时可使成片的建筑物下陷。地面下沉多发生在岩溶洞、采掘的地下坑道及在松软而富于压缩性的土层中。

3）喷砂冒水

在地下砂层较浅、水位较高地区，地震时的强烈振动使地下水压力急剧升高，使含水粉细砂层液化，地下水夹着砂经地震缝或土质松软的地方喷出，形成喷砂冒水现象。

4）滑坡

在陡坡、河岸等处，在强烈地震的摇动下常引起塌方、滑坡，有时造成掩埋村庄、堵河成湖、破坏道路、房屋倒塌等。

2. 建筑物的破坏

地震时，造成人民生命财产损失的主要原因是各类建筑物的破坏。按照其破坏形态及原因，可分为以下几种类型。

1）结构丧失整体稳定性

在地震作用下，结构构件连接不牢、节点破坏及支撑失效等，都会使建筑物丧失整体性，从而发生局部或全部倒塌。

2）结构强度不足而造成的破坏

在地震作用下，由于承重构件的抗剪、抗弯、抗压强度不足或变形能力不够而发生破坏，以致建筑物丧失其使用功能。

3）地基失效造成的破坏

在强震作用下，虽然有些建筑物上部结构或构件本身无损坏，但由于地基震陷或地基土液化而使建筑物倾斜，甚至倒塌而破坏。

3. 次生灾害

地震时，水坝、给排水管网、煤气管道、供电线路及易燃、易爆、有毒物质容器的破坏，可造成水灾、火灾、空气污染等灾害，这种灾害称为次生灾害。次生灾害有时造成的损失更大，特别是在大城市和大工业区。例如，1923年9月1日日本关东大地震，震倒房屋12.8万幢，震后火灾烧毁的房屋44.7万幢；1906年美国旧金山大地震，在震后的3天火灾中，共烧毁521个街区的28 000幢建筑物，使地震时没有倒塌的房屋，又被大火烧成一片废墟；1960年发生在海底的智利大地震，引起海啸灾害，除吞噬了智利中、南部沿海房屋外，海浪还从智利沿海以640 km/h的速度横扫太平洋，22小时之后，高达4 m的海浪又袭击了距智利17 000 km的日本，在日本本州和北海道，海港和码头建筑遭到严重的破坏，甚至连巨船也被抛上陆地；1995年日本阪神大地震，100多万户断电停水，40多万户煤气中断，使整个城市处于瘫痪状态，震后引起的大火烧毁了100万平方米的建筑。又如，2004年12月26日发生在印度尼西亚苏门答腊岛附近250千米海底的近9.0级地震及其引起的海啸，席卷了亚洲八国和远在东非的索马里，高达10米的海浪扑向海岸边的城镇，淹没了街道、房屋，卷走了来不及躲避的人，截至2005年1月1日，造成的死亡人数已接近15万人，经济损失还无法估计。2006年7月17日，印度尼西亚爪哇岛西南海域发生6.8级地震并引发沿岸部分地区海啸，造成668人死亡，1438人受伤，287人失踪，约7.4万人无家可归。2007年1月13日，千岛群岛附近太平洋西北海域发生8.3级地震并引发海啸，造成至少50人死亡，数千人失去家园。2007年4月2日，南太平洋岛国所罗门群岛发生8.1级强烈地震并引发海啸，形成5米高的巨浪，地震和海啸造成至少50人死亡、数千人失去家园。2009年9月29日，萨摩亚群岛附近海域发生8级强烈地震并引发海啸，造成至少184人死亡。2010年2月27日，智利首都圣地亚哥西南320公里的马乌莱附近海域发生里氏8.8级地震，并引发海啸，造成至少500人死亡，数千人失踪，81 444所房屋被彻底损毁，受直接影响的灾民达37.1万人。2011年3月11日，日本东北部海域发生9.0级强烈地震并引发特大海啸，地震和海啸共造成1.5万余人遇难，3 000余人失踪，数十万灾民离开家乡到各地避难；受地震、海啸双重影响，福岛第一核电站4个机组也不同程度受损，导致放射性物质持续外泄。

6.1.5　中国地震的特点

1. 中国的地震灾害

中国是世界上地震灾害最严重的国家之一。中国地震区域广阔而分散，地震频繁而强烈。1556年1月23日陕西华县8级地震，死亡83万余人，这是世界地震历史上死亡人数最多的一次。在20世纪内，震级8级或8级以上强烈地震发生了9次，其中发生在人烟稠密地区的地震，损失惨重。1920年12月16日宁夏海原8.5级地震，死亡20万余人，伤者更多；1976年7月28日河北唐山7.8级地震，死亡24.2万余人。20世纪以来，世界上破坏严重的20次地震中，共死亡人数约101万。其中2次发生在中国，占10%；而死亡人数44.2万余人，占43.76%。20世纪70年代，是世界地震灾害较严重的10年，共死亡人数约41.29万，而中国占63.7%。表6-5列出了20世纪世界上部分强地震中的死亡人数。

表 6-5　20 世纪部分强地震中的死亡人数

年　月　日	地　点	震级	死亡人数	年　月　日	地　点	震级	死亡人数
1905.4.4	克什米尔地区	8.6	1.9 万	1960.5.22	智　利	8.3	海啸使日本 120 人死亡
1906.4.18	美国旧金山	8.3	7 万余	1964.3.28	美国阿拉斯加	7.9	130
1920.12.16	中国海原	8.6	20 余万	1964.6.16	日本新泻	7.4	26
1923.9.1	日本关东	8.3	10 万，另 4 万不明	1970.5.31	秘　鲁	7.7	4 万
1927.3.7	日本丹后	7.9	3 千	1971.2.9	美国加州	6.6	65
1933.3.2	日本三陆冲	8.9	3 千	1972.4.10	伊　朗	7.0	1.7 万
1935.5.30	巴基斯坦	7.5	3 万	1972.12.23	尼加拉瓜马那瓜	6.5	1 万
1939.1.25	智　利	8.3	3 万	1975.2.4	中国海城	7.0	1 300
1939.12.26	土耳其	7.9	2.3 万	1976.7.28	中国唐山	7.8	24.2 万
1946.12.20	日本南海道冲	8.4	千余	1995.1.17	日本神户	7.2	6 000 多
1948.6.28	日本福井	7.3	千余	1997.5.10	伊　朗	7.1	2 400
1952.7.21	美国加州	7.7	10	1999.8.27	土耳其	7.4	1.7 万
1960.2.29	摩洛哥	5.6	1.2 万	1999.9.21	中国台湾	7.6	2 329

进入 21 世纪后，全球地震发生频度较高，下面列出其中破坏性较大的部分地震。

2001 年 1 月 13 日中午 11 时 34 分（当地时间）萨尔瓦多发生 7.6 级地震，震源深度 33 公里。这次 7.6 级地震袭击了萨尔瓦多、危地马拉和墨西哥太平洋沿岸中南美洲三国，波及整个中南美洲。地震造成 900 人死亡，500 人失踪，4 723 人受伤，9 923 套房屋建筑倒塌，26 700 套房屋建筑严重破坏，经济损失逾 10 亿美元。

2001 年 1 月 26 日，印度西部的古加拉特省遭到 7.9 级的强震侵袭，死亡人数超过两万人，另外还有 16 万人受伤。

2001 年 6 月 23 日下午 03 时 33 分（当地时间）秘鲁南部省阿雷帕濒海地区发生 7.9 级地震，震源深度 33 公里。地震造成 115 人死亡，68 人失踪，2 713 人受伤，25 433 座住宅被摧毁，其中包括上千年的古建筑，214 366 人无家可归，损失上千万美元。

2002 年 3 月 3 日 20 时 08 分（北京时间）在阿富汗北部重镇马扎里沙里夫等地发生 7.2 级地震，震源深度 33 公里。地震造成 200 人丧生，大规模山体滑坡埋没 2 个村庄、100 多栋民房和 1 个旅馆，100 幢建筑物倒塌被毁。

2002 年 10 月 10 日上午 10 时 50 分（当地时间）印度尼西亚巴布亚发生 7.5 级地震，震源深度 10 公里。地震造成 32 人死亡，170 人受伤，地震引发洪水，100 多栋房屋倒塌，直接经济损失 0.1 亿美元至 0.5 亿美元。

2003 年 2 月 24 日，中国新疆伽师巴楚发生 6.8 级强烈地震，268 人死亡，4 853 人受伤，其中重伤 2 058 人。直接经济损失十几亿元。

2003 年 5 月 22 日 02 时 44 分（北京时间）阿尔及利亚发生 6.9 级地震，震源深度 9 公里。地震造成 2 273 人死亡，12 000 人受伤，约 10 万人无家可归。150 栋楼房严重破坏，其中 1/3 倒塌，直接经济损失 2.0 亿美元至 3.0 亿美元。

2003 年 12 月 26 日，伊朗东南部克尔曼省巴姆地区发生 6.3 级强烈地震，造成至少 3 万人死亡，5 万多人受伤。地震使位于古丝绸之路的巴姆古城 70%的住宅被夷为平地，有 2 500 多年历史的著名砖体建筑巴姆古城堡基本坍塌。

2003 年 9 月 26 日 04 时 50 分（当地时间）日本北海道东南部海域发生 8.0 级地震，

震源深度 33 公里。地震造成 2 人失踪，500 多人受伤，57 座建筑物毁坏，29 条道路受损，7 艘渔船被海啸颠覆，37 万户人家停电。

2003 年 10 月 25 日 20 时 41 分和 20 时 48 分（北京时间）中国甘肃省西部民乐、山丹间发生 6.1 级和 5.8 级 2 次破坏性地震。地震造成 10 人死亡，45 人受伤，12 056 间房屋倒塌，直接经济损失约人民币 2.418 3 亿元。

2003 年 12 月 1 日 9 时 38 分（北京时间）中国新疆昭苏县发生 6.1 级浅源地震。地震造成 10 人死亡，47 人受伤，其中重伤 23 人，受灾人口 1 067 人；倒塌房屋 702 间，倒塌牲畜棚圈 186 座。

2003 年 12 月 26 日 5 点 28 分（当地时间）伊朗东南部地区发生 6.8 级强烈地震，震源深度 33 km。地震造成 3 万人死亡，7 万多人无家可归。

2004 年 2 月 24 日，摩洛哥北部胡塞马地区发生 6.5 级强烈地震，造成 628 人死亡，926 人受伤，2 539 套房屋倒塌，15 万余人无家可归。

2004 年 10 月 23 日，日本首都东京以北大约 250 公里的新潟地区发生 6.8 级地震，造成 65 人死亡，3 000 多人受伤。

2004 年 12 月 26 日，印度尼西亚苏门答腊岛附近海域发生 9 级强烈地震，引发的海啸波及东南亚和南亚数个国家，造成 30 多万人死亡或失踪，11 个国家的 150 多万人流离失所。

2005 年 3 月 28 日，印度尼西亚苏门答腊岛附近海域发生 8.5 级强烈地震，造成 900 多人死亡。

2005 年 10 月 8 日，巴基斯坦控制的克什米尔地区发生 7.6 级强烈地震，造成 7.3 万多人死亡，数百万人无家可归。

2006 年 5 月 27 日，印度尼西亚日惹和中爪哇地区发生 5.9 级地震，造成至少 600 人死亡，约 2 万人受伤，20 万人无家可归。

2006 年 7 月 17 日，印度尼西亚爪哇岛西南海域发生 7.3 级海底地震及海啸，造成 654 人死亡，329 人失踪，978 人受伤，约 10 万人无家可归。

2007 年 1 月 13 日，千岛群岛附近太平洋西北海域发生 8.3 级地震并引发海啸。

2007 年 3 月 25 日，日本石川县能登半岛附近海域发生 7.1 级地震，造成至少 110 人受伤。

2007 年 4 月 2 日，南太平洋岛国所罗门群岛发生 8 级地震并引发海啸。地震和海啸造成至少两个村落严重受灾，近 20 人死亡，多人失踪。

2007 年 7 月 16 日，日本中部地区发生 6.9 级地震，造成新潟、长野、富山三县 9 人死亡，1 000 多人受伤。

2007 年 8 月 15 日，秘鲁南部发生 7.5 级强烈地震。

2008 年 5 月 12 日，中国四川省汶川县发生 8.0 级特大地震，造成重大人员伤亡和经济损失。受灾最严重的地区是四川省北川、什邡、绵竹、汶川、彭州等地，灾区涉及四川、甘肃、陕西、重庆、云南等地。截至 2008 年 9 月 4 日 12 时，汶川地震已确认 69 226 人遇难，374 643 人受伤，失踪 17 923 人。

2008 年 6 月 14 日，日本东北地区发生 7.2 级地震。

2008 年 9 月 10 日，伊朗南部霍尔木兹甘省发生 6.1 级地震。

2008 年 10 月 5 日，吉尔吉斯斯坦南部吉中边境地区发生 6.8 级地震。

2008 年 10 月 29 日，巴基斯坦西南部俾路支省首府奎达市附近连续发生两次地震，第一次震级为 5.0 级，第二次为 6.5 级。

2008 年 11 月 17 日，印度尼西亚东部科罗达罗省发生 7.7 级强烈地震。

2009 年 1 月 4 日，当地时间 5 时 33 分（北京时间 6 时 33 分），印尼西巴布亚省马诺夸里海域发生 7.6 级强烈地震。

2009 年 1 月 8 日，哥斯达黎加首都圣何塞附近发生 6.2 级地震。

2009 年 2 月 12 日，印度尼西亚北苏拉威西省发生 7.4 级地震。

2009 年 4 月 6 日，当地时间 3 时 32 分（北京时间 9 时 32 分），意大利中部地区发生 5.8 级地震。

2009 年 9 月 30 日，南太平洋岛国萨摩亚和美属萨摩亚群岛附近海域发生 8.0 级地震并引发海啸，造成 184 人遇难。印尼西苏门答腊省附近海域同一天发生 7.6 级地震。

2010 年 1 月 12 日，海地发生里氏 7.3 级地震。海地政府统计的最新数据显示，地震已造成 27 万人死亡。另据联合国统计，有 48 万多人流离失所，370 多万人受灾。

2010 年 2 月 27 日，智利发生里氏 8.8 级地震。

2010 年 4 月 14 日，中国青海省玉树藏族自治州玉树县发生 7.1 级地震，造成 2 698 人遇难，270 人失踪，246 842 人受灾。

2010 年 10 月 25 日，印尼西苏门答腊省明打威群岛附近海域发生里氏 7.2 级地震并引发海啸，造成至少 509 人死亡，21 人失踪，上万居民无家可归。

2011 年 2 月 22 日，新西兰基督城发生 6.3 级地震。

2011 年 3 月 11 日，日本宫城县仙台市外海发生里氏 9.0 级地震并引发海啸，造成重大人员伤亡和财产损失。

2011 年 3 月 24 日，缅甸东北部掸邦境内发生 7.2 级地震。

2011 年 10 月 23 日，土耳其与伊朗边境发生 7.3 级地震。

2012 年 3 月 21 日，墨西哥南部格雷罗州发生里氏 7.4 级地震，震源深度为 10 千米，首都墨西哥城震感明显，造成 500 座房屋受损。

2012 年 4 月 11 日，印度尼西亚苏门答腊附近海域发生 8.5 级强震。

2013 年 4 月 20 日，北京时间 08 时 02 分 46 秒中国四川省雅安市发生 7.0 级强烈地震。

2013 年 9 月 24 日和 28 日在巴基斯坦发生的 7.8 级和 7.2 级地震，为 2013 年死亡人数最多的地震，共造成 522 人死亡，1 000 余人受伤。

2013 年 10 月 15 日，北京时间 8 时 31 分（同当地时间）在菲律宾发生 7.1 级地震，造成 161 人死亡，数百人受伤，不少建筑物包括一些历史悠久的建筑物受损，公路桥梁损坏。

2014 年 4 月 1 日，智利北部城市伊基克西外海 88 公里发生 8.1 级地震，共造成 7 人死亡。

2014 年 7 月 7 日，墨西哥发生 6.9 级地震，地震造成 4 人死亡，近百人受伤，数十栋房屋损毁。

2014 年 8 月 3 日，中国云南省昭通市鲁甸县发生 6.5 级地震。震源深度 12 千米，余震1 335 次。截至 2014 年 8 月 8 日 15 时，地震共造成 617 人死亡，112 人失踪，3 143 人受伤，22.97 万人紧急转移安置。受灾范围 108.84 万人受灾，8.09 万间房屋倒塌。

2015 年 4 月 20 日，中国台湾东部外海发生 6.3 级地震。

2015 年 4 月 25 日，尼泊尔首都加德满都 80 千米以内的区域发生 8.1 级地震，震源深度 20 千米，震后一个月内 4 级以上余震 265 次。截至 2015 年 6 月 11 日，地震至少造成 8 786 人死亡，22 303 人受伤，中国西藏、印度、孟加拉国、不丹等地均出现人员伤亡。

2015 年 5 月 30 日，日本发生 8.5 级地震。

2015 年 10 月 26 日，阿富汗兴都库什发生 7.6 级地震。截至当地时间 2015 年 10 月 27 日晚间，此次强震已经造成 365 人死亡，其中阿富汗境内 115 人死亡，巴基斯坦境内 248 人死亡，印控克什米尔地区 2 人死亡。

2016 年 2 月 6 日，中国台湾高雄市发生 6.7 级地震。台南市消防局发布的最新数据显示，截至 6 日晚上 9 时，台南地区地震死亡人数上升到 14 人。

其中，我国汶川地震损失巨大。由于地震突发性强、现阶段还无法预测，因此应高度重视抗震减灾工作，预防为主，减少地震灾害造成的损失。

2. 中国的地震分布

根据历史地震记录记载，全国除少数省以外，都发生过 6 级以上破坏性地震。根据《中国地震烈度区划图》(1990)，地震基本烈度 6 度及其以上的地区的面积占全部国土面积约 80%（见表 6－6）。在全国 2 329 个县级以上城镇中，位于地震区的占 78%，约有 41%的城市位于基本烈度 7 度及其以上地区，位于基本烈度 8 度或以上城市占 10%（见表 6－7）。根据《中国地震动参数区划图》(GB 18306—2015)，我国 80%以上的城镇位于地震动峰值加速度≥0.05g 的地区。这说明我国地震灾害的潜在危险分布很广，应列群灾之首，防灾任务相当繁重。

表 6－6　中国地震烈度区划图（1990）上各烈度区面积

烈　度	≤Ⅴ	Ⅵ	Ⅶ	Ⅷ	≥Ⅸ
面积/km^2	200 万	361 万	320 万	68 万	9.5 万
占全国总面积百分比/%	21	38	33	7	1

表 6－7　我国 2 329 个城（镇）所属烈度区的统计

烈　度	≤Ⅴ	Ⅵ	Ⅶ	Ⅷ	≥Ⅸ
城（镇）数	519	859	707	204	40

中国的地震活动分布比较复杂和零散，但根据历史地震分布可以看出，它呈条带状分布。图 6－13 是根据中国历史上震级大于 6 级的地震划分的 23 个地震带，其中 5 个较大，台湾地震带（19，图中编号，下同）与西藏南部地震带（9）属于大板块边缘地震带，而北起民勤、中卫（5）至天水、成都、文县、泸定（14）南到滇西（7）和纵贯南北的中枢地震带，西起宝鸡经渭汾河入晋北到山西北部的华北地震带（12，6，4，3，2，11），以及郯城—庐江断裂带（1），均属于板块内地震带。

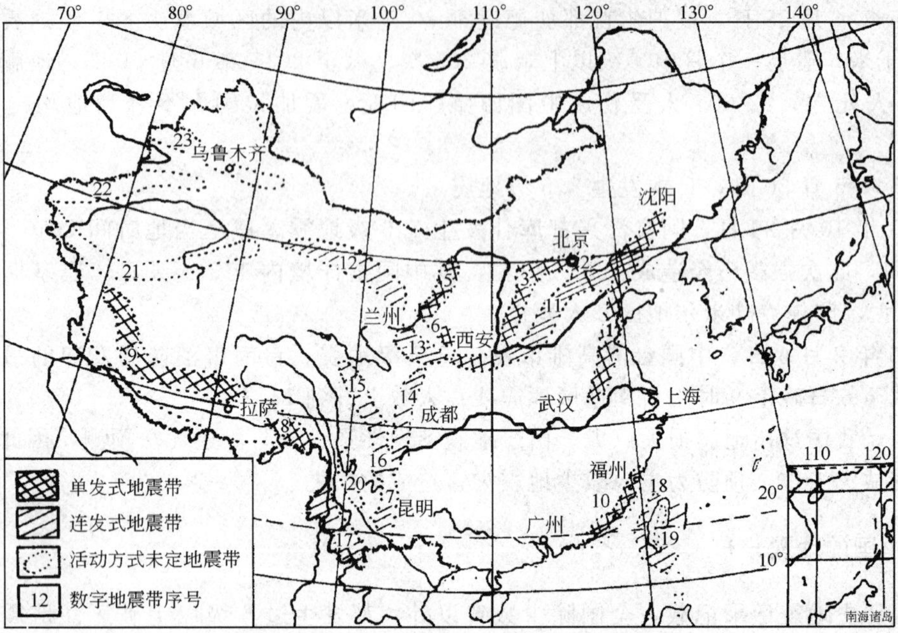

图 6－13　我国地震带分布图

（引自《建筑抗震设计原理》，中国建筑工业出版社，1996）

3. 中国的地震活动性

根据中国近千年的历史地震记录，可以看出各地区地震活动性多具有一个总的规律，即在一定地区内的地震活动过程是一个相对平静的时期——“平静期”和显著活动的时期——“活跃期”互相交替的过程。由一个平静期的开始到下一个活跃期的结束称为一个地震的活动期。这种平静与活跃交替的规律是板块构造运动中地震区带应变能积累和释放的过程，可以用力学的观点来解释。在某一次地震发生后，该处的应变能大部分释放，必须经过一定时期的积累后，才有可能再次发生地震，同一地点的两次地震都是如此，同理，整个地震区带之内的地震群也是如此。

6.2　抗震设计的基本原则

地震造成的灾害是惨重的，教训是深刻的。为了减轻地震灾害，必须大力进行地震预报与地震工程两方面的工作。有了准确的地震预报，人们可以提前采取应对措施，地震预报分为长期、中期、短期和临震预报，一般由政府和地方组织负责。我们主要了解有关地震工程方面的工作。地震工程主要研究任务有 5 个部分：地震危险性分析与地震区划、抗震规范、抗震设计、抗震鉴定加固和抗震救灾。本节主要介绍涉及抗震规范、抗震设计等有关内容。

6.2.1　抗震设防标准

由于地震的发生在时间、空间和强度上是十分复杂的，而且人们对建筑物的破坏机理和过程的认识很不全面，因此多年来各国的抗震规范对建筑物的抗震设防提出了不同的标准。随着人们抗震经验的不断积累，对地震地面运动和结构动力特性理解得不断深入，目前已逐步统一到采用多级设防标准上，即要求建筑物在使用期间内，对不同频度和强度的地震，应具有不同的抵抗能力。

我国的《建筑抗震设计规范》(GB 50011—2010)，根据我国地震的实际情况及抗震设计的传统习惯，提出了可以概括为“小震不坏、中震可修、大震不倒”的三水准抗震设防目标，具体描述如下所述。

第一水准：当遭受低于本地区设防烈度的多遇地震（或称小震）影响时，建筑物一般不受损坏或不需修理可继续使用。一方面要使结构处于弹性工作阶段；另一方面还须限制层间位移（对普通房屋）和避免设备破坏，即须保持必要的刚度。

第二水准：当遭受相当于本地区抗震设防烈度的地震影响时，建筑物可能损坏，经一般修理或不经修理仍可继续使用。

第三水准：当遭受高于本地区抗震设防烈度预估的罕遇地震（或称大震）影响时，建筑物不致倒塌或发生危及生命的严重破坏。

所谓小震，即为发生频度较高、强度较低的地震。《建筑抗震设计规范》(GB 50011—2010）所采用的小震烈度（又称为众值烈度）是在 50 年设计基准期内，超越概率为 63.2%的地震烈度，即指超过该烈度的地震出现的可能性在全部地震中所占比例为 63.2%，它比基本烈度约低 1.55 度。

中震烈度即为基本烈度，是在 50 年设计基准期内，超越概率为 10%的地震烈度。

大震指的是发生概率极小的罕遇地震，相应的大震烈度是在 50 年设计基准期内，超越概率为 2%～3%的地震烈度，它比基本烈度高 1 度左右，为小概率事件。

根据地震危险性分析，一般认为，我国烈度的概率密度函数符合极值Ⅲ型分布。图 6－14给出了在 50 年设计基准期内从超越概率上，小震、中震和大震烈度的区别。小震、中震和大震烈度相应的重现期分别为 50、475 和 2 000 年。

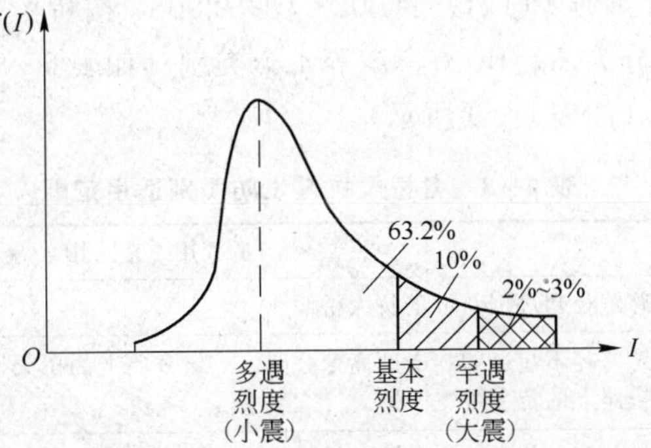

图 6－14　烈度概率密度函数

在进行建筑抗震设计时，应根据建筑物的重要性不同，采用不同的抗震设防标准。《建筑抗震设计规范》(GB 50011—2010) 将建筑物根据其使用功能的重要性，分为 4 类：

甲类建筑——属于重大建筑工程和地震时可能发生严重次生灾害的建筑；

乙类建筑——属于地震时使用功能不能中断或需尽快恢复的建筑；

丙类建筑——属于除甲、乙、丁类以外的一般建筑；

丁类建筑——属于抗震次要建筑。

《建筑抗震设计规范》(GB 50011—2010) 强调，建筑抗震设防类别的划分，应符合国家标准《建筑工程抗震设防分类标准》(GB 50223—2008) 的规定。

各抗震设防类别建筑的抗震设防标准，应符合下列要求。

对于甲类建筑，地震作用应高于本地区抗震设防烈度的要求，其值应按批准的地震安全性评价结果确定；抗震措施，当抗震设防烈度为 6～8 度时，应符合本地区抗震设防烈度提高 1 度的要求，当为 9 度时，应符合比 9 度抗震设防更高的要求。

对于乙类建筑，地震作用符合本地区抗震设防烈度的要求，其值应按批准的地震安全性评价结果确定；抗震措施，一般情况下，当抗震设防烈度为 6～8 度时，应符合本地区抗震设防烈度提高 1 度的要求，当为 9 度时，应符合比 9 度抗震设防更高的要求；地基基础的抗震措施，应符合有关规定。对较小的乙类建筑，当其结构改用抗震性能较好的结构类型时，应允许仍按本地区抗震设防烈度的要求采取抗震措施。

对于丙类建筑，地震作用和抗震措施均应符合本地区抗震设防烈度的要求。

对于丁类建筑，一般情况下，地震作用仍应符合本地区抗震设防烈度的要求。抗震措施应允许比本地区抗震设防烈度的要求适当降低，但抗震设防烈度为 6 度时不应降低。

《铁路工程抗震设计规范》(GB 50111—2006) (2009 年版) 规定了铁路工程构筑物应达到的 3 个抗震性能标准。

性能标准Ⅰ：地震后不损坏或轻微损坏，能够保持其正常使用功能；结构处于弹性阶段工作。

性能标准Ⅱ：地震后可能损坏，经修补，短期内能恢复其正常使用功能；结构整体处于非弹性工作阶段。

性能标准Ⅲ：地震可能产生较大破坏，但不出现整体倒塌，经抢修后可限速通车；结构处于弹塑性工作阶段。

《公路桥梁抗震设计细则》(JTG/T B02—01—2008) 按桥梁重要性和修复的难易程度将桥梁抗震设防类别划分为 A、B、C、D 等 4 个类别（如表 6-8 所示)，不同类别桥梁的抗震设防目标区别对待（如表 6-9 所示)。

表 6-8 各桥梁抗震设防类别适用范围

桥梁抗震设防类别	适用范围
A类	单跨跨径超过 150 m 的特大桥
B类	单跨跨径不超过 150 m 的高速公路、一级公路上的桥梁，单跨跨径不超过 150 m 的二级公路上的特大桥、大桥
C类	二级公路上的中桥、小桥，单跨跨径不超过 150 m 的三、四级公路上的特大桥、大桥
D类	三、四级公路上的中桥、小桥

表 6-9　各设防类别桥梁的抗震设防目标

桥梁抗震设防类别	设防目标	
	E1 地震作用	E2 地震作用
A类	一般不受损坏或不需修复可继续使用	可发生局部轻微损伤，不需修复或经简单修复可继续使用
B类	一般不受损坏或不需修复可继续使用	应保证不致倒塌或产生严重结构损伤，经临时加固后可供维持应急交通使用
C类	一般不受损坏或不需修复可继续使用	应保证不致倒塌或产生严重结构损伤，经临时加固后可供维持应急交通使用
D类	一般不受损坏或不需修复可继续使用	

规范按地震重现期的不同将设计地震划分为 E1 地震和 E2 地震，分别对应两个水平的抗震设防标准，且不同类别的桥梁对应的 E1 地震和 E2 地震的重现期的长短不同。对于 B、C 类桥梁 E1 地震的重现期为 50～100 年，E2 地震的重现期约为 2000 年。D 类桥梁由于抗震重要性较低，还是按一级设防标准进行抗震设计。另外，近几十年来，震害经验、试验研究及理论分析均表明变形能力和耗能能力不足是结构在大震作用下倒塌的主要原因，规范通过延性设计保证结构在罕遇地震作用下的变形能力。

《城市轨道交通结构抗震设计规范》（GB 50909—2014）规定，城市轨道交通结构应划分为以下三个抗震设防类别。

（1）特殊设防类：在城市轨道交通网络中占关键地位、承担交通量大的大跨度桥梁和车站的主体结构。

（2）重点设防类：除特殊设防类以外的高架区间结构、高架车站主体结构、区间隧道结构和地下车站主体结构。

（3）标准设防类：除特殊设防类、重点设防类以外的其他轨道交通结构。

各抗震设防类别结构的抗震设防标准，应符合下列要求。

（1）标准设防类：抗震措施应按本地区抗震设防烈度确定，地震作用应按《中国地震动参数区划图》规定的本地区抗震设防要求确定。

（2）重点设防类：抗震措施应按本地区抗震设防烈度提高一度的要求确定；但抗震设防烈度为 9 度时应按比 9 度更高的要求采取抗震措施；地震作用应按《中国地震动参数区划图》规定的本地区抗震设防要求确定；对进行过工程场地地震安全性评价的，应采用经国务院地震工作主管部门批准的建设工程的抗震设防要求确定，但不应低于本地区抗震设防要求确定的地震作用。

（3）特殊设防类：抗震措施应按本地区抗震设防烈度提高一度的要求确定；但抗震设防烈度为 9 度时应按比 9 度更高的要求采取抗震措施；地震作用应按国务院地震工作主管部门批准的建设工程的抗震设防要求且高于本地区抗震设防要求确定。

城市轨道交通结构的抗震性能要求应分成以下三个等级。

（1）性能要求Ⅰ：地震后不破坏或轻微破坏，应能够保持其正常使用功能；结构处于弹性工作阶段；不应因结构的变形导致轨道的过大变形而影响行车安全。

（2）性能要求Ⅱ：地震后可能破坏，经修补，短期内应能恢复其正常使用功能；结构局部进入弹塑性工作阶段。

（3）性能要求Ⅲ：地震后可能产生较大破坏，但不应出现局部或整体倒毁，结构处于弹塑性工作阶段。

6.2.2 抗震设计方法

《建筑抗震设计规范》（GB 50011—2010）根据其抗震设防目标的要求，在第一水准时，结构应处于弹性工作阶段。因此，可以采用线弹性动力理论进行建筑结构地震反应分析，以满足强度要求，在第二和第三水准时，结构已进入弹塑性工作阶段，主要依靠其变形和吸能能力来抗御地震。在此阶段，应控制建筑结构的层间弹塑性变形，以避免产生不易修复的变形（第二水准要求）或避免倒塌和危及生命的严重破坏（第三水准要求），因此应对建筑结构进行变形验算。

在具体进行建筑结构的抗震设计时，为简化计算，《建筑抗震设计规范》（GB 50011—2010）提出了两阶段设计方法。

1）第一阶段设计

首先按众值烈度（相当于小震）的地震动参数，用弹性反应谱法求出结构在弹性状态下的地震作用效应，然后与其他荷载效应按一定的组合原则进行组合，对构件截面进行抗震设计或验算，以保证必要的强度；再验算在小震作用下结构的弹性变形。这一阶段的设计，对应于结构正常使用极限状态，用以满足第一水准的抗震设防要求。

2）第二阶段设计

在大震作用下，验算结构薄弱部位的弹塑性变形，并采取相应的构造措施。这一阶段的设计，对应于结构承载能力极限状态，用以满足第三水准的抗震设防要求。对绝大多数建筑结构来说，不需要进行第二水准的抗震设计，仅对少部分特别重要的或存在薄弱部位的建筑结构，才需要做第二水准的抗震设计。

《铁路工程抗震设计规范》（GB 50111—2006）（2009 年版）规定了与 3 个抗震性能标准对应的构筑物的设防目标及分析方法，如表 6-10 所示。

表 6-10　铁路工程构筑物设防目标及分析方法

地震震动水准	多遇地震	设计地震	罕遇地震
设计方法	1 桥梁进行强度、变形和稳定性验算 2 分析方法 一般桥梁：反应谱法 重点桥梁、技术复杂及新结构桥梁：反应谱法、时程分析法	1 路基、挡土墙、隧道、桥台：按静力法进行强度、变形和稳定性验算 2 按静力法验算桥梁上、下部结构连接构造的安全 3 加强桥墩基顶处箍筋布置及设置防止落梁措施	1 桥梁进行最大位移分析，并对桥墩进行延性设计 2 设计方法 一般桥梁：钢筋混凝土桥墩按简化方法进行延性验算 重点桥梁、技术复杂及新结构桥梁：做非线性时程反应分析
结构反应及工程设防标准	结构处于弹性工作阶段，抗震性能应达到标准Ⅰ	结构整体进入非弹性工作阶段，抗震性能应达到标准Ⅱ	结构进入弹塑性工作阶段，抗震性能应达到标准Ⅲ

《公路桥梁抗震设计细则》（JTG/T B02—01—2008）也提出了两阶段设计方法。第一阶段的抗震设计采用弹性抗震设计；第二阶段的抗震设计采用延性抗震设计方法，并引入能力保护设计原则。通过第一阶段的抗震设计，即对应 E1 地震作用的抗震设计，保证结构有足够的承载能力；而对发生概率较低的高水准 E2 地震应用弹塑性设计方法验算屈服后强度和变形，保证桥梁结构位移和变形小于规定的容许值。通过第二阶段的抗震设

计，来保证结构具有足够的延性能力。另外，通过引入能力保护设计原则，确保塑性铰只在选定的位置出现，并且不出现剪切破坏等破坏模式。通过抗震构造措施设计，确保结构具有足够的位移能力。

《城市轨道交通结构抗震设计规范》（GB 50909—2014）规定，抗震设计中地震反应的计算方法宜按表 6－11 采用。

表 6－11　地震反应计算方法

<table>
<tr><th>结构构件</th><th>抗震设防类别</th><th>性能要求</th><th colspan="2">设计计算方法</th></tr>
<tr><td rowspan="5">高架区间结构</td><td rowspan="2">特殊设防类</td><td>Ⅰ</td><td colspan="2">线性反应谱方法</td></tr>
<tr><td>Ⅱ</td><td colspan="2">非线性时程分析方法</td></tr>
<tr><td rowspan="3">重点设防类、
标准设防类</td><td>Ⅰ</td><td colspan="2">线性反应谱方法</td></tr>
<tr><td>Ⅱ</td><td colspan="2">振动特性简单的结构：弹塑性反应谱方法</td></tr>
<tr><td>Ⅲ</td><td colspan="2">振动特性复杂的结构：非线性时程分析方法</td></tr>
<tr><td rowspan="3">高架车站结构</td><td rowspan="3">重点设防类、
标准设防类</td><td>Ⅰ</td><td colspan="2">线性反应谱方法</td></tr>
<tr><td>Ⅱ</td><td colspan="2" rowspan="2">振动特性简单的结构：弹塑性反应谱方法
振动特性复杂的结构：非线性时程分析方法</td></tr>
<tr><td>Ⅲ</td></tr>
<tr><td rowspan="3">地下车站结构</td><td>特殊设防类</td><td>Ⅰ</td><td>反应位移法
反应加速度法
弹性时程分析方法</td><td rowspan="5">需要考虑土层非线性
时应采用非线性分析方法</td></tr>
<tr><td rowspan="2">重点设防类、
标准设防类</td><td>Ⅰ</td><td>反应位移法
反应加速度法</td></tr>
<tr><td>Ⅱ</td><td>反应加速度法
弹性时程分析方法</td></tr>
<tr><td rowspan="2">区间隧道结构</td><td rowspan="2">重点设防类</td><td>Ⅰ</td><td>反应位移法
反应加速度法</td></tr>
<tr><td>Ⅱ</td><td>反应加速度法
弹性时程分析方法</td></tr>
</table>

6.2.3　抗震概念设计

一般说来，抗震设计要求设计出来的结构在强度、刚度、延性变形和吸能能力等方面有一种最佳的选择，使其能够经济地达到设防目标要求。但到目前为止，人们对地震及结构地震反应的许多规律未完全认识；抗震设计计算方法还不够完善。因此，要精确地进行结构抗震计算是困难的，而且是不可能的。多年来，人们在总结历次大地震灾害的经验中逐渐发现，一个合理的结构抗震设计，需要建筑师和结构工程师的密切配合，不能仅仅依赖于“计算设计”，而在很大程度上取决于良好的“概念设计”，后者往往更重要。

所谓“概念设计”(conceptual design)，就是指正确地处理总体方案、材料使用和细部构造等，着眼于结构总体地震反应，以达到合理的抗震设计的目的。

由于抗震设计涉及许多不确定性因素，因此正确地掌握概念设计，有助于设计工程师明确抗震设计思想，恰当、灵活地运用抗震设计原则，使其不至于盲目地仅仅陷入数值计算中，从而做到比较合理地进行抗震设计。

根据近年来地震灾害的经验教训和理论认识，工程抗震的研究人员和设计人员一致认为，《建筑抗震设计规范》(GB 50011—2010) 也规定，抗震设计应尽可能遵循以下一些基本原则。

1. 场地选择

(1) 宜选择对建筑抗震有利地段，如稳定基岩，坚硬土，开阔、平坦、密实、均匀的中硬场地土等地段。

(2) 避开对建筑抗震不利地段，如软弱土，液化土，条状突出的山嘴，非岩质的陡坡，高耸孤立的山丘，河岸和边坡的边缘，场地土在平面分布上的成因、岩性、状态明显不均匀的土层（如古河道、疏松的断层破碎带、暗埋的塘滨沟谷及半填半挖地基等）等地段。当无法避开时，应采取适当的抗震措施。

(3) 严禁在危险地段建造甲、乙类建筑，不应建造丙类建筑。对建筑抗震危险地段，一般指地震时可能发生滑坡、崩塌、地陷、地裂、泥石流等地段，以及发震断裂带上可能发生地表错位的地段。

(4) 在不同场地类别上的各类建筑的抗震构造措施的调整要求详见《建筑抗震设计规范》(GB 50011—2010) 根据四川汶川地震经验教训，对此进行了修订补充。

2. 地基和基础设计

(1) 同一结构单元不宜设置在性质截然不同的地基土上，也不宜部分采用天然地基，部分采用桩基。

(2) 当地基有软弱黏土、液化土、新近填土或严重不均匀土层时，应估计地震时地基不均匀沉降或其他不利影响，并应采取相应措施。

3. 建筑和结构的布局

无论在建筑平面上或立面上，应力求使质量、刚度、延性等均匀、对称、规整，避免突然变化，如在建筑平面上呈 L 形、T 形、H 形、Y 形和附加的结构物，容易加大扭转振动、局部振动或空间振动；在立面上的屋顶小屋、平面呈阶梯性向上收缩或柔弱的底层，常引起过大的局部振动和应力与变形的集中，多层房屋中延性不均匀或迅速突变常常引起很大的非线性变形集中而导致严重破坏，甚至倒塌。

建筑的防震缝应根据建筑的类型、结构体系和建筑形状等具体情况的实际需要设置。当建筑体型复杂而又不设防震缝时，应选用符合实际的空间结构计算模型，进行较精细的抗震分析，估计其局部应力和变形集中及扭转影响，判明其易损部位，采取措施提高抗震能力；当设置防震缝时，应将建筑分成规则的结构单元。防震缝应根据烈度、场地类别、房屋类型等留有足够的宽度，其两侧的上部结构应完全分开。

伸缩缝、沉降缝应符合防震缝的要求。

4. 抗震结构体系的选择

抗震结构体系是抗震设计应考虑的最关键问题，应根据建筑的抗震设防类别、抗震设防烈度、建筑高度、场地条件、地基、结构材料和施工等因素，经过技术、经济和使用条件综合比较确定。

在选择建筑结构体系时，应符合下列各项要求：

(1) 应具有明确的计算简图和合理的地震作用传递途径；

(2) 宜有多道抗震防线，应避免因部分结构或构件破坏而导致整个体系丧失抗震能力或对重力荷载的承载能力。因此，超静定结构优于同种类型的静定结构；

(3) 应具备必要的抗震承载力、良好的变形能力和消耗地震能量的能力；

(4) 宜具有合理的刚度和抗震承载力分布，避免因局部削弱或突变形成薄弱部位，产生过大的应力集中或塑性变形集中，对可能出现的薄弱部位应采取措施提高抗震能力；

(5) 结构在两个主轴方向的动力特性宜相近。

在选择抗震结构的构件时，应符合下列要求：

(1) 砌体结构构件，应按规定设置钢筋混凝土圈梁、构造柱、芯柱（指在中小砌块墙体中，在砌块孔内浇筑钢筋混凝土所形成的柱）或采用配筋砌体和组合砌体柱等，以改善变形能力；

(2) 混凝土结构构件，应合理地选择尺寸、配置纵向钢筋和箍筋，避免剪切先于弯曲破坏，混凝土压溃先于钢筋屈服、钢筋锚固粘结先于构件破坏；

(3) 预应力混凝土的抗侧力构件，应配有足够的非预应力钢筋；

(4) 钢结构构件，应合理控制尺寸，避免局部或整个构件失稳。

抗震结构各构件之间的连接，应符合下列要求：

(1) 构件节点的破坏，不应先于其连接构件；

(2) 预埋件的锚固破坏，不应先于连接构件；

(3) 装配式结构构件的连接，应能保证结构的整体性；

(4) 预应力混凝土构件的预应力钢筋，宜在节点核心区以外锚固。

另外，装配式单层厂房的抗震支撑系统应能保证地震时结构稳定。

5. 非结构构件

非结构构件，一般不属于主体结构的一部分，是非承重结构。抗震设计时，往往易被忽视。但从地震灾害看，如果非结构构件处理不好，可能会倒塌伤人、砸坏设备、损坏主体结构。特别是装修占很大比例的现代建筑，非结构构件的破坏，影响更大。因此，近年来非结构构件的抗震问题，已引起了更大的重视。

非结构构件主要有下列 4 种类型。

(1) 附属构件，如女儿墙、雨篷、厂房高低跨封墙等。这类构件的抗震措施是加强本身的整体性，并与主体结构有可靠的连接或锚固，防止倒塌伤人。

(2) 装饰物，如建筑幕墙、贴面、装饰、吊顶和悬吊重物等。这类构件的抗震措施是加强同墙体结构的连接。对重要的贴面和装饰，要采用柔性连接，即主体结构变形，不致损坏贴面和装饰。应防止吊顶塌落伤人和避免贴镶及悬吊较重的装饰物，当不可避免时应有可靠的防护措施。

(3) 非结构墙体，如围护墙、内隔墙和框架填充墙等。应考虑这类构件对结构抗震的不利影响或有利影响，应避免不合理的设置而导致主体结构的破坏。如框架或厂房柱间填充墙不到顶，使这些柱子形成短柱，地震时这些短柱极易发生脆性破坏。

(4) 安装在建筑上的附属机械、电气设备系统的支座和连接，应符合地震时使用功能的要求，且不应导致相关部件的损坏。

6. 材料的选择与施工质量

抗震结构在材料选用、施工质量、材料的代用上有其特殊要求，应予以重视。

结构材料的性能指标，应符合下列最低要求。

(1) 黏土砖的强度等级不应低于 MU10，砖砌体的砂浆强度等级不宜低于 M5。

(2) 混凝土砌块的强度等级，小型空心砌块不宜低于 MU7.5，砌块砌体的砂浆强度等级不宜低于 M7.5。

(3) 混凝土强度等级，框支梁、框支柱及抗震等级为一级的框架梁、柱的节点核芯区不宜低于 C30，构造柱、芯柱、圈梁及其他各类构件不应低于 C20。

(4) 钢筋的强度等级，普通钢筋应优先采用延性、韧性和可焊性较好的钢筋；普通钢筋的强度等级，纵向受力钢筋宜选用符合抗震性能指标的 HRB400 级热轧钢筋，也可采用符合抗震性能指标的 HRB335 级热轨钢筋，箍筋宜选用符合抗震性能指标的 HRB335、HRB400 和 HPB235 级热轧钢筋。抗震等级为一级、二级的框架结构，其纵向受力钢筋采用普通钢筋时，钢筋的抗拉强度实测值与屈服强度实测值的比值不应小于 1.25，且钢筋的屈服强度实测值与强度标准值的比值不应大于 1.3。

(5) 钢结构钢材的等级，钢材宜采用 Q235 等级 B，C，D 的碳素结构钢及 Q345 等级 B，C，D，E 的低合金高强度结构钢；当有可靠依据时，尚可采用其他钢种和钢号。钢材的抗拉强度实测值与屈服强度实测值的比值不应小于 1.2；钢材应有明显的屈服台阶，且伸长率应大于 20%；钢材应有良好的可焊性和合格的冲击韧性。

规范强调，混凝土结构的混凝土强度等级，9 度设防时不宜超过 C60，8 度设防时不宜超过 C70。

抗震结构的施工应符合下列要求。

(1) 当需要以强度等级较高的钢筋替代原设计中的纵向受力钢筋时，应按照钢筋受拉承载力设计值相等的原则换算，并应满足最小配筋率、抗裂验算等要求。

(2) 采用焊接连接的钢结构，当钢板厚不小于 40 mm 且承受沿板厚方向的拉力时，受拉试件板厚方向截面收缩率，不应小于国家标准《厚度方向性能钢板》(GB/T 5313—2010) 关于 Z15 级规定的允许值。

(3) 钢筋混凝土构造柱、芯柱和底部框架-抗震墙砖房中砖抗震墙的施工，应先砌墙后浇构造柱、芯柱和框架梁柱。

《铁路工程抗震设计规范》(GB 50111—2006) (2009 年版) 规定，铁路工程的抗震设计方案，应符合下列原则。

(1) 线路应选择在设防烈度较低和对抗震有利的地段通过。

(2) 构筑物体形简单、受力明确、自重轻、刚度和质量匀称、重心低。

(3) 采用有利于提高结构整体性的连接方式。

(4) 条件允许时，可采用隔震、耗能装置，减小构筑物的地震反应。

(5) 采用技术先进、经济合理、便于修复加固的抗震措施。

(6) 采用对抗震有利的延性结构或材料。

(7) 对非岩石地基，尤其是砂土液化地区，应对基础采取加强措施。

《公路桥梁抗震设计细则》(JTG/T B02—01—2008) 规定，抗震概念设计即根据地震灾害和工程经验等归纳的基本设计原则和设计思想，进行桥梁结构总体布置、确定细部构造的过程。该规范还对特殊桥梁的抗震概念设计做了如下规定。

(1) 应尽量采用对称的结构形式，上、下部结构之间的连接构造应尽量均匀对称。

(2) 建在抗震设防烈度 8 度、9 度地区的斜拉桥宜优先考虑漂浮体系方案；如漂浮体系导致梁端位移过大，宜采用塔、梁弹性约束或阻尼约束体系。

(3) 建在抗震设防烈度 8 度、9 度地区的大跨径拱桥，主拱圈宜采用抗扭刚度较大、整体性较好的断面形式。当采用钢筋混凝土肋拱时，必须加强横向联系。

(4) 建在抗震设防烈度 8 度、9 度地区的下承式拱桥和中承式拱桥应设置风撑，应加强端横梁刚度。

(5) 主要承重结构（塔、墩及拱桥主拱）宜选择有利于提高延性变形能力的结构形式和材料，避免发生脆性破坏。

《城市轨道交通结构抗震设计规范》（GB 50909—2014）规定，城市轨道交通结构构件、基础和支座的抗震性能等级宜按下列要求划分：

(1) 构件的性能等级宜划分为 3 级。

- 1 级性能等级要求：无需维修，无影响行车安全的位移。
- 2 级性能等级要求：可修复的损伤。
- 3 级性能等级要求：更换新构件。

(2) 基础的性能等级宜划分为 3 级。

- 1 级性能等级要求：震后列车正常行驶。
- 2 级性能等级要求：震后列车可慢行。
- 3 级性能等级要求：经维修加固后仍可以继续使用。

(3) 支座抗震性能等级宜划分为 2 级。

- 1 级性能等级要求：支座可以保持正常功能、无需更换。
- 2 级性能等级要求：支座破坏、更换。

构件、基础和支座的性能等级与结构抗震性能的关系应符合下列规定。

(1) 性能要求Ⅰ：构件、基础和支座的性能等级要求为 1。

(2) 性能要求Ⅱ：构件、基础的性能等级要求不低于 2，但以下一些极为重要或极不易维修的构件，宜尽可能降低损伤程度，偏于保守地满足构件性能等级 2 的要求。

- 特殊设防类结构的主要受力构件，如特大桥的基础、桥塔、主拱圈等；
- 隧道的侧壁等外侧与土相接的构件；
- 直接支承轨道结构的构件。

(3) 性能要求Ⅲ：构件、基础的性能等级要求不低于 3。

(4) 对于性能要求Ⅱ或Ⅲ，下部具有较好延性的结构，支座的性能等级要求可为 1；下部延性较差的结构，支座的性能等级要求可为 2。

6.2.4　抗震设计规范的改革思路

1. 抗震设防思想的改进

目前世界各国的传统抗震设计理论大多采用多级设计的思想，如“小震不坏、中震可修、大震不倒。”依照此设计思想设计的结构在遇到破坏性地震时，允许出现一定的弹塑性变形，但主体结构不能倒塌，确保生命安全，而没有考虑到如何减小经济损失，如小震或中等强度地震时结构、特别是非结构构件的破坏，因此这种设计理论实质是以生命安全为单一设防目标的抗震设计理论。近十几年来发生的几次中等强度的地震，如1989年美国 Loma Prieta M7.1级地震、1994美国 Northridge M6.7级地震和1995日本阪神 M7.1级地震中，地震伤亡人数都较少，但经济损失非常巨大，这就说明了以生命安全为单一设防目标是远远不够的，因此20世纪90年代美国学者提出了基于性能的抗震设计（performance based seismic design，PBSD）新概念，一经提出就引起了世界各国地震工作者的广泛重视，经过一系列的研究工作，在美国、日本等国家率先纳入规范。

基于性能的抗震设计方法主要包括基于位移的抗震设计方法（displacement based seismic design，DBSD）、综合设计法（comprehensive design approach）、能力设计法（capability design method，COM）、基于性能的可靠度设计法、基于损伤性能的设计方法等。与传统基于力的抗震设计方法不同，它把生命安全和财产损失综合考虑，使“多级设防”更加具体化，采用“投资—效益”分析得到最优方案；在具体设计方面强调“个性”设计，即对业主和社会来讲可以按实际需要和投资能力选择设防目标，对设计者可以有更多的主动性和灵活性选择来满足业主或社会对目标的要求，如可以选择结构控制技术及新型材料等，有利于技术革新；按选定的目标设计，使结构在未来地震中有预期的抗震能力，而不是传统的“设计完成后再验算抗震能力”。

我国在国际上基于性能的抗震设计概念提出不久也开展了此方面的研究，2004年8月由中国地震局工程力学研究所谢礼立院士主编了《建筑工程抗震性态设计通则》（试用）（CECS 160：2004），提出了抗震性态设计的概念，阐述了抗震性态设计的基本原理、原则和方法，但还没有作为规范系统地采用，还需要更为细致的研究。2014年发布的《城市轨道交通结构抗震设计规范》（GB 50909—2014）部分采用了基于性能的抗震设计方法。

2. 减隔震技术的应用

应用结构振动控制方法减小结构的地震反应是目前非常活跃的研究课题，它是通过减震、隔震装置来消耗地震能量，同时阻止振动在结构上的传播，或者施加外部能量以抵消地震作用对结构的影响。有被动控制（不需要外界能量）、主动控制（需要外界能量）、混合控制（主动、被动结合）3种控制方法。目前，被动控制方法如隔震、阻尼减震的研究已趋向成熟，《建筑抗震设计规范》（GB 50011—2010）已经加入了“隔震和消能减震”的内容；《铁路工程抗震设计规范》（GB 50111—2006）（2009年版）规定，位于地震区的桥梁，其上部结构应采取防止落梁、设置挡块等抗震措施；有条件时可采用铅芯橡胶支座或其他减震、耗能装置，以减小梁部的地震作用；《公路桥梁抗震设计细则》（JTG/T B02—01—2008）的第十章增加了“桥梁减隔震设计”的内容，给出了桥梁减隔震设计的原则。《城市轨道交通结构抗震设计规范》（GB 50909—2014）的“基本要求”章节提出了“减震设计”的内容。通过模型试验和部分实际工程的检验，主动控制和混合控制减震效果显著，是今后发展的方向。

3. 基于概率的抗震设计方法

地震发生的时间、地点、强度大小都具有很强的随机性，地震预测是世界范围的技术难题，因此对地震灾害进行风险分析，特别是对土木工程结构进行地震易损性分析就成为当前工程中主要的防灾减灾措施。

由于结构能力和地震作用下结构需求的不确定性，使得研究结构的抗震性能应当采用概率的方法进行。在用概率方法研究地震作用下结构性能的进程中，美国太平洋地震工程研究中心（pacific earthquake engineering research center，PEER）在第一代基于性能抗震设计方法的基础上，于 2000 年提出了基于性能的抗震设计和评估的概率法基本框架，该框架的目的是把基于性能地震工程这个复杂的问题，在全概率理论的基础上分割成为地震危险性分析、结构的地震响应分析、破坏分析和损失分析 4 个主要的步骤，并假设性能评估的构成能被当作在参数之间的条件概率是独立的和离散的 Markov 过程，使之能够在严格的和一致的状态中研究与求解，是一种有很好应用前景的基于性能地震工程方法，一经提出就收到了广大地震工作者的重视，现已成为地震工程领域的热点研究课题。

思考题与习题

1. 什么是地震震级和地震烈度？地震烈度主要与哪些因素有关？

2. 什么是基本烈度？什么是设防烈度？二者之间有何联系？

3. 地震破坏分为哪几类？

4. 什么是小震烈度和大震烈度？

5. 简述《建筑抗震设计规范》(GB 50011—2010) “三水准” 的设防目标，并分析铁路和公路桥梁抗震设防目标与建筑结构的区别。

6. 什么是两阶段设计方法？简述其设计步骤。

7. 什么是“概念设计”？

第 7 章　场地、地基和基础

工程结构的破坏是地震地面运动输入到结构体系中，使结构体系产生动力响应的结果。因此，本章分析了地震地面运动的特性，介绍了建筑场地对地震地面运动的影响。以我国现行的《建筑抗震设计规范》（GB 50011—2010）、《铁路工程抗震设计规范》（GB 50111—2006）（2009 年版）、《公路桥梁抗震设计细则》（JTG/T B02—01—2008）、《城市轨道交通结构抗震设计规范》（GB 50909—2014）等规范为依据，介绍场地的划分原则、地基基础的抗震验算方法、软弱地基处理等内容。

7.1　地震地面运动特性

地震地面运动，也称为地震动，是由震源释放出来的地震波引起的地表附近土层的振动。它通常是用建筑所在场地某一点的水平（两个方向）、竖向，有时还有因扭转而同时产生的加速度 $a(t)$、速度 $v(t)$ 和位移 $u(t)$，以及扭转时的角加速度、角速度和角位移表示。同一场地中，同一地震引起的不同点的地震动是相互关联的。在结构抗震设计中，一般仅考虑对结构有影响并且震动强烈的地震动，它可以用强震仪测得。强震仪通常可测得所在处（点）的加速度时程曲线，也称为地震记录。

7.1.1　地震记录

人们对地震的认识，首先来自地震时的宏观现象，并导出了地震烈度这样的概念；随后就用地震仪对地震时质点的地震动进行观测，得出地震记录。地震记录促进了地震波动理论的发展和对震源与地球构造的了解，同时也为工程抗震的研究提供了宝贵资料。

1. 地震记录

世界上最早的地震仪是我国古代科学家张衡于公元 132 年所首创，并于 138 年成功地记录了一次远震，开创了人类用仪器观测地震的先例。近代地震仪则是在 18 世纪后期才开始使用的。在工程抗震领域，地震时测量的地面运动是加速度记录，因为它与结构地震惯性力密切相关，是结构设计最重要和最基本的地震参数。图 7 - 1 示出了某次地震时典型的三分量加速度记录（南北、上下和东西分量），它们包含了地震波的各种成分。

从世界范围内看，到目前为止已取得了几千条有用的地震加速度记录。这些记录在工程抗震中起到了十分重要的作用。如世界各国抗震规范中的反应谱，就是用地震加速度记录计算、统计得到的；在工程结构的抗震设计、结构地震反应分析和抗震结构试验中，这些记录提供了地震地面运动输入等资料。

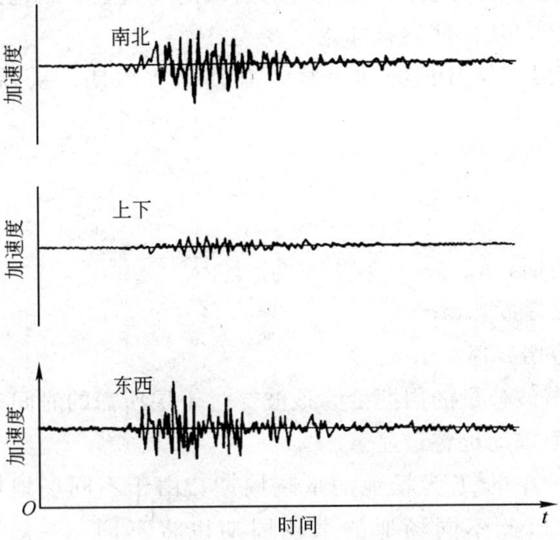

图 7-1　典型的强震加速度三分量记录

2. 地震地面运动特性

图 7-1 的地震记录表面看来没有任何规律，但如果用数学方法对其进行分析和计算，可以得出描述地震动的 3 个要素：地震动的振幅、频谱和持续时间。这 3 个要素的不同组合决定着工程结构的安全与否。

1）振幅

人们首先认识到地震动振幅对结构反应的重要性，认为最大加速度可以作为地震动强弱的标志。采用这种单因素（最大加速度）作为地震动强弱标志的思想，其特点在于把地震动看成是一个简单的物理量。

2）频谱

随着认识的深入，特别是强震加速度记录的积累，人们明确认识到地震动频谱的重要性，因为地震动和建筑结构振动的特点就是具有周期性和频谱特征。当地震动的卓越周期（或频谱）与工程结构的自振周期接近时，结构的地震反应就会增大，从而加剧了它的震害。

3）持续时间

大多数地震工程学家认为，地震动持续时间对建筑结构的破坏具有重要影响。他们是从震害调查材料、结构的低周疲劳现象、破坏的积累效应、试验与理论分析得出这一结论的。在震害调查中，有很多亲身经历的人说："要是震动时间再长一点，这房子就要倒了。"

7.1.2　场地对地震地面运动特性的影响

地震波是一种波形十分复杂的行波。根据谐波分析原理可以将它看成是由若干个简谐波叠加而成的。场地土对基岩传来的各种谐波分量具有不同的放大作用，有的分量放大得多，而有的分量放大得少。这主要是和场地土的卓越周期有关。

共振作用，是地震运动中场地覆盖土层的震动周期与工程结构的自振周期遇合时而产生的工程结构振动放大，从而使震害加剧。

某特定厚度的土层，与其他介质一样，有其固有周期。从弹性理论出发，可用式(7－1)表示。

$$T=\frac{4d_{or}}{v_s} \tag{7-1}$$

式中 T——土层的周期，s；

d_{or}——覆盖土层厚度，m；

v_s——土层的剪切波速，m/s。

当地震波的某一谐波分量的周期恰为该波穿过土层所需的时间 d_{or}/v_s 的 4 倍时，其振幅放大系数最大，地面震动也将最显著。

一般称式（7－1）中的 T 为场地的卓越周期。由于不同场地覆盖层的厚度 d_{or} 与场地剪切波速 v_s 不同，因此不同场地的卓越周期也将不同，一般在 0.1 秒至数秒之间变化。

从上述可知，地震波包含着几十赫兹以内的若干谐波分量。当覆盖土层较硬较薄时，场地卓越周期较短，使地震波中的短周期分量得到较好的响应，于是对建在这类场地上的刚度较大的短周期结构物产生较为强烈的影响；反之，当土层较软较厚时，场地土卓越周期则可能与柔性结构的固有周期相近，因而对该类结构产生不利的影响。日本关东地震中，在下町一带，由于土层基本上是较软的冲积层，使柔性较大的木结构震害较为严重，而在山手一带，多为土质较坚硬的洪积层，由于共振效应，使刚度较大的混合结构房屋受到较大的震害。因此，在工程结构抗震设计中，应使结构的自振周期尽可能避开场地的卓越周期，以避免发生共振现象。

对于场地卓越周期人们有以下认识：场地卓越周期随着条件的不同而变化，卓越周期随震中距的增大而趋于变长，卓越周期随震级变小而趋于变短；当场地土为多层时，卓越周期不唯一，而且变得越来越复杂，它往往具有多个峰点或较宽、较平坦的频谱；在强震作用下，场地卓越周期会随震源特性不同而引起土层的不同反应，表现出颇不相同的频谱特性，从而不易发现频谱中所包含的地基特性。

7.1.3 场地的选择

地震作用下结构周围场地的破坏会导致结构本身的破坏。场地破坏（如第 6 章所述）主要表现为地震所产生的滑坡、崩塌、地陷、地裂、泥石流、断层地表错位及砂土液化和震陷等。在地震作用下，发生上述破坏场地上的结构难免不被毁坏，因此应尽可能避免在这种场地上建造建筑物。

场地条件对结构的地震反应和震害具有明显影响。场地条件通常是指场地土的软硬程度（即坚硬或密实程度），场地覆盖层厚度，地形，不均匀地基或不均匀地质构造。

震害资料表明地形影响是很大的，例如山脊与山脚处地震烈度的差异最大可达 3 度。产生这一现象的主要原因是山脊处对地震波具有放大效应，在山脊处地面运动通常为山脚处地面运动的数倍，因而在山脊处的结构震害加重。

地基不均匀或地下地质构造不均匀将导致结构震害加剧，这主要是由于动荷载作用下地基产生不均匀沉降造成的；有时也可能由于结构基底以下不同地基土对地震波响应不同，造成上部结构的震害。

现行《建筑抗震设计规范》(GB 50011—2010）规定建筑场地的选择，应按地质、地形、地貌综合考虑，划分为对建筑抗震有利地段、不利地段和危险地段，其划分如下所述。

对建筑抗震有利的地段：稳定基岩，坚硬土，开阔、平坦、密实、均匀的中硬土等。

对建筑抗震不利的地段：软弱土，液化土，条状突出山嘴，高耸孤立山丘，非岩质陡坡地段，河岸和边坡的边缘地带，在平面分布上成因、岩性、状态明显不均匀的土层，例如古河道、疏松的断层破碎带、暗埋的塘浜沟谷及半挖半填地基等。

对建筑抗震危险的地段：地震时可能发生滑坡、崩塌、地陷、地裂、泥石流等灾害性地质现象以及发震断裂带上可能发生地表错位的地段。

《建筑抗震设计规范》(GB 50011—2010）规定，应尽量选择对建筑抗震有利的地段作为建筑场地和地基，避开不利地段，无法避开时应采取适当的抗震措施；对危险地段，严禁建造甲、乙类的建筑，不应建造丙类的建筑。

《铁路工程抗震设计规范》(GB 50111—2006)（2009 年版）规定如下。

(1) 线路应选择在工程地质条件良好、地形开阔平坦或缓坡地段，并宜避开近期活动的断层破碎带、易液化砂土、粉上及软上等地基、较厚的松散坡积层、严重的泥石流发育地区以及不稳定的悬崖深谷、严重的山坡变形和易塌陷的地下空洞等对抗震不利的地段。

(2) 线路应避开抗震设防烈度为 9 度地震区的主要活动断裂带；当难以避开时，应选择在其较窄处通过。

(3) 当线路通过可液化土与软土等松软地区时，宜选择在地表有较厚非液化土层或硬壳层处，并宜设置低路堤。

(4) 土质松软或岩层破碎、地质构造不利地段的线路不应做深长路堑。

(5) 线路应避开不稳定的悬崖陡壁地段；当难以避开时，应采用隧道通过。

(6) 隧道设在傍山地段时，隧道应内移；隧道洞口不应设在地震时易产生崩塌、滑坡、错落等不良地质地区。

(7) 桥梁位置应选择在良好的地基和稳定的河岸地段。当难以避开可液化土层和软土地基时，桥梁中线宜与河流正交。

《公路桥梁抗震设计细则》(JTG/T B02—01—2008）对抗震有利地段、抗震不利地段和抗震危险地段的表述如下。

抗震有利地段一般系指建设场地及其邻近无晚近期活动性断裂，地质构造相对稳定，同时地基为比较完整的岩体、坚硬土或开阔、平坦、密实的中硬土等。

抗震不利地段一般系指软弱黏性土层、液化土层和地层严重不均匀的地段，地形陡峭、孤突、岩土松散、破碎的地段，地下水位埋藏较浅、地表排水条件不良的地段。严重不均匀地层系指岩性、土质、层厚、界面等在水平方向变化很大的地层。

抗震危险地段一般系指地震时可能发生滑坡、崩塌地段，地震时可能塌陷的地段、溶洞等岩溶地段和已采空的矿穴地段，河床内基岩具有倾向河槽的构造软弱面被深切河槽所切割的地段，发震断裂、地震时可能坍塌而中断交通的各种地段。

《公路桥梁抗震设计细则》(JTG/T B02—01—2008）规定如下。

（1）桥位选择应在工程地质勘察和专门工程地质、水文地质调查的基础上，按地质构造的活动性、边坡稳定性和场地的地质条件等进行综合评价，应查明对公路桥梁抗震有利、不利和危险的地段，宜充分利用对抗震有利地段。

（2）在抗震不利地段布设桥位时，宜对地基采取适当抗震加固措施。在软弱黏性土层、液化土层和严重不均匀地层上，不宜修建大跨径超静定桥梁。

（3）各级公路桥位宜避绕抗震危险地段，对于高速公路、一级公路必须通过抗震危险地段时，宜作地震安全性评价分析。

（4）对地震时可能因发生滑坡、崩塌而造成堰塞湖的地段，应估计其淹没和溃决的影响范围，合理确定路线的高程，选定桥位。当可能因发生滑坡、崩塌而改变河流流向，影响岸坡和桥梁墩台以及路基的安全时，应采取适当措施。

现行《城市轨道交通结构抗震设计规范》（GB 50909—2014）根据对结构抗震是否有利，场地抗震地段类别有以下划分。

（1）有利地段：稳定基岩；坚硬土；开阔、平坦、密实、均匀的中硬土等。

（2）一般地段：不属于有利、不利和危险的地段。

（3）不利地段：软弱土，液化土，条状突出的山嘴，高耸孤立的山丘，陡坡，河岸和边坡的边缘，平面分布上成因、岩性、状态明显不均匀的土层（如故河道、疏松的断层破碎带、暗埋的塘浜沟谷和半填半挖地基），高含水量的可塑黄土，地表存在结构性裂缝，等等。

（4）危险地段：地震时可能发生滑坡、崩塌、地陷、地裂、泥石流等及发震断裂带上可能发生地表位错的部位。

《城市轨道交通结构抗震设计规范》（GB 50909—2014）规定，工程场地抗震地段的选择宜规避抗震不利和危险地段；不能规避时，应对抗震不利和危险地段的工程结构采取适宜的安全措施。

7.2 场地的划分

从宏观震害的调查结果和不同场地条件上的地震台站的记录来看，土的软硬和覆盖土层厚度对地震动参数、反应谱和震害具有明显的影响。震害经验指出，土质愈软、覆盖土层愈厚，结构震害愈严重；反之愈轻。从理论上说，不同刚度和厚度的土层在动力特性上的差别会造成地面运动和反应谱的差别。对此，可利用一维或二维土层反应做定量分析。一般较软、较厚的地基，反应谱峰值会向长周期方向移动，反应谱的形状也“胖”一些。进行抗震设计时，地震作用一般是利用反应谱确定的，因此在确定抗震设计标准时，人们自然会想到，对不同的场地，应该采取不同的反应谱来做标准。为了便于进行统计分析和制定标准，首先应该对场地按其对反应谱特性的影响进行分类。

7.2.1 场地土类型划分

土的软硬一般用土的剪切波速来表示，因为剪切波速是土的重要动力参数，最能反映场地土的动力性能。因此，以剪切波速表示土的刚度为各国抗震规范所采用。

《建筑抗震设计规范》（GB 50011—2010）规定：场地土的软硬是以场地范围内地面以

下20 m以内的土层软硬来评定，而土的软硬一般用土的剪切波速表示。因此，场地土的类型可以根据表7-1划分。

表7-1　场地土的类型划分

场地土类型	土层剪切波速范围/(m/s)	场地土类型	土层剪切波速范围/(m/s)
坚硬土或岩石	$v_s>500$	中软土	$250\geqslant v_s>140$
中硬土	$500\geqslant v_s>250$	软弱土	$v_s\leqslant 140$

注：v_s为土层剪切波速。

《建筑抗震设计规范》(GB 50011—2010) 还规定，对于丁类建筑及层数不超过10层且高度不超过30 m的丙类建筑，当没有实测剪切波速资料时，可根据岩土名称和形状，按表7-2划分土的类型，再利用当地经验在表7-1的剪切波速范围内估计各土层的剪切波速。

表7-2　土的类型划分

土的类型	岩土名称和性状
坚硬土或岩石	稳定岩石、密实的碎石土
中硬土	中密、稍密的碎石土，密实、中密的砾、粗、中砂，$f_{ak}>200$的黏性土和粉土，坚硬黄土
中软土	稍密的砾、粗、中砂，除松散外的细、粉砂，$f_{ak}\leqslant 200$的黏性土和粉土，$f_{ak}>130$的填土，可塑黄土
软弱土	淤泥和淤泥质土，松散的砂，新近沉积的黏性土和粉土，$f_{ak}\leqslant 130$的填土，流塑黄土

注：f_{ak}为由荷载试验等方法得到的地基承载力特征值 (kPa)。

《铁路工程抗震设计规范》(GB 50111—2006)(2009年版) 和《公路桥梁抗震设计细则》(JTG/T B02—01—2008) 对场地土类型的划分，都与表7-1的规定基本相同。

《城市轨道交通结构抗震设计规范》(GB 50909—2014) 规定，对于特殊设防类、重点设防类结构物，工程场地土层剪切波速应由现场实测给出；标准设防类结构物，当无实测剪切波时，可根据岩土的名称和性状按表7-3划分岩土的类型，并结合当地的经验，在表7-3的范围内估计各土层的剪切波速。

表7-3　岩土的类型划分和剪切波速范围

岩土的类型	岩土的名称和性状	土层剪切波速范围/(m/s)
岩石	坚硬和较坚硬的稳定岩石	$v_s>800$
坚硬土或软质岩石	破碎和较破碎的岩石或软和较软的岩石，密实的碎石土	$800\geqslant v_s>500$
中硬土	中密、稍密的碎石土，密实、中密的砾、粗、中砂，$f_{ak}>250$ kPa的黏性土和粉土，坚硬黄土	$500\geqslant v_s>250$
中软土	稍密的砾、粗、中砂，除松散外的细、粉砂，$f_{ak}\leqslant 250$ kPa的黏性土和粉土，$f_{ak}>140$ kPa的填土，可塑黄土	$250\geqslant v_s>150$
软弱土	淤泥和淤泥质土，松散的砂，新近沉积的黏性土和粉土，$f_{ak}\leqslant 140$ kPa的填土，流塑黄土	$v_s\leqslant 150$

注：f_{ak}为由荷载试验等方法得到的地基承载力特征值；v_s为岩土等效剪切波速。

7.2.2 覆盖层厚度划分

各类场地所对应的覆盖层厚度，确切的范围难以给出，规范将场地的覆盖层厚度 d_{ov} 范围划分为 7 个档次，即：0 m，3 m，5 m，15 m，50 m，80 m，>80 m。

覆盖层厚度的上界面，是从地表往下算起，而不是从基础底面往下算起。理由是，输入结构的地面运动是地表面的记录，计算结构地震作用时，结构的高度原则上是从地面算起（或从地面下 0.5 m 左右算起），地面以下视为刚性地基，如果从基础底面算起，将会带来许多复杂问题。

覆盖层厚度应该是指从地表至地下基岩面的距离。从理论上讲，当土层的下层剪切波速比上层大很多时，下层土可以当成基岩。但实际地层的刚度是逐渐变化的，如果要求岩土剪切波速比很大时才能当成基岩，覆盖层厚度势必会很大，有时甚至达到岩浆层。因此《建筑抗震设计规范》(GB 50011—2010) 规定：一般情况下，应按地面至剪切波速大于 500 m/s 的土层顶面的距离，且其下面无明显的软夹层时的土层可视为“基岩”，并将其埋置深度定义为覆盖层厚度。其他特殊情况（如相邻土层剪切波速相差很大，存在孤石、透镜体或有火山岩硬夹层等）的处理见《建筑抗震设计规范》(GB 50011—2010) 具体规定。

《城市轨道交通结构抗震设计规范》(GB 50909—2014) 对工程场地覆盖层厚度有下列要求。

(1) 一般情况下，应按地面至剪切波速大于 500 m/s 且其下卧各岩土的剪切波速均不小于 500 m/s 的土层顶面的距离确定。

(2) 当地面 5 m 以下存在剪切波速大于相邻上层土剪切波速 2.5 倍的土层，且其下卧岩土的剪切波速均不小于 400 m/s 时，可按地面至该土层顶面的距离确定。

(3) 剪切波速大于 500 m/s 的孤石、透镜体，应视同周围土层。

(4) 土层中的火山岩硬夹层，应视为刚体，其厚度应从覆盖土层中扣除。

7.2.3 场地的类别和划分标准

《建筑抗震设计规范》(GB 50011—2010) 规定，建筑场地的类别按场地土类型和场地覆盖层厚度划分为四类。由于土的类型划分可以采用两种方法，即根据剪切波速确定和基于表 7-2 的近似方法，所以场地类别的划分也有相应的两种方法，这两种方法分别在表 7-4和表 7-5 中给出。

表 7-4 建筑场地类别划分

场地类别	场地土等效剪切波速范围/(m/s)	场地覆盖层厚度/m
Ⅰ	$v_{se}>500$	0
	$500\geqslant v_{se}>250$	<5
	$250\geqslant v_{se}>140$	<3
	$v_{se}\leqslant 140$	<3
Ⅱ	$500\geqslant v_{se}>250$	≥5
	$250\geqslant v_{se}>140$	3～50
	$v_{se}\leqslant 140$	3～15

续表

场地类别	场地土等效剪切波速范围/(m/s)	场地覆盖层厚度/m
Ⅲ	$250 \geqslant v_{se} > 140$ $v_{se} \leqslant 140$	>50 15～80
Ⅳ	$v_{se} \leqslant 140$	>80

表 7-5　建筑场地类别近似划分

场地类别	场地土类型	场地覆盖层厚度/m
Ⅰ	坚硬场地土 中硬场地土 中软场地土 软弱场地土	0 <5 <3 <3
Ⅱ	中硬场地土 中软场地土 软弱场地土	$\geqslant 5$ 3～50 3～15
Ⅲ	中软场地土 软弱场地土	>50 15～80
Ⅳ	软弱场地土	>80

v_{se}为土层等效剪切波速。建筑物下的地基具有单一性质的场地土是很少见的。v_{se}是取地面下 20 m 且不深于场地覆盖层厚度范围内，各土层剪切波速按土层走时的加权平均值。

场地类别不同，其地震地面运动的特性就不同，这一点在第 8 章介绍反应谱时将详细介绍。

《铁路工程抗震设计规范》(GB 50111—2006)(2009 年版) 依据岩土名称和性状以及对应的剪切波速范围对场地土划分为岩石或坚硬土、中硬土、中软土和软弱土 4 个类别，再依据场地土类别和覆盖土层厚度计算场地的等效剪切波速，并依此将场地划分为 4 类场地，如表 7-6 所示。

表 7-6　铁路工程场地类别划分

Ⅰ	Ⅱ	Ⅲ	Ⅳ
$v_{se} > 500$	$250 < v_{se} \leqslant 500$	$150 < v_{se} \leqslant 250$	$v_{se} \leqslant 150$

对于跨度小于 32 m 的简支梁，当无土层剪切波速实测资料时，可根据岩土名称和性状进行场地类别划分，而重要桥梁必须采用现场实测剪切波速评定。

《公路桥梁抗震设计细则》(JTG/T B02—01—2008) 根据土层平均剪切波速和场地覆盖土层厚度，将桥梁工程场地类别划分为 4 类，如表 7-7 所示。

表 7-7　公路桥梁工程场地类别划分

平均剪切波速/(m/s)	场地类别			
	Ⅰ	Ⅱ	Ⅲ	Ⅳ
$v_{se} > 500$	0			
$250 < v_{se} \leqslant 500$	<5	$\geqslant 5$		

续表

平均剪切波速/(m/s)	场地类别			
	Ⅰ	Ⅱ	Ⅲ	Ⅳ
$140<v_{se}\leqslant 250$	<3	≥3，≤50	>50	
$v_{se}\leqslant 140$	<3	≥3，≤15	>15，≤80	>80

注：表中数据为场地覆盖土层厚度（m）。

《城市轨道交通结构抗震设计规范》（GB 50909—2014）规定工程场地类别，应根据土层等效剪切波速和场地覆盖层厚度划分为四类，并应符合表 7-8 的规定，其中Ⅰ类分为$Ⅰ_0$、$Ⅰ_1$两个亚类。当土层等效剪切波速和覆盖层厚度处于表 7-8 所列场地类别分界线的界限值附近时，宜按插值方法确定地震作用计算所用的场地特征周期。

表 7-8　城市轨道交通结构工程场地类别划分

土层等效剪切波速/(m/s)	场地类别				
	$Ⅰ_0$	$Ⅰ_1$	Ⅱ	Ⅲ	Ⅳ
$v_{se}>800$	$d=0$	—	—	—	—
$800\geqslant v_{se}>500$	—	$d=0$	—	—	—
$500\geqslant v_{se}>250$	—	$d<5$	$d\geqslant 5$	—	—
$250\geqslant v_{se}>150$	—	$d<3$	$3\leqslant d<50$	$d>50$	—
$v_{se}\leqslant 150$	—	$d<3$	$3\leqslant d<15$	$15\leqslant d<80$	$d>80$

注：v_{se}为场地土层等效剪切波速（m/s）；d 为场地覆盖层厚度（m）。

7.3　地基基础抗震验算

在地震作用下，为了保证结构的安全和正常使用，地基基础也应同时满足地基变形和地基承载力不超过允许值的要求。

《建筑抗震设计规范》（GB 50011—2010）规定，只要求对地基抗震承载力进行验算，对于地基变形条件，则通过采取一定的抗震措施来弥补。地基基础的抗震设计是通过选择合理的基础体系和抗震验算来保证其抗震能力，因此《建筑抗震设计规范》（GB 50011—2010）规定：

（1）同一结构单元不宜设置在性质截然不同的地基土层上；

（2）同一结构单元不宜部分采用天然地基而另外部分采用桩基；

（3）地基中有软弱黏性土、液化土、新近填土或严重不均匀土层时，应估计地震时地基不均匀沉降或其他不利影响，并采取相应的措施。

《铁路工程抗震设计规范》（GB 50111—2006）（2009 年版）、《公路桥梁抗震设计细则》（JTG/T B02—01—2008）也分别根据各自工程的特点做出了相应的规定。

历次地震震害调查表明，建造在天然地基上的下列建筑极少因地基失效而破坏，因此《建筑抗震设计规范》（GB 50011—2010）规定，建造在天然地基上的以下建筑，可以不进行地基及基础的抗震承载力验算。

（1）砌体房屋；

(2) 7 度、8 度和 9 度时，地基主要受力层范围内不存在地基土静承载力标准值小于 80，100，120 kPa 软弱土层的一般单层厂房、单层空旷房屋和不超过 8 层且高度在 25 m 以下的一般民用框架房屋及其基础荷载与之相当的多层框架厂房；

(3) 7 度时Ⅰ、Ⅱ类场地，并采取相应抗震措施的柱高分别不超过 4.5 m 和 10 m 的两端均有山墙的单跨、等高多跨砖柱厂房和钢筋混凝土柱厂房（锯齿形厂房除外）；

(4) 6 度时的建筑（建造在Ⅳ类场地土上较高的高层建筑除外）。

震害调查还表明，承受竖向荷载为主的低承台桩基上的下列建筑，当地表下无液化土层，且桩承台周围无淤泥、淤泥质土和无地基静承载力标准值小于 100 kPa 的填土时，很少受地震作用的破坏。因此《建筑抗震设计规范》(GB 50011—2010) 规定，以下建筑可以不进行桩基抗震承载力验算：

(1) 上述天然地基上可不进行地基抗震承载力验算的 1、3、4 项规定的建筑；

(2) 7 度和 8 度时，一般单层厂房、单层空旷房屋和不超过 8 层且高度在 25 m 以下的一般民用框架房屋及基础荷载与之相当的多层框架厂房。

地震作用于基础上的力往往竖向力、水平力与倾覆力矩三者同时存在。下面首先分别给出《建筑抗震设计规范》(GB 50011—2010) 规定的验算方法。

1. 竖向承载力的验算

验算天然地基地震作用下的竖向承载力时，基础底面平均压力和边缘压力应符合式 (7-2)和式 (7-3) 的要求，且基础底面受压面积不应小于基础面积的 3/4。

$$P \leqslant f_{aE} \tag{7-2}$$

$$P_{max} \leqslant 1.2 f_{aE} \tag{7-3}$$

式中　P——基础底面地震组合后的平均压力；

P_{max}——基础边缘地震组合后的最大压力；

f_{aE}——调整后的地基土抗震承载力。

在地震作用下，除十分软弱的土外，大多数土的动强度都比静强度高。此外，地震是一种偶然作用，历时短暂，所以地基在地震作用下所具有的可靠度比静力作用下所具有的可靠度可以有所降低。这样地基抗震承载力，除十分软弱的土外，都较地基土静承载力高。对于地基抗震承载力的取值，我国和世界上大多数国家都采取在地基静承载力的基础上乘一个调整系数的办法来确定。

《建筑抗震设计规范》(GB 50011—2010) 规定，地基土抗震承载力按式 (7-4) 计算。

$$f_{aE} = \zeta_a f_a \tag{7-4}$$

式中　ζ_a——地基土抗震承载力调整系数，按表 7-9 采用；

f_a——深宽修正后的地基承载力特征值，按现行国家标准《建筑地基基础设计规范》(GB 50007—2011) 采用。

表 7-9　地基土抗震承载力调整系数

岩土名称和性状	ζ_a
岩石、密实的碎石土，密实的砾、粗、中砂，$f_a \geqslant 300$ kPa 的黏性土和粉土	1.5

续表

岩土名称和性状	ζ_a
中密、稍密的碎石土，中密和稍密的砾、粗、中砂，密实和中密的细、粉砂，150 kPa≤f_a<300 kPa 的黏性土和粉土，坚硬黄土	1.3
稍密的细、粉砂，100 kPa≤f_a<150 kPa 的黏性土和粉土，可塑黄土	1.1
淤泥、淤泥质土、松散的砂，杂填土，新近堆积黄土及流塑黄土	1.0

2. 水平地震力的验算

对于以承受竖向力为主的一般墙或柱的基础，没有必要进行抗水平地震力的验算。但对承受相当大的静水平力，例如挡土墙、拱支座、剪力墙、柱间支撑等的基础，其地基抗水平力的能力会出现问题，需要进行验算。具体验算方法可参照有关资料。

3. 高层建筑的抗倾覆验算

高层建筑的水平地震作用的合力中心的位置很高，因而倾覆力矩在高烈度区很大，抗倾覆验算就显得很有必要了。具体验算方法可参照有关资料。

《铁路工程抗震设计规范》(GB 50111—2006)(2009 年版) 规定如下。

验算基础的地基抗震强度时，地基土抗震容许承载力可按下式计算

$$[\sigma_E] = \psi[\sigma] \tag{7-5}$$

式中 $[\sigma_E]$ ——地基上抗震容许承载力；

ψ ——地基土容许承载力修正系数，按表 7-10 采用；

$[\sigma]$ ——地基土容许承载力。

表 7-10　地基土容许承载力修正系数 ψ 值

地　基　土	修正系数 ψ 值
未风化至强风化的硬质岩石	1.5
未风化至微风化的软质岩	1.5
基本承载力 σ_0>500 kPa 的岩石和土	1.4
基本承载力 150 kPa<σ_0≤500 kPa 的岩石和土	1.3
基本承载力 100 kPa<σ_0≤150 kPa 的土	1.2

注：① 软质岩是指饱和单轴极限抗压强度为 15～30 MPa 的岩石。

② 100 kPa<σ_0≤150 kPa 的土，不包括液化土、软土、人工弃填土等。

《公路桥梁抗震设计细则》(JTG/T B02—01—2008) 规定如下。

(1) 地基抗震验算时，应采用地震作用效应与永久作用效应组合。

(2) 地基抗震承载力容许值应按下式计算

$$[f_{aE}] = K[f_a] \tag{7-6}$$

式中 $[f_{aE}]$——调整后的地基抗震承载力容许值；

K——地基抗震容许承载力调整系数，应按表 7-11 取值；

$[f_a]$——深宽修正后的地基承载力容许值，应按现行《公路桥涵地基与基础设计规范》(JTG D63—2007) 采用。

(3) 柱桩的地基抗震容许承载力调整系数可取 1.5，摩擦桩的地基抗震容许承载力调

整系数可根据地基土类别按表 7－11 取值。

表 7－11　地基土抗震容许承载力调整系数

岩土名称和性状	K
岩石，密实的碎石土，密实的砾、粗（中）砂，$f_{a0}\geqslant 300$ kPa 的黏性土和粉土	1.5
中密、稍密的碎石土，中密和稍密的砾、粗（中）砂，密实和中密的细、粉砂，$150\ \text{kPa}\leqslant f_{a0}<300$ kPa 的黏性土和粉土，坚硬黄土	1.3
稍密的细、粉砂，$100\ \text{kPa}\leqslant f_{a0}<150$ kPa 的黏性土和粉土，可塑黄土	1.1
淤泥，淤泥质土，松散的砂，杂填土，新近堆积黄土及流塑黄土	1.0

注：f_{a0}为由荷载试验等方法得到的地基承载力基本容许值（kPa）。

《城市轨道交通结构抗震设计规范》（GB 50909—2014）规定，城市轨道交通结构应区分高架区间结构、高架车站结构、区间隧道结构、地下车站结构等不同结构形式进行抗震性能验算。抗震验算应分为强度验算、变形验算和位移验算：变形和位移验算应按本规范规定进行；性能Ⅰ下的强度验算应按相关规范进行。进行位移验算时，应将结构作为一个整体来进行建模和地震反应计算。

7.4　软弱地基处理

1. 可液化地基

地下水位以下的饱和松砂和粉土在地震作用下，土颗粒之间因振动而变密，但由于颗粒之间的孔隙水来不及排出，使土颗粒处于悬浮状态，即由固态转化为液态。这种现象称为土的液化。液化往往造成建筑物场地的破坏，其破坏形式有喷砂冒水、地下轻型结构上浮、地基失效与过大的沉降、侧向扩展、流滑等。

建筑场地的破坏会造成建筑结构的破坏，这样的事例有很多，最典型的例子是 1964 年 6 月日本新潟地震使很多建筑的地基失效。地震开始时，该城市的低洼地区出现了大面积砂土液化，地面多处喷水冒水，继而在大面积液化地区上的建筑物逐渐下沉；而一些水池、地下管道等则逐渐浮出地面。其中最引人注目的是川町公寓建筑的倾斜，最大的倾角竟达 80°，据目击者说，该建筑是在震后 4 分钟开始倾斜，至倾斜结束共历时 1 分钟。日本新潟地震以后，土的动强度和土的液化问题引起国内外地震研究者的关注。

影响场地土液化的主要因素主要有地质年代、土中颗粒含量、上覆非液化土层厚度和地下水位深度、土的密实程度和地震烈度和震级。

目前，判别土的液化有两条途径。第一条途径是经验方法，它以地震现场的液化调查资料为基础给出区分液化与不液化的条件；第二条是试验-分析法，它以液化试验和土体地震反应分析结果为基础判断是否会产生液化。

现行各规范都对土的液化问题做出了相应的规定，对有可能液化的地段，规定要进行试验，并结合场地的工程地质和水文地质条件进行综合分析，判断其地震时是否液化。应尽量避免在可能液化地区建造建筑物，当无法避开时，要采取必要的抗液化措施，例如采用桩基础、深基础使基础持力层穿过液化层，进行地基加密，挖除液化层等。具体措施可参照各规范的规定和其他有关资料。

2. 软弱黏性土地基

软弱黏性土的特点是压缩性较大，抗剪强度小，承载能力低。由这种类型土构成的持力层在地震时引起的附加荷载与经常承受的荷载相比相当可观，造成基础底面组合应力超过地基容许承载力，使建筑产生较大的附加沉降和不均匀沉降。研究表明，附加荷载过大，地基将发生剪切破坏，土体向基础两侧挤出，致使房屋下沉和倾斜。因此，对软土地基，设计时要合理地选择地基容许承载力，保证有足够的安全储备。

当建筑地基主要受力层范围内存在软弱黏性土时，应综合考虑基础和上部结构的特点，采取诸如桩基、地基加固处理等抗震措施。

3. 杂填土地基

杂填土地基一般是人类任意堆填而成的，在我国大多数古老城市中均有分布。由于其组成物质杂乱，堆填方法不同，结构疏松，厚薄不一，因此均匀性很差，承载力低、压缩性高，而且一般均具有浸水湿陷性。杂填土作为建筑物基础的持力层时，往往会由于不均匀沉降导致上部结构开裂。遭遇地震后，破坏程度将进一步加重。

这类地基的抗震措施是：当杂填土的土层较薄时，可全部挖除，用好土分层回填并碾压密实；当杂填土层较厚时，可采用其他地基加固方法来处理。

4. 不均匀地基

不均匀地基一般位于有故河道、暗藏沟坑边缘、半挖半填的地带及土质明显不均匀的其他地段。不均匀地基在地震时容易引起地基失效，加剧上部结构破坏。在选择场地无法避开时，应该进行详细的勘察，从上部结构和地基的共同作用条件出发，对建筑体型、设防烈度、荷载情况、结构类型和地质条件等进行综合分析，采取合理的结构布局和相应有效的结构、地基抗震措施。

思考题与习题

1. 地震作用下的场地破坏有哪些形式？
2. 场地条件通常指哪些？
3. 何为抗震不利地段和危险地段？为什么这样规定？
4. 哪种地形和地基条件加剧震害？为什么？
5. 为什么要对场地进行分类？
6. 场地土是如何划分的？
7. 场地的类型是如何划分的？
8. 何为地震动三要素？这三要素对工程结构安全有何影响？
9. 何为场地的卓越周期？在什么情况下结构易于发生共振现象？
10. 如何进行地基基础的抗震验算？
11. 何为液化？它对地基会造成哪些破坏？
12. 影响场地液化有哪些主要因素？

第 8 章 地震作用和结构抗震验算

进行抗震设计首先要确定地震作用的大小。本章介绍确定地震作用方法的发展历史，并用结构动力学方法进行了结构地震反应分析；详细介绍了地震反应谱的概念及其影响因素，以我国现行的《建筑抗震设计规范》(GB 50011—2010)、《铁路工程抗震设计规范》(GB 50111—2006)(2009 年版)、《公路桥梁抗震设计细则》(JTG/T B02—01—2008)、《城市轨道交通结构抗震设计规范》(GB 50909—2014) 等规范为依据，具体给出了各规范反应谱的形式，分析了如何应用规范反应谱确定地震作用，并介绍了时程分析法原理和各规范的具体规定，最后给出了各类工程结构抗震验算的原则。

8.1 概述

地震释放的能量，以地震波的形式向四周扩散，地震波到达地面后引起地面运动，使原来处于静止的结构受到动力作用，这种动力作用通过地基和基础影响上部结构，使上部结构产生振动，在振动过程中产生惯性力。地震作用是由地震引起的地面运动通过地基和基础传递给上部结构的惯性力。地震作用不涉及地震对地下结构的力学作用，如应力波作用或其他复杂的力学作用。

地震作用的大小和结构的质量、结构本身的动力特性（结构的自振周期、振型、阻尼)、地面运动的特性（地震烈度大小和近震、远震情况）有关。由于结构是由各种构件组成的空间体系，其动力特性十分复杂，而地震引起的地面运动又是 个随机过程，运动极不规则，因此确定地震作用比确定一般荷载要复杂很多。

确定地震作用的方法大致经过以下 3 个发展过程：静力法、反应谱法和直接动力分析法（又称为时程分析法)。

静力法是在 1900 年由日本大森房吉提出的概念，它假设结构物各个部分与地震动具有相同的振动。此时，结构物上只作用地面运动加速度乘上结构物质量所产生的惯性力，把惯性力视为静力作用于结构物做抗震计算。惯性力计算公式为

$$F_i = kG_i \tag{8-1}$$

式中 k——地面运动加速度峰值与标准自由落体加速度 g 的比值；

G_i——结构物各部分重量。

从动力学的角度，把地震加速度看成是结构地震破坏的单一因素有极大的局限性，因为这忽略了结构的动力特性这一重要因素。只有当结构物的基本固有周期比地面运动卓越周期小很多时，结构物在地震振动时才可能几乎不产生变形而被当成刚体，静力法才能成立；如果超出这个范围，就不可能适用。

反应谱法是在 20 世纪 40 年代由美国学者提出的，它通过反应谱考虑了结构的动力特

性所产生的共振效应。惯性力计算公式为

$$F_i = k\beta G_i \tag{8-2}$$

式中 β——动力放大系数。

反应谱法反映了地面运动和结构动力的特性，考虑了不同结构对不同地震动输入的动力响应特性。目前，各国抗震设计规范一般都基于此方法。但它仍把惯性力当成一个静力作用在结构上，因而有的文献称之“动静法”。它无法反映许多实际的复杂问题，如大跨度结构的地震波输入相位差、结构的非线性、结构-基础-土相互作用等。

直接动力分析法是在 20 世纪 60 年代后期，随着电子计算机的普及和应用发展起来的。重要的建筑物、大跨桥梁和其他特殊结构采用多节点、多自由度的有限元动力计算模型，把地震加速度时程直接输入，对结构进行地震时程反应分析，因此直接动力分析法又称为时程分析法。直接动力分析法可以考虑各种不同因素，使结构抗震计算分析的结果更加符合实际震害现象，使抗震计算从单一强度保证转入强度、变形（延性）的双重保证。目前，各国抗震设计规范对于重要、复杂、大跨度的结构都建议采用直接动力分析法。

我国的《建筑抗震设计规范》（GB 50011—2010）规定，一般建筑可按照反应谱法确定等效地震作用。这一方法考虑地面加速度的作用和房屋的动力特性，按房屋的最大加速度反应值确定惯性力，把惯性力作为等效静力荷载进行结构分析。对特别不规则的建筑、甲类建筑和超过一定高度范围的高层建筑，《建筑抗震设计规范》（GB 50011—2010）指出，宜采用时程分析法进行补充计算。

《铁路工程抗震设计规范》（GB 50111—2006）（2009 年版）规定，多遇地震作用下，桥墩抗震计算一般情况下，可采用反应谱法。对重要桥梁或采用减震、耗能装置的桥梁，除按反应谱法计算外，还应选用符合抗震设计要求的地震波，采用时程反应分析法进行分析。在罕遇地震作用下，应采用非线性时程反应分析法，或按规范附录 F 的简化方法进行延性验算。

《公路桥梁抗震设计细则》（JTG/T B02—01—2008）规定，规则桥梁可以采用单振型反应谱法，特殊桥梁的地震反应分析可采用时程分析法、多振型反应谱法或功率谱法。时程分析结果应与多振型反应谱法相互校核，线性时程分析结果不应小于反应谱法结果的 80%。

《城市轨道交通结构抗震设计规范》（GB 50909—2014）规定，对线性反应谱方法适用的场合，应优先采用；对于特殊设防类的高架区间结构，性能要求Ⅱ时宜采用等效线性化方法考虑支座等处可能产生的局部或轻微的非线性；需要进行弹塑性反应分析时，应优先考虑采用弹塑性反应谱方法；非线性时程方法是结构非线性地震反应计算比较普遍适用的方法，当弹性反应谱方法和弹塑性反应谱方法不适用时，需要采用非线性时程方法；对地下车站和区间隧道结构，反应位移法、反应加速度法和时程分析法都是常用的计算方法。

8.2 单质点弹性体系的地震反应

8.2.1 运动方程的建立

某些结构，如图 8-1 所示的等高单层厂房、水塔等结构，由于质量绝大部分集中于结构的顶部，所以通常将这些结构简化为单质点体系。当该体系只做单向振动时，就成为一个单自由度体系。

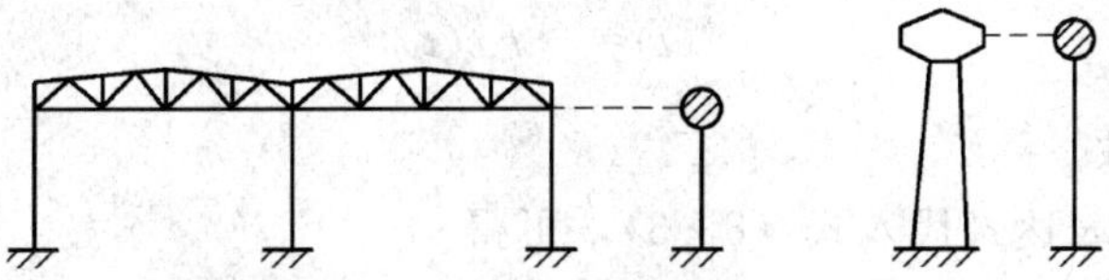

图 8-1　单质点体系简化示意图

地震地面运动通过地基和基础传递给上部结构是一个空间问题，包括 3 个平动分量和 3 个转动分量。计算弹性体系地震反应时，一般假定地基不产生转动，而把地基的运动分解为一个竖向和两个水平向的分量，然后分别计算竖向和水平分量对结构的影响。

地震时在地面水平运动分量的作用下，单质点弹性体系的运动状态如图 8-2 所示。

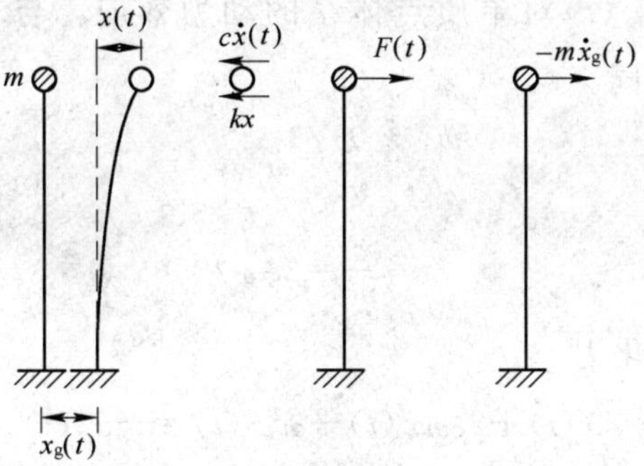

图 8-2　地震时单质点体系的运动状态

设基础发生的位移为 $x_g(t)$，是时间 t 的函数；质点对基础的相对位移为 $x(t)$，也是时间 t 的函数，则质点的总位移为 $x_g(t)+x(t)$，质点的绝对加速度为 $\ddot{x}_g(t)+\ddot{x}(t)$。在不受其他外力作用时，取质点为隔离体，任一时刻 t 时质点的受力平衡方程为

$$I(t)+R(t)+S(t)=0 \tag{8-3}$$

式中　$I(t)$——质点受到的惯性力；

$R(t)$——质点受到的阻尼力；

$S(t)$——质点受到的弹性恢复力。

根据牛顿第二定律，惯性力为

$$I(t)=-m[\ddot{x}(t)+\ddot{x}_g(t)] \tag{8-4}$$

式中　m——质点的质量。

质点受到的阻尼力使结构的振动得到衰减。阻尼力包括结构在振动过程中材料的内摩擦、构件连接处的摩擦、地基土的内摩擦及周围介质对振动的阻力等。阻尼力的确定有几种不同的理论，一般采用黏滞阻尼理论，即假定阻尼力与质点的速度成正比，用公式表示为

$$R(t)=-c\dot{x}(t) \tag{8-5}$$

式中　c——阻尼系数。

质点受到的弹性恢复力 $S(t)$，可以通过式（8-6）来计算

$$S(t)=-kx(t) \tag{8-6}$$

式中　k——刚度系数。

将以上各种力的表达式代入式（8-3），可得

$$m[\ddot{x}(t)+\ddot{x}_g(t)]+c\dot{x}(t)+kx(t)=0 \tag{8-7}$$

经整理后得

$$m\ddot{x}(t)+c\dot{x}(t)+kx(t)=-m\ddot{x}_g(t) \tag{8-8}$$

式（8-8）就是在地震作用下质点运动的微分方程。如果将它与结构动力学中单自由度体系在动力荷载 $F(t)$ 作用下的运动方程相比较，可以看出，两个运动方程基本相同。地震时地面运动加速度 $\ddot{x}_g(t)$ 对单质点体系的动力效应，与在质点上加一个动力荷载 $-m\ddot{x}_g(t)$ 时的动力效应相同。

如果设

$$\frac{k}{m}=\omega^2$$

$$\frac{c}{m}=2\xi\omega$$

则式（8-8）可进一步简化为

$$\ddot{x}(t)+2\xi\omega\dot{x}(t)+\omega^2x(t)=-\ddot{x}_g(t) \tag{8-9}$$

式中　ω——自振圆频率，rad/s；

ξ——阻尼比。

工程中常用的与自振圆频率相对应的两个物理量，分别是自振周期 T(单位：s)和工程频率 f(单位：Hz)，它们之间的对应关系为

$$T=\frac{2\pi}{\omega}$$

$$f=\frac{1}{T}=\frac{\omega}{2\pi}$$

8.2.2　运动方程的解

根据结构动力学的知识，单质点弹性体系在地震作用下的运动微分方程（8-9）的解由两部分组成。第一部分是对应齐次微分方程的通解，表示自由振动；第二部分是微分方程的特解，表示强迫振动。

齐次微分方程的通解为

$$x(t)=e^{-\xi\omega t}\left[x(0)\cos\omega' t+\frac{\dot{x}(0)+\xi\omega x(0)}{\omega'}\sin\omega' t\right] \tag{8-10}$$

式中，$\omega'=\sqrt{1-\xi^2}\,\omega$ 为有阻尼体系的自振圆频率；$x(0)$，$\dot{x}(0)$分别为初始位移和初始速度。

微分方程的特解为

$$x(t)=-\frac{1}{\omega'}\int_0^t \ddot{x}_g(\tau)e^{-\xi\omega(t-\tau)}\sin\omega'(t-\tau)d\tau \tag{8-11}$$

此为单质点结构体系在地震作用下的杜哈梅（Duhamel）积分。

将通解和特解相加就得到微分方程（8-9）的全解，即

$$x(t)=e^{-\xi\omega t}\left[x(0)\cos\omega' t+\frac{\dot{x}(0)+\xi\omega x(0)}{\omega'}\sin\omega' t\right]-\frac{1}{\omega'}\int_0^t \ddot{x}_g(\tau)e^{-\xi\omega(t-\tau)}\sin\omega'(t-\tau)d\tau$$

一般情况下，实际结构的阻尼比都比较小，例如钢结构一般取 0.02，钢筋混凝土结构一般取 0.05，所以 $\omega'\approx\omega$；地震发生时一般假设结构处于静止状态，即初始位移和初始速度为零。因此全解化简为

$$x(t)=-\frac{1}{\omega}\int_0^t \ddot{x}_g(\tau)e^{-\xi\omega(t-\tau)}\sin\omega(t-\tau)d\tau \tag{8-12}$$

式（8-12）即为初始处于静止状态的单质点弹性体系地震位移反应的计算公式。

8.3　单质点弹性体系水平地震作用及其反应谱

8.3.1　水平地震作用的基本公式

由式（8-7）整理可得

$$-m[\ddot{x}(t)+\ddot{x}_g(t)]=c\dot{x}(t)+kx(t) \tag{8-13}$$

式中，等号右边的阻尼力项相对于弹性恢复力项很小，可以忽略不计，于是得

$$-m[\ddot{x}(t)+\ddot{x}_g(t)]\approx kx(t) \tag{8-14}$$

由式（8-14）可知，地震作用下质点任一时刻的相对位移 $x(t)$ 与该时刻的瞬时惯性力 $-m[\ddot{x}_g(t)+\ddot{x}(t)]$ 成正比。因此，可以将惯性力看成一种反映地震影响的等效力，利用它对结构进行抗震验算，这样就把抗震计算这一动力计算问题转化为相当于静力荷载作用下的静力计算问题。

由式（8-14），质点的绝对加速度为

$$a=\ddot{x}(t)+\ddot{x}_g(t)=-kx(t)/m=-\omega^2x(t) \tag{8-15}$$

将式（8-12）代入式（8-15）可得

$$a=\omega\int_0^t \ddot{x}_g(\tau)e^{-\xi\omega(t-\tau)}\sin\omega(t-\tau)d\tau \tag{8-16}$$

因地面加速度 $\ddot{x}_g(\tau)$ 是随时间变化的，为了求得在地震持续过程中结构经受的最大地震作用，需计算质点的最大绝对加速度，即

$$S_a=|a|_{max}=\omega\left|\int_0^t \ddot{x}_g(\tau)e^{-\xi\omega(t-\tau)}\sin\omega(t-\tau)d\tau\right|_{max} \tag{8-17}$$

由式（8-17）可知，S_a 的大小取决于地震时的地面加速度 $\ddot{x}_g(\tau)$、结构的自振频率

ω及阻尼比ξ，由于地面加速度$\ddot{x}_g(\tau)$极不规则，不能用简单的解析式表示，一般采用数值积分法来计算。

于是水平地震作用的基本公式为

$$F=mS_a \tag{8-18}$$

8.3.2　地震系数与动力系数

式（8-18）可以变换为

$$F=mS_a=mg\left(\frac{|\ddot{x}_g|_{\max}}{g}\right)\left(\frac{S_a}{|\ddot{x}_g|_{\max}}\right)=Gk\beta \tag{8-19}$$

其中

$$k=\frac{|\ddot{x}_g|_{\max}}{g} \tag{8-20}$$

称为地震系数，是地面运动加速度峰值与标准自由落体加速度g的比值。可以根据某处地震加速度记录的最大值得出这次地震在该处的k值，再根据该处的地表破坏现象、建筑物损坏程度等评定该处的地震烈度，得出该次地震的地震烈度与地震系数之间的对应关系。根据许多资料和统计分析表明，烈度每增加1度，k值大致增加1倍。我国《建筑抗震设计规范》（GB 50011—2010）体现了抗震设防依据的"双轨制"，即一般情况采用抗震设防烈度；在一定条件下，可采用抗震设防区划提供的地震动参数。铁路和公路工程抗震设计也使用这一方法。抗震设防烈度与地震系数的对应关系如表8-1所示。

表8-1　抗震设防烈度与地震系数的关系

抗震设防烈度	6	7	8	9
地震系数k	0.05	0.10（0.15）	0.20（0.30）	0.40

注：括号内数值分别对应于抗震设防烈度7度半和8度半。

在式（8-19）中β表示为

$$\beta=\frac{S_a}{|\ddot{x}_g|_{\max}} \tag{8-21}$$

称为动力放大系数，是单质点弹性体系在地震作用下最大反应加速度与地面运动加速度峰值的比值。它表示由于动力效应，质点的最大反应加速度比地面最大加速度放大了多少倍。将式（8-17）代入式（8-21）可得

$$\beta=\omega\cdot\frac{1}{|\ddot{x}_g|_{\max}}\left|\int_0^t \ddot{x}_g(\tau)e^{-\xi\omega(t-\tau)}\sin\omega(t-\tau)d\tau\right|_{\max} \tag{8-22}$$

由式（8-22）可知，当地面加速度记录$\ddot{x}_g(t)$和阻尼比ξ给定时，可以根据不同的ω(或T)值算出动力放大系数β，从而得到一条曲线，这条曲线称为动力放大系数反应谱曲线或β反应谱曲线。图8-3是根据1940年埃尔森特罗（El-Centro）地震地面加速度记录绘出的$\beta-T$曲线。由图8-3可见，当T较小时，反应谱曲线随T的增加急剧上升；当T较大时，曲线波动下降；而当T为某一值时，可使β达到最大值。这说明，如果结构自振周期与场地的自振周期（或称场地的卓越周期）相等或相近时，地震反应最大。因

此在结构抗震设计中，应使结构的自振周期远离场地的卓越周期，以避免发生共振现象。

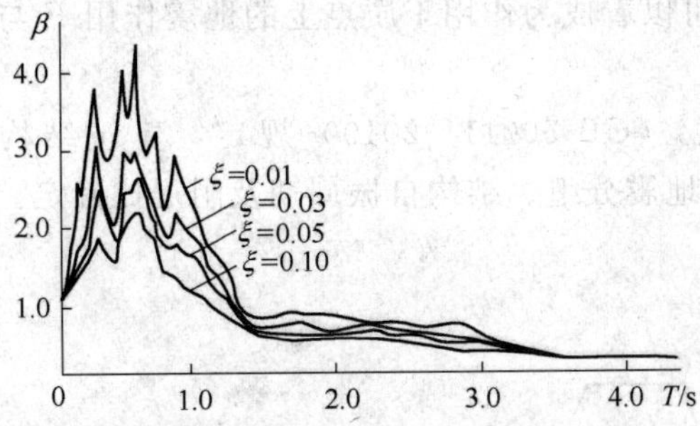

图 8-3　1940 年埃尔森特罗地震的 β 反应谱曲线

根据不同的地面运动记录统计分析表明，阻尼比 ξ、场地的特性、震中距的远近等都对反应谱曲线有比较明显的影响。如图8-3和图 8-4 所示，β 值随阻尼比 ξ 的增大而减小，而场地愈软、震中距愈远，则曲线主峰位置愈向右移，曲线主峰也愈扁平。因此，有必要先按场地类别、震中距远近分别绘出反应谱曲线，然后再根据统计分析，从大量的反应谱曲线中找出每种场地、不同震中距有代表性的平均反应谱曲线，作为设计用的标准反应谱曲线。

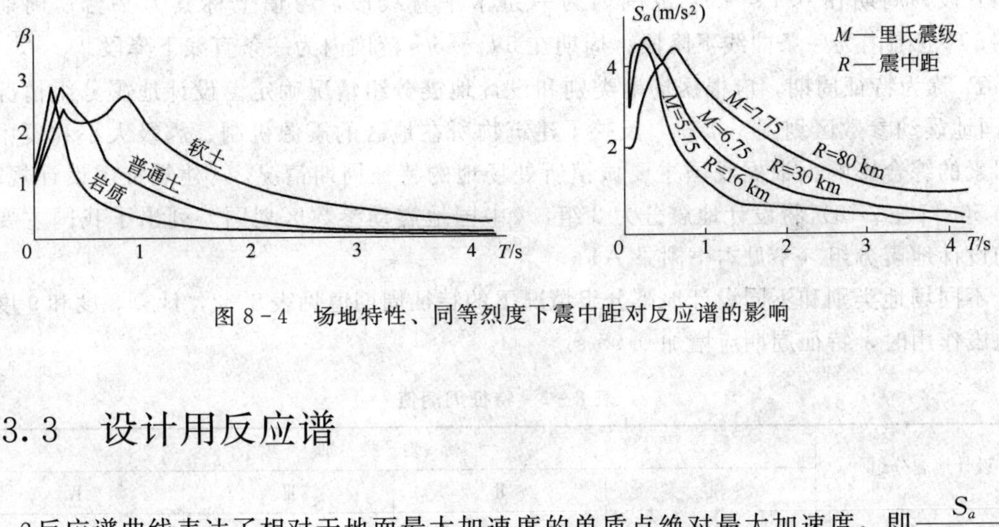

图 8-4　场地特性、同等烈度下震中距对反应谱的影响

8.3.3　设计用反应谱

β 反应谱曲线表达了相对于地面最大加速度的单质点绝对最大加速度，即 $\dfrac{S_a}{|\ddot{x}_g|_{max}}$ 与体系自振周期 T 之间的关系。《建筑抗震设计规范》（GB 50011—2010）则采用相对于标准自由落体加速度的单质点绝对最大加速度，即 $\dfrac{S_a}{g}$ 与体系自振周期 T 之间的关系作为设计用反应谱。并将 $\dfrac{S_a}{g}$ 用 α 表示，称 α 为地震影响系数，即

$$\alpha=\frac{S_a}{g}=\left(\frac{|\ddot{x}_g|_{max}}{g}\right)\left(\frac{S_a}{|\ddot{x}_g|_{max}}\right)=k\beta \tag{8-23}$$

则式（8-19）可写成

$$F=\alpha G \tag{8-24}$$

所以，地震影响系数 α 是单质点弹性体系在地震时的最大反应加速度（以标准自由落体加速度 g 为单位），也可以看成为作用于质点上的地震作用 F 与结构重力荷载代表值 G 之比。

《建筑抗震设计规范》（GB 50011—2010）规定，建筑结构的地震影响系数应根据烈度、场地类别、设计地震分组、结构自振周期及阻尼比确定。α 反应谱曲线如图 8-5 所示。

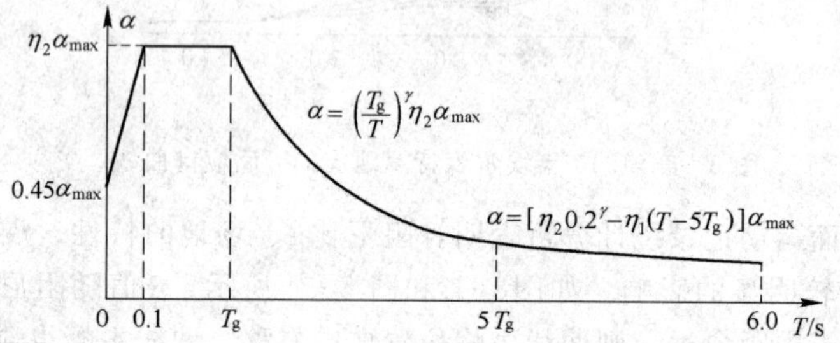

图 8-5　α 反应谱曲线

从图 8-5 可以看出，α 反应谱曲线由 4 部分组成：周期在 0～0.1 s 范围内为一条直线上升段；周期在 0.1 s～T_g 范围内为一条水平直线段，习惯上称其为平台；周期在 T_g～$5T_g$ 范围内为一条曲线下降段；周期在 $5T_g$～6 s 范围内为一条直线下降段。

T_g 称为特征周期，应根据场地类别和设计地震分组情况确定。设计地震分组情况与《中国地震动参数区划图》接轨，反映了建筑物所在地区的震源机制、震级大小和震中距等因素的综合影响。根据我国主要城镇所处场地的特征周期情况，《建筑抗震设计规范》（GB 50011—2010）将设计地震分为 3 组，《中国地震动参数区划图》列出了我国主要城镇的设计地震分组（参见本书附录 A）。

不同场地类别和不同设计地震分组情况下的特征周期值见表 8-2，计算 8 度和 9 度罕遇地震作用时，特征周期应增加 0.05 s。

表 8-2　特征周期值　　s

设计地震分组	场地类别			
	Ⅰ	Ⅱ	Ⅲ	Ⅳ
第一组	0.25	0.35	0.45	0.65
第二组	0.30	0.40	0.55	0.75
第三组	0.35	0.45	0.65	0.90

图 8-5 中 α_{max} 称为水平地震影响系数的最大值，由式（8-23）引出

$$\alpha_{max}=k\beta_{max} \tag{8-25}$$

根据地震资料统计结果表明，动力放大系数最大值 β_{max} 与地震烈度、场地类别、震中距大小等情况关系不大，《建筑抗震设计规范》（GB 50011—2010）取 $\beta_{max}=2.25$，再根据表8-1抗震设防烈度与地震系数的关系，可以得出不同抗震设防烈度时的 α_{max} 值，如

表8-3所示。

表 8-3　水平地震影响系数最大值

地震影响	6 度	7 度	8 度	9 度
多遇地震	0.04	0.08（0.12）	0.16（0.24）	0.32
罕遇地震	—	0.50（0.72）	0.90（1.2）	1.40

注：括号中数值分别用于设计基本地震加速度为 0.15 g 和 0.30 g 的地区。

考虑到不同结构类型建筑的抗震设计需要，《建筑抗震设计规范》（GB 50011—2010）提供了不同阻尼比 ξ（0.01～0.20）地震影响系数曲线相对于标准的地震影响系数（阻尼比为 0.05）的修正方法。根据实际强震记录的统计分析结果，这种修正可以分 3 段进行：在反应谱曲线平台段，对 $\alpha_{\max}$ 进行修正，修正幅度最大，见式（8-26）；在反应谱曲线上升段和下降段，修正幅度变小；在曲线两端，不同阻尼比的水平地震影响系数趋向接近，具体表达式为

$$\eta_2 = 1 + \frac{0.05 - \xi}{0.06 + 1.7\xi} \tag{8-26}$$

式中，η_2 称为阻尼调整系数，当小于 0.55 时，η_2 应取 0.55。

在曲线下降段，水平地震影响系数的表达式为

$$\alpha = \left(\frac{T_g}{T}\right)^{\gamma} \eta_2 \alpha_{\max} \tag{8-27}$$

式中，γ 称为曲线下降段的衰减系数，其表达式为

$$\gamma = 0.9 + \frac{0.05 - \xi}{0.5 + 5\xi} \tag{8-28}$$

在直线下降段，水平地震影响系数的表达式为

$$\alpha = [\eta_2 0.2^{\gamma} - \eta_1 (T - 5T_g)]\alpha_{\max} \tag{8-29}$$

式中，η_1 称为直线下降段的下降斜率调整系数，其表达式为

$$\eta_1 = 0.02 + (0.05 - \xi)/8 \tag{8-30}$$

《建筑抗震设计规范》（GB 50011—2010）规定，除有专门规定外，建筑结构的阻尼比应取 0.05。可以看出，当阻尼比 ξ 为 0.05 时，η_2 为 1，γ 为 0.9；η_1 为 0.02，此时平台高度就是 $\alpha_{\max}$，而曲线下降段和直线下降段的表达式可简化为

$$\alpha = \left(\frac{T_g}{T}\right)^{0.9} \alpha_{\max} \tag{8-31}$$

$$\alpha = [0.2^{0.9} - 0.02(T - 5T_g)]\alpha_{\max} \tag{8-32}$$

当结构为一个刚体，即结构的自振周期 $T=0$ 时，其加速度将与地面加速度相等，即 $\beta=1$，故

$$\alpha = k = \frac{k\beta_{\max}}{\beta_{\max}} = \frac{\alpha_{\max}}{2.25} \approx 0.45\alpha_{\max}$$

《建筑抗震设计规范》（GB 50011—2010）给出的反应谱曲线，从形式上是一条，但由于特征周期、地震烈度、地震类别等的不同，实际上它代表很多条曲线。

【例 8-1】 单层钢筋混凝土框架计算简图如图 8-6（a）所示。集中在屋盖处的重力荷载代表值 $G=1\ 200$ kN，梁的抗弯刚度 $EI\rightarrow\infty$，柱的截面尺寸 $b\cdot h$，mm：350×350，采用 C20 混凝土，阻尼比取 0.05，场地类别为Ⅱ类，抗震设防烈度为 7 度，设计地震基本加速度为 $0.10g$，设计地震分组为第二组。计算其水平地震作用。

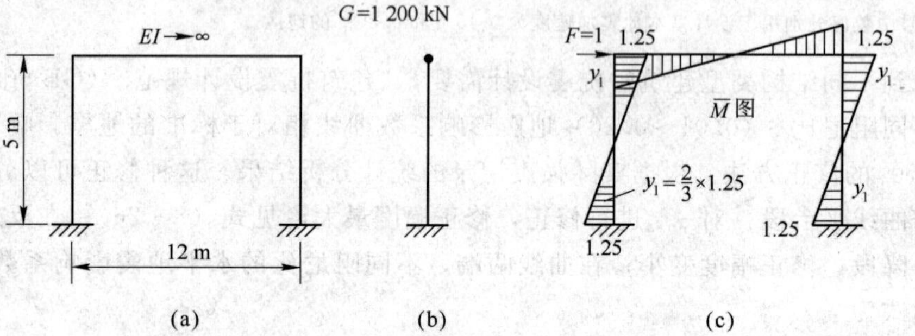

图 8-6 例 8-1 计算简图

[解]

C20 混凝土的弹性模量 $E=25.5\ \mathrm{kN/mm^2}$，柱的惯性矩为

$$I=\frac{1}{12}bh^3=\frac{1}{12}\times 0.35\times 0.35^3=1.25\times 10^{-3}(\mathrm{m}^4)$$

于是

$$\delta=\frac{1}{EI}\int\overline{M}^2\mathrm{d}x=\frac{1}{25.5\times 10^9\times 1.25\times 10^{-3}}\times\frac{1}{2}\times 1.25\times 2.5\times\frac{2}{3}\times 1.25\times 4$$

$$=1.6\times 10^{-7}(\mathrm{m})$$

结构的自振周期为

$$T=2\pi\sqrt{\frac{G\delta}{g}}=2\pi\sqrt{\frac{1\ 200\times 10^3\times 1.6\times 10^{-7}}{9.81}}=0.88(\mathrm{s})$$

由图 8-5、表 8-2 和表 8-3 得

$$T_g=0.4(\mathrm{s})$$

$$\alpha_{\max}=0.08$$

因为 $T_g\leqslant T\leqslant 5T_g$，阻尼比为 0.05，所以

$$\alpha=\left(\frac{T_g}{T}\right)^{0.9}\alpha_{\max}=\left(\frac{0.4}{0.88}\right)^{0.9}\times 0.08=0.039$$

水平地震作用为

$$F=\alpha G=0.039\times 1\ 200=46.8(\mathrm{kN})$$

《铁路工程抗震设计规范》（GB 50111—2006）规定如下。

1. 场地特征周期

我国 2015 年地震动参数区划图，将场地类别划分为Ⅰ、Ⅱ、Ⅲ 、Ⅳ类，将特征周期分区按近场地震、中场地震、远场地震分为一、二、三区。为此，规范采用的设计特征周期分类、分区与《中国地震动参数区划图》保持一致。

2. 反应谱曲线

对于特征周期分类，铁路工程抗震设计规范中共有 12 条反应谱曲线。由于对长周期结构的动力行为缺乏研究，为了避免造成设计困难，规范中对加速度反应谱 β 曲线（图 8-7）的使用范围作了限定：结构自振周期小于 2 s，且阻尼比 ξ 为 0.05；并规定不符合上述条件时，应另行研究。

《公路桥梁抗震设计细则》（JTG/T B02—01—2008）规定的水平设计加速度反应谱为阻尼比为 0.05 的水平设计加速度反应谱 S 曲线（图 8-8），由下式确定

$$S=\begin{cases}S_{\max}(5.5T+0.45) & T<0.1\ \text{s}\\ S_{\max} & 0.1\ \text{s}\leqslant T\leqslant T_g\\ S_{\max}(T_g/T) & T>T_g\end{cases}\tag{8-33}$$

式中　T_g——特征周期，s；

T——结构自振周期，s；

$S_{\max}$——水平设计加速度反应谱最大值。

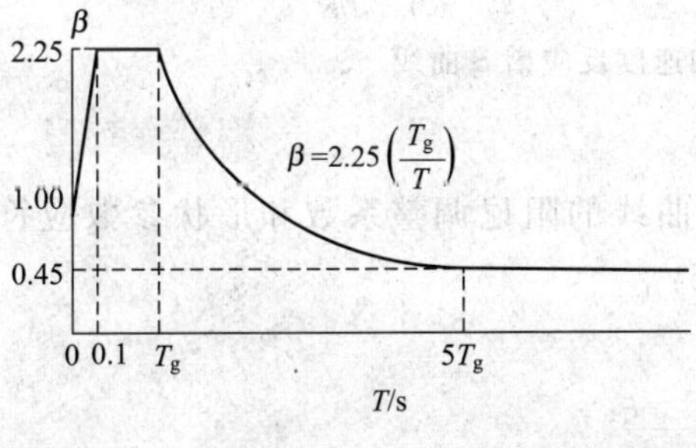

图 8-7　铁路规范加速度反应谱 β 曲线

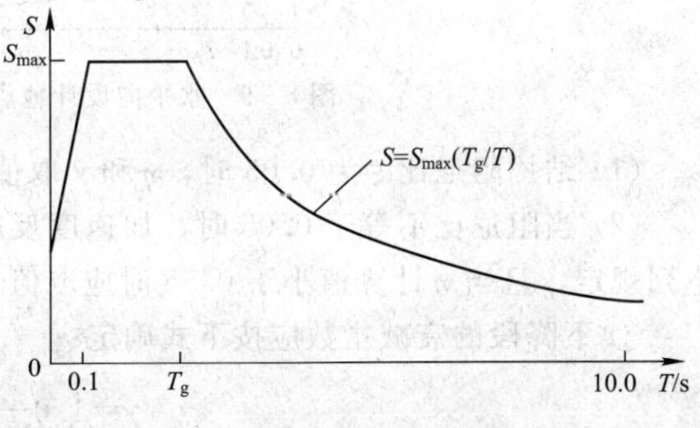

图 8-8　公路桥梁水平设计加速度反应谱 S 曲线

水平设计加速度反应谱最大值 $S_{\max}$ 由下式确定

$$S_{\max}=2.25C_iC_sC_dA\tag{8-34}$$

式中　C_i——抗震重要性系数，按表 8-4 取值；

C_s——场地系数，按表 8-5 取值；

C_d——阻尼调整系数，除有专门规定外，结构的阻尼比 ξ 取 0.05，C_d 取 1.0，当结构的阻尼比按有关规定取值不等于 0.05 时，C_d 按式（8-35）计算取值；

A——水平向设计基本地震动加速度峰值，按 2015 年《中国地震动参数区划图》的规定取值。

$$C_d=1+\frac{0.05-\xi}{0.06+1.7\xi}\geqslant 0.55\tag{8-35}$$

表 8-4　公路桥梁工程重要性系数 C_i

桥梁分类	E1 地震作用	E2 地震作用
A类	1.0	1.7
B类	0.43 (0.5)	1.3 (1.7)
C类	0.34	1.0
D类	0.23	—

注：高速公路和一级公路上的大桥、特大桥，其抗震重要性系数取B类括号内的值。

表 8-5　公路桥梁工程场地系数 C_s

场地 \ 烈度	6	7		8		9
	0.05g	0.1g	0.15g	0.2g	0.3g	0.4g
Ⅰ	1.2	1.0	0.9	0.9	0.9	0.9
Ⅱ	1.0	1.0	1.0	1.0	1.0	1.0
Ⅲ	1.1	1.3	1.2	1.2	1.0	1.0
Ⅳ	1.2	1.4	1.3	1.3	1.0	0.9

《城市轨道交通结构抗震设计规范》(GB 50909—2014) 规定如下。

当结构自振周期小于 6.0s 时，场地地表水平向设计地震动加速度反应谱 S 曲线 (图 8-9) 应符合下列要求。

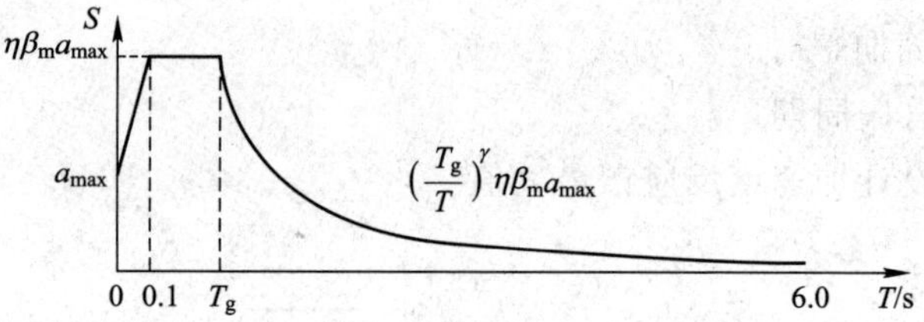

图 8-9　水平向设计地震动加速度反应谱 S 曲线

(1) 结构阻尼比 ξ 为 0.05 时，η 和 γ 取值 1.0。

(2) 当阻尼比不等于 0.05 时，加速度反应谱曲线的阻尼调整系数和形状参数应符合下列规定，且当 η 计算值小于 0.55 时应取值 0.55：

① 下降段的衰减指数应按下式确定

$$\gamma = 1.0 + \frac{0.05 - \xi}{0.3 + 6\xi}$$

② 阻尼调整系数应按下式确定

$$\eta = 1.0 + \frac{0.05 - \xi}{0.08 + 1.6\xi}$$

8.4　多质点弹性体系的地震反应

8.4.1　运动方程的建立

在实际工程中，大多数结构是不能简化成单质点体系的。例如多层或高层房屋、多跨不等高单层厂房、烟囱等。为了能如实地反映其动力特性，可将其简化成多质点体系，如图 8－10 所示。

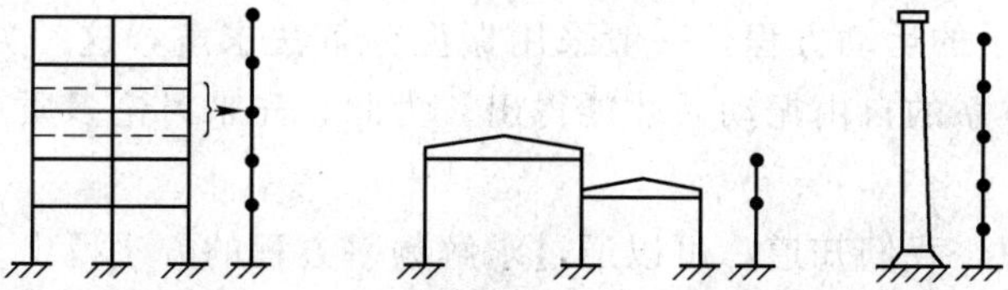

图 8－10　多质点体系简化示意图

图 8－11 表示多质点弹性体系在地震作用下的位移情况。其中 $x_g(t)$ 表示地面水平位移，$x_i(t)$ 表示质点 i 的相对位移反应。现建立第 i 个质点的运动方程。

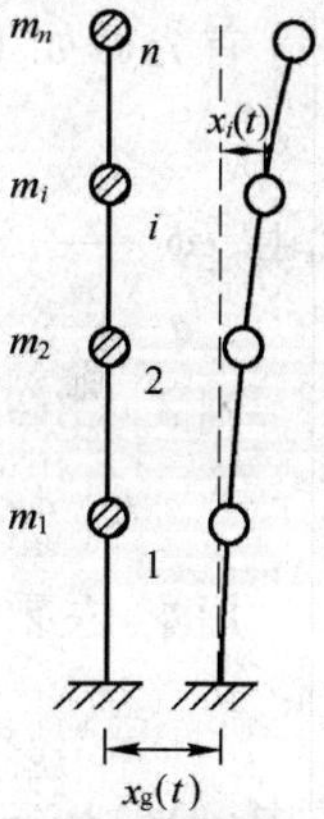

图 8－11　多质点弹性体系地震作用下的位移

质点 i 的总位移为

$$x_g(t)+x_i(t)$$

产生的惯性力为

$$I_i=-m_i(\ddot{x}_g+\ddot{x}_i) \tag{8-36}$$

平衡惯性力 I_i 的弹性恢复力 S_i 和阻尼力 R_i 分别为

$$S_i=(k_{i1}x_1+k_{i2}x_2+\cdots+k_{in}x_n)=\sum_{r=1}^{n}k_{ir}x_r \tag{8-37}$$

$$R_i=(c_{i1}\dot{x}_1+c_{i2}\dot{x}_2+\cdots+c_{in}\dot{x}_n)=\sum_{r=1}^{n}c_{ir}\dot{x}_r \tag{8-38}$$

式中　k_{ir}——第 r 个质点产生单位位移而其余质点不动，在第 i 个质点产生的弹性反力；

c_{ir}——第 r 个质点产生单位速度而其余质点速度为零，在第 i 个质点产生的阻尼力。

于是可得

$$-m_i(\ddot{x}_g+\ddot{x}_i)=\sum_{r=1}^{n}k_{ir}x_r+\sum_{r=1}^{n}c_{ir}\dot{x}_r\quad(i=1,2,\cdots,n) \tag{8-39}$$

经整理后得

$$m_i\ddot{x}_i+\sum_{r=1}^{n}k_{ir}x_r+\sum_{r=1}^{n}c_{ir}\dot{x}_r=-m_i\ddot{x}_g\quad(i=1,2,\cdots,n) \tag{8-40}$$

式（8－40）就是多质点弹性体系在地震作用下的运动微分方程组。为书写简便，式中分别将 $x_i(t)$，$\dot{x}_i(t)$ 和 $\ddot{x}_i(t)$ 表示成 x_i，$\dot{x}_i$ 和 $\ddot{x}_i$。

式（8－40）也可以用矩阵的形式来表示，即

$$\boldsymbol{M}\ddot{\boldsymbol{x}}+\boldsymbol{K}\boldsymbol{x}+\boldsymbol{C}\dot{\boldsymbol{x}}=-\boldsymbol{M}\boldsymbol{I}\ddot{x}_g \tag{8-41}$$

式中　$\boldsymbol{M}$——$n\times n$ 阶的质量矩阵；

$\boldsymbol{K}$——$n\times n$ 阶的刚度矩阵；

$\boldsymbol{C}$——$n\times n$ 阶的阻尼矩阵；

$\boldsymbol{x}$——$n\times 1$ 阶的相对位移向量；

$\boldsymbol{I}$——$n\times 1$ 阶单位向量。

8.4.2 运动方程的求解

式（8-41）所示的运动方程，一般采用振型分解法求解，这一方法需利用多质点体系的振型，要分析体系的自由振动后才能得出。为此，先来讨论多质点弹性体系的自由振动问题。

在结构动力学中，我们知道，可以通过求解频率方程的方法得出多自由度系统自由振动的振型和频率。利用振型的正交性，可以把多自由度系统的运动方程解耦，将多自由度系统简化为多个单自由度系统的叠加。这一方法就是振型分解法。

下面采用振型分解的方法求解多质点弹性体系在地震作用下的运动微分方程组，即解式（8-41）。

首先做如下的坐标变换

$$\boldsymbol{x}=\boldsymbol{\phi}\,\boldsymbol{q} \tag{8-42}$$

式中 $\boldsymbol{\phi}$——$n\times n$ 阶的振型矩阵；

$\boldsymbol{q}$——$n\times 1$ 阶的广义坐标向量。

则式（8-41）可化为

$$\boldsymbol{M\phi}\,\ddot{\boldsymbol{q}}+\boldsymbol{C\phi}\,\dot{\boldsymbol{q}}+\boldsymbol{K\phi q}=-\boldsymbol{MI}\ddot{x}_{\mathrm{g}} \tag{8-43}$$

用 $\boldsymbol{\phi}^{\mathrm{T}}$ 左乘式（8-43）可得

$$\boldsymbol{M}^*\,\ddot{\boldsymbol{q}}+\boldsymbol{C}^*\,\dot{\boldsymbol{q}}+\boldsymbol{K}^*\,\boldsymbol{q}=-\boldsymbol{\phi}^{\mathrm{T}}\boldsymbol{MI}\ddot{x}_{\mathrm{g}} \tag{8-44}$$

式中 $\boldsymbol{M}^*$——$n\times n$ 阶的广义质量矩阵；

$\boldsymbol{C}^*$——$n\times n$ 阶的广义阻尼矩阵；

$\boldsymbol{K}^*$——$n\times n$ 阶的广义刚度矩阵。

根据振型的正交性，$\boldsymbol{M}^*$ 和 $\boldsymbol{K}^*$ 都为对角矩阵。通常假定结构的阻尼为瑞雷阻尼，所以也满足正交性，则 $\boldsymbol{C}^*$ 也化为了对角矩阵。

式（8-44）两边同除以广义质量矩阵，则解耦为 n 个独立的方程，即

$$\ddot{q}_j+2\xi_j\omega_j\dot{q}_j+\omega_j^2q_j=-\gamma_j\ddot{x}_{\mathrm{g}}\quad(j=1,\ 2,\ \cdots,\ n) \tag{8-45}$$

式中 ω_j——第 j 阶振型的圆频率；

ξ_j——第 j 阶振型的阻尼比；

γ_j——第 j 阶振型的振型参与系数。

ω_j 和 ξ_j 在结构动力学中已经介绍了它们的物理意义，这里介绍 γ_j 的物理意义。从式（8-45）的推导中可知

$$\gamma_j=\frac{\boldsymbol{\phi}_j{}^{\mathrm{T}}\boldsymbol{m}}{M_j^*}=\frac{\sum\limits_{i=1}^{n}m_ix_{ij}}{\sum\limits_{i=1}^{n}m_ix_{ij}^2} \tag{8-46}$$

式中 $\boldsymbol{\phi}_j$——$n\times 1$ 阶的第 j 阶振型的振型向量；

$\boldsymbol{m}$——$n\times 1$ 阶的各质点质量向量；

x_{ij}——第 j 阶振型在第 i 个质点处的振型坐标值。

可见，第 j 阶振型的振型参与系数 γ_j 为两个累加和相除，分子为该振型在各质点处的振型坐标值与相应质点质量乘积的代数和；分母为该振型在各质点处的振型坐标值的平方与相应质点质量乘积的代数和。如果该振型的各坐标值正负符号相同（通常为第 1 阶振型），则该振型的振型参与系数比较大；如果该振型的各坐标值存在异号（高阶振型），则分子相互抵消，得出的振型参与系数较小。

将式（8-45）与单质点体系的运动方程（8-9）比较，两式基本相同，因此可通过杜哈梅（Duhamel）积分求解各个广义坐标 q_j，即

$$q_j(t)=-\frac{\gamma_j}{\omega_j}\int_0^t \ddot{x}_g(\tau)e^{-\xi_j\omega_j(t-\tau)}\sin\omega_j(t-\tau)d\tau \tag{8-47}$$

或

$$q_j(t)=\gamma_j\Delta_j(t) \tag{8-48}$$

其中

$$\Delta_j(t)=-\frac{1}{\omega_j}\int_0^t \ddot{x}_g(\tau)e^{-\xi_j\omega_j(t-\tau)}\sin\omega_j(t-\tau)d\tau \tag{8-49}$$

比较式（8-49）和式（8-12）可见，$\Delta_j(t)$相当于阻尼比为 ξ_j、自振频率为 ω_j 的单质点体系在地震作用下的位移。

求得各广义坐标 q_j 后，将其代回到式（8-42）中就可以得出原体系的位移反应，即

$$x_i(t)=\sum_{j=1}^{n}q_i(t)x_{ij}=\sum_{j=1}^{n}\gamma_j\Delta_j(t)x_{ij} \tag{8-50}$$

8.5　多质点弹性体系水平地震作用的确定

按反应谱法确定多质点弹性体系水平地震作用时，可采用振型分解反应谱法求得，在满足一定条件的情况下也可采用比较简单的底部剪力法，本节讲述这两种方法。

8.5.1　振型分解反应谱法

1. 地震影响下质点上产生的地震作用

多质点弹性体系在地震时质点上产生的地震作用等于质点上的惯性力，即

$$F_i(t)=-m_i[\ddot{x}_g(t)+\ddot{x}_i(t)] \tag{8-51}$$

由于

$$\sum_{j=1}^{n}\gamma_j x_{ij}=1 \tag{8-52}$$

对于式（8-52）的证明如下所述。

将 1 按振型展开为

$$1 = \sum_{s=1}^{n} a_s x_{is} \tag{8-53}$$

式（8－53）两边同乘以 $\sum_{i=1}^{n} m_i x_{ij}$ 得

$$\sum_{i=1}^{n} m_i x_{ij} = \sum_{i=1}^{n} \sum_{s=1}^{n} a_s m_i x_{ij} x_{is} \tag{8-54}$$

由主振型的正交性可知，对于式（8－54）等号右边各项，凡是 $s \neq j$ 的各项都等于零，因而只剩下 $s=j$ 项。于是式（8－54）简化为

$$\sum_{i=1}^{n} m_i x_{ij} = a_j \sum_{i=1}^{n} m_i x_{ij}^2 \tag{8-55}$$

所以

$$a_j = \frac{\sum_{i=1}^{n} m_i x_{ij}}{\sum_{i=1}^{n} m_i x_{ij}^2} = \gamma_j \tag{8-56}$$

将式（8－53）中的符号下标 s 换成 j，并将式（8－56）代入式（8－53），即得

$$\sum_{j=1}^{n} \gamma_j x_{ij} = 1$$

证毕。

将地震地面运动加速度写成

$$\ddot{x}_g(t) = \ddot{x}_g(t) \sum_{j=1}^{n} \gamma_j x_{ij}$$

并将式（8－50）代入式（8－51）可得

$$F_i(t) = -m_i \sum_{j=1}^{n} \gamma_j x_{ij} [\ddot{x}_g(t) + \ddot{\Delta}_j(t)] \tag{8-57}$$

2. 振型的最大地震作用

按照式（8－57）可以绘出 $F_i(t)$ 随时间变化的曲线，即时程曲线。曲线上 $F_i(t)$ 的最大值就是设计用的最大地震作用。但这样做太烦琐。一般先求出对应于每一个振型的最大地震作用及其相应的地震作用效应，然后将这些效应进行组合，求得结构的最大地震作用效应。

由式（8－57），在第 j 阶振型第 i 个质点上的地震作用的绝对最大值为

$$F_{ij} = m_i \gamma_j x_{ij} |\ddot{x}_g(t) + \ddot{\Delta}_j(t)|_{max} \tag{8-58}$$

或

$$F_{ij} = \alpha_j \gamma_j x_{ij} G_i \tag{8-59}$$

式中

$$\alpha_j = \frac{|\ddot{x}_g(t) + \ddot{\Delta}_j(t)|_{max}}{g} \tag{8-60}$$

$$G_i = m_i g \tag{8-61}$$

式（8－60）是第 j 阶振型对应的振子的最大绝对加速度与标准自由落体加速度之比，所以它是相应于第 j 阶振型的地震影响系数。

这样，多质点弹性体系第 j 阶振型第 i 个质点的水平地震作用标准值可以按式（8－59）计算得出。

3. 振型组合

根据振型分解法，结构在任一时刻所受的地震作用为该时刻各振型地震作用之和。由于按式（8－58）计算得到的 F_{ij}（$i=1$，2，…，n；$j=1$，2，…，n）均为最大值，按 F_{ij} 求得的地震作用效应 S_j（$j=1$，2，…，n）也是最大值，各振型的最大地震作用效应不可能同时发生，这就要确定如何将 S_j 进行组合，以得到合理的地震作用效应。

《建筑抗震设计规范》（GB 50011—2010）根据概率论的方法，得出了结构地震作用效应"平方和开方"（SRSS）的近似计算公式，即

$$S_{EK} = \sqrt{\sum_{j=1}^{n} S_j^2} \tag{8-62}$$

式中　S_{EK}——水平地震作用标准值的效应；

S_j——第 j 阶振型水平地震作用标准值的效应，包括内力及变形，一般可只取 2～3 个振型，当基本自振周期大于 1.5 s 或房屋高宽比大于 5 时，振型个数应适当增加。

《铁路工程抗震设计规范》(GB 50111—2006)（2009 年版）规定桥墩地震作用效应弯矩、剪力、位移，一般情况下，可取前三阶振型耦合，并应按 SRSS 组合的方法计算，即

$$S_{iE} = \sqrt{\sum_{j=1}^{3} S_{ijE}^2} \tag{8-63}$$

式中　S_{iE}——地震作用下，第 i 个质点的作用效应弯矩、剪力或位移；

S_{ijE}——在第 j 阶振型地震作用下，第 i 个质点的作用效应弯矩、剪力或位移。

《公路桥梁抗震设计细则》(JTG/T B02—01—2008）规定，用多振型反应谱法计算时，所考虑的振型阶数应在计算方向获得 90%以上的有效质量。地震作用效应应按下列规定计算。

(1) 单一方向的地震作用效应（内力、位移），一般可采用 SRSS 方法按式（8－64）确定

$$F = \sqrt{\sum S_i^2} \tag{8-64}$$

式中　F——结构的地震作用效应；

S_i——结构第 i 阶振型地震作用效应。

(2) 当结构相邻两阶振型的自振周期 T_i 和 T_j（$T_j \leqslant T_i$）接近时，即 T_i 和 T_j 之比 ρ_T 满足式（8－65），应采用"完全二次型组合法"（CQC 方法）按式（8－66）计算地震作用效应。

$$\rho_T = \frac{T_j}{T_i} \geqslant \frac{0.1}{0.1+\xi} \tag{8-65}$$

式中　ξ——阻尼比；

ρ_T——周期比。

$$F=\sqrt{\sum\sum S_i r_{ij} S_j} \tag{8-66}$$

式中　r_{ij}——相关系数，按式（8－67）确定。

$$r_{ij}=\frac{8\xi^2(1+\rho_T)\rho_T^{3/2}}{(1+\rho_T^2)^2+4\xi^2\rho_T(1+\rho_T)^2} \tag{8-67}$$

【例 8－2】　应用振型分解反应谱法求解例 4－5 的三层剪切结构的水平地震作用。已知各振型的周期为：$T_1=0.466$ s，$T_2=0.209$ s，$T_3=0.135$ s；各层层高均为 4 m。阻尼比取 0.05，场地类别为Ⅰ类，设计地震基本加速度为 0.30g，设计地震分组为第一组。

［解］

(1) 计算主振型及相应的自振周期。

已知主振型及相应的自振周期为

第 1 阶振型　$x_{11}=1$，$x_{21}=2/3$，$x_{31}=1/3$，$T_1=0.466$ s

第 2 阶振型　$x_{12}=1$，$x_{22}=-2/3$，$x_{32}=-2/3$，$T_2=0.209$ s

第 3 阶振型　$x_{13}=1$，$x_{23}=-3$，$x_{33}=4$，$T_3=0.135$ s

(2) 求水平地震作用。

由式（8－59）可得，相应于第 1 阶振型的质点水平地震作用为

$$F_{i1}=\alpha_1\gamma_1 x_{i1} G_i$$

由图 8－5、表 8－2 和表 8－3 得

$$T_g=0.25(\text{s})$$

$$\alpha_{\max}=0.24$$

所以

$$\alpha_1=\left(\frac{T_g}{T_1}\right)^{0.9}\alpha_{\max}=\left(\frac{0.25}{0.466}\right)^{0.9}\times0.24=0.137$$

$$\gamma_1=\frac{\sum_{i=1}^{n}m_i x_{i1}}{\sum_{i=1}^{n}m_i x_{i1}^2}=\frac{180\times1+270\times(2/3)+270\times(1/3)}{180\times1^2+270\times(2/3)^2+270\times(1/3)^2}=1.364$$

$$F_{11}=0.137\times1.364\times1\times180\times9.8=329.6(\text{kN})$$

$$F_{21}=0.137\times1.364\times(2/3)\times270\times9.8=329.6(\text{kN})$$

$$F_{31}=0.137\times1.364\times(1/3)\times270\times9.8=164.8(\text{kN})$$

同理，相应于第 2 阶振型的质点水平地震作用为

$$F_{i2}=\alpha_2\gamma_2 x_{i2} G_i$$

其中，$\alpha_2=\alpha_{\max}=0.24$

$$\gamma_2=\frac{\sum_{i=1}^{n}m_i x_{i2}}{\sum_{i=1}^{n}m_i x_{i2}^2}=\frac{180\times1+270\times(-2/3)+270\times(-2/3)}{180\times1^2+270\times(-2/3)^2+270\times(-2/3)^2}=-0.429$$

$$F_{12}=0.24\times(-0.429)\times1\times180\times9.8=-181.6(\text{kN})$$

$$F_{22}=0.24\times(-0.429)\times(-2/3)\times270\times9.8=181.6(\text{kN})$$

$$F_{32}=0.24\times(-0.429)\times(-2/3)\times270\times9.8=181.6(\text{kN})$$

同理，相应于第 3 阶振型的质点水平地震作用为

$$F_{i3}=\alpha_3\gamma_3 x_{i3}G_i$$

其中，$\alpha_3=\alpha_{\max}=0.24$

$$\gamma_3=\frac{\sum_{i=1}^{n}m_i x_{i3}}{\sum_{i=1}^{n}m_i x_{i3}^2}=\frac{180\times1+270\times(-3)+270\times4}{180\times1^2+270\times(-3)^2+270\times4^2}=0.065$$

$$F_{13}=0.24\times0.065\times1\times180\times9.8=27.5(\text{kN})$$

$$F_{23}=0.24\times0.065\times(-3)\times270\times9.8=-123.8(\text{kN})$$

$$F_{33}=0.24\times0.065\times4\times270\times9.8=165.1(\text{kN})$$

(3) 求层间地震剪力。

根据以上计算，对应于第 1，2，3 阶振型的地震作用及剪力图如图 8－12 中（a）、（b）、（c）所示。由式（8－62）得

$$V_1=\sqrt{329.6^2+(-181.6)^2+27.5^2}=377.3(\text{kN})$$

$$V_2=\sqrt{659.2^2+0^2+(-96.3)^2}=666.2(\text{kN})$$

$$V_3=\sqrt{824.0^2+181.6^2+68.8^2}=846.6(\text{kN})$$

层间地震剪力如图 8－12（d）所示。

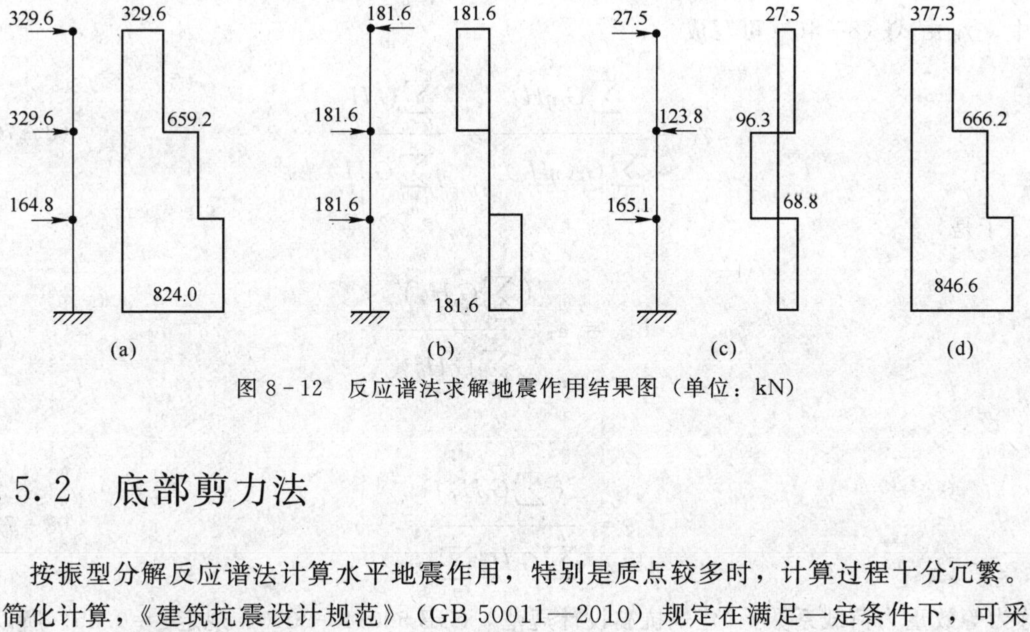

图 8－12 反应谱法求解地震作用结果图（单位：kN）

8.5.2 底部剪力法

按振型分解反应谱法计算水平地震作用，特别是质点较多时，计算过程十分冗繁。为了简化计算，《建筑抗震设计规范》（GB 50011—2010）规定在满足一定条件下，可采用近似的计算方法，即底部剪力法。

理论分析表明，对于质量和刚度沿高度分布比较均匀、高度不超过 40m、以剪切变形为主（房屋高宽比小于 4 时）的结构，以及近似于单质点体系的结构，振动时具有以下特点：

(1) 位移反应以基本振型为主；

(2) 基本振型接近直线，如图 8-13。

因此，在满足上述条件下，计算各质点上的地震作用时可仅考虑基本振型，而忽略高阶振型的影响。这样，基本振型质点的相对水平位移 x_{i1} 将与质点的计算高度 H_i 成正比。即 $x_{i1}=\eta H_i$，其中 η 为比例常数（图 8-13）。于是，作用在第 i 个质点上的水平地震作用可写成

$$F_{i1}=\alpha_1\gamma_1\eta H_i G_i \tag{8-68}$$

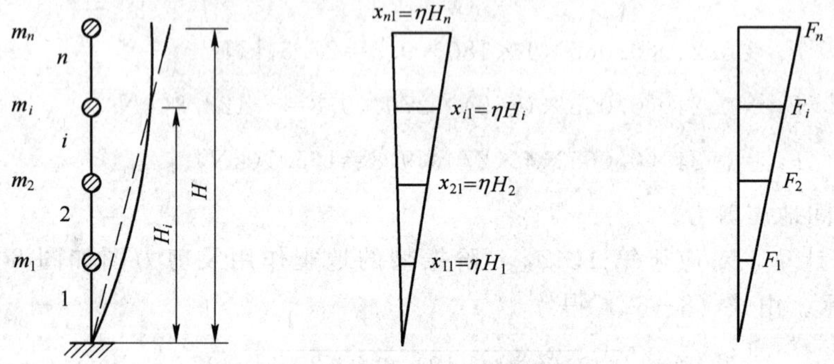

图 8-13　底部剪力法图

结构的总水平地震作用，也就是结构的底部剪力为

$$F_{EK}=\sum_{i=1}^{n}F_{i1}=\alpha_1\gamma_1\eta\sum_{i=1}^{n}H_iG_i \tag{8-69}$$

式中，γ_1 由式（8-46）可写成

$$\gamma_1=\frac{\sum\limits_{i=1}^{n}G_i\eta H_i}{\sum\limits_{i=1}^{n}G_i(\eta H_i)^2}=\frac{\sum\limits_{i=1}^{n}G_iH_i}{\eta\sum\limits_{i=1}^{n}G_iH_i^2} \tag{8-70}$$

于是

$$F_{EK}=\alpha_1\frac{\left(\sum\limits_{i=1}^{n}G_iH_i\right)^2}{\sum\limits_{i=1}^{n}G_iH_i^2} \tag{8-71}$$

设

$$\xi=\frac{\left(\sum\limits_{i=1}^{n}G_iH_i\right)^2}{\sum\limits_{i=1}^{n}G_iH_i^2\sum\limits_{i=1}^{n}G_i} \tag{8-72}$$

ξ 称为等效重力荷载系数，《建筑抗震设计规范》(GB 50011—2010) 规定 $\xi=0.85$。所以

$$F_{EK}=\alpha_1\xi\sum_{i=1}^{n}G_i=\alpha_1G_{eq} \tag{8-73}$$

式中　α_1——相应于结构基本周期的水平地震影响系数（由图 8-5 得出）；

G_{eq}——结构等效总重力荷载，$G_{eq}=\xi G$；

G——结构总重力荷载，$G=\sum_{i=1}^{n}G_i$。

G_i 及 F_{EK} 均为标准值。

由式（8－69）得

$$\alpha_1\gamma_1\eta=\frac{1}{\sum_{j=1}^{n}H_jG_j}F_{EK} \tag{8-74}$$

代入式（8－68），并略去下标，得

$$F_i=\frac{H_iG_i}{\sum_{j=1}^{n}H_jG_j}F_{EK} \tag{8-75}$$

式中　F_{EK}——结构总水平作用标准值，即结构的底部剪力，按式（8－73）计算；

G_i，G_j——集中于质点 i，j 的重力荷载标准值；

H_i，H_j——质点 i，j 的计算高度。

式（8－75）适用于结构基本周期 $T_1\leqslant 1.4T_g$ 的结构，当 $T_1>1.4T_g$ 时，由于高阶振型的影响，根据对大量结构的地震反应直接动力分析证明，当按式（8－75）计算时结构顶部的地震剪力偏小，应进行调整。方法是将结构总地震作用的一部分作为集中力作用于结构顶部，再将余下的部分按倒三角形分配给各质点。作用于结构顶部的附加集中水平地震作用可按式（8－76）计算（图 8－14）

$$\Delta F_n=\delta_nF_{EK} \tag{8-76}$$

则式（8－75）就化为

$$F_i=\frac{H_iG_i}{\sum_{j=1}^{n}II_jG_j}F_{EK}(1-\delta_n) \tag{8-77}$$

式中，δ_n 为顶部附加地震作用系数，对于多层钢筋混凝土房屋和钢结构房屋可按表 8－6 确定；对多层内框架砖房可取 $\delta_n=0.2$；其他房屋可不考虑。

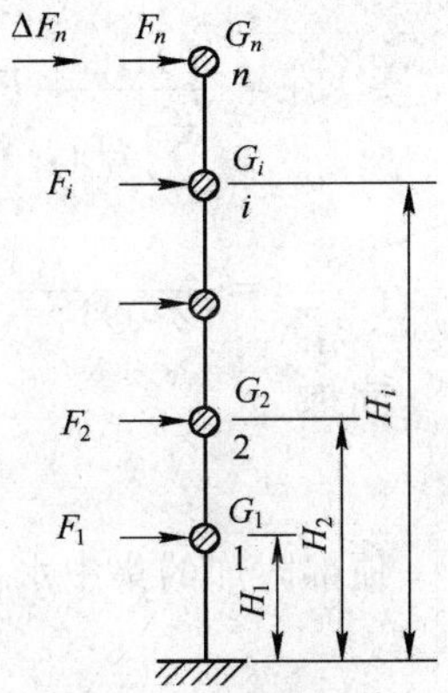

图 8－14　底部剪力法计算图示

表 8－6　顶部附加地震作用系数 δ_n

T_g/s	$T_1>1.4T_g$	$T_1\leqslant 1.4T_g$
$\leqslant 0.35$	$0.08T_1+0.07$	不考虑
0.35～0.55	$0.08T_1+0.01$	
>0.55	$0.08T_1-0.02$	

震害表明，当建筑物有突出屋面的小建筑如屋顶间、女儿墙、烟囱等时，由于该部分的质量和刚度突然变小，将产生“鞭端效应”，使其地震反应特别强烈，其程度取决于突出物与建筑物的质量比、刚度比、场地条件。《建筑抗震设计规范》（GB 50011—2010）规定，当采用底部剪力法计算地震作用时，宜乘以增大系数 3，此增大部分不应往下传递，但与该突出部分连接的构件应予计入；采用振型分解法时，突出屋面部分可作为一个质点；单层厂房突出屋面天窗架的地震作用效应的增大系数，应按《建筑抗震设计规范》

（GB 50011—2010）规定计算。

【例 8-3】 应用底部剪力法重新求解例 8-2 所示三层剪切结构的水平地震作用。

［解］

由例 8-2 已知

$$T_1=0.466\ \text{s},\quad \alpha_1=0.137$$

$$G_{eq}=\xi G=0.85\times\sum_{i=1}^{n}m_i g=0.85\times(180+270+270)\times 9.8=5\ 997.6(\text{kN})$$

所以

$$F_{EK}=\alpha_1 G_{eq}=0.137\times 5\ 997.6=821.7(\text{kN})$$

由式（8-77）得

$$F_i=\frac{H_iG_i}{\sum_{j=1}^{n}H_jG_j}F_{EK}(1-\delta_n)$$

因 $T_1=0.466\ \text{s}>1.4T_g=1.4\times 0.25=0.35\ \text{s}$，所以由表 8-6 得

$$\delta_n=0.08T_1+0.07=0.08\times 0.466+0.07=0.107\ 3$$

于是可得

$$F_1=\frac{H_1G_1}{\sum_{j=1}^{3}H_jG_j}F_{EK}(1-\delta_n)$$

$$=\frac{270\times 9.8\times 4}{(270\times 4+270\times 8+180\times 12)\times 9.8}\times 821.7\times(1-0.107\ 3)=146.7(\text{kN})$$

同理

$$F_2=293.4(\text{kN});\quad F_3=293.4(\text{kN})$$

顶部附加的集中水平地震作用为

$$\Delta F_n=\delta_n F_{EK}=0.107\ 3\times 821.7=88.2(\text{kN})$$

结构的水平地震作用及层间剪力图如图 8-15 所示。

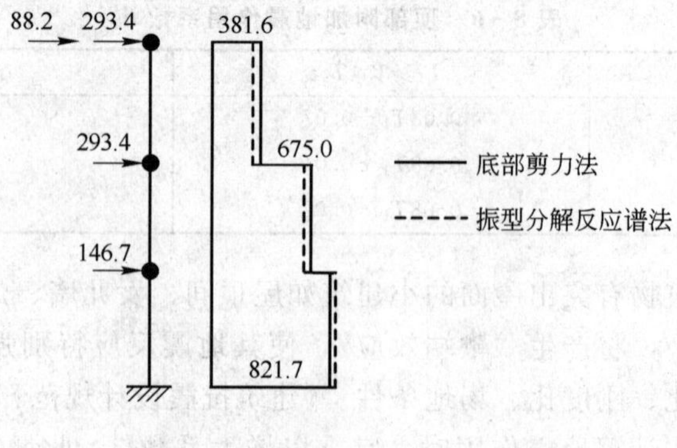

图 8-15　底部剪力法求解地震作用结果图（单位：kN）

8.6　考虑结构扭转效应的计算

结构在地震作用下，除了发生平移振动外，还会发生扭转振动。引起扭转的原因，一是地面运动存在转动分量，或地震时地面各点的运动存在着相位差，二是结构本身存在偏心，即结构的质量中心与刚度中心不重合。震害表明，扭转作用会加重结构的破坏，在某些情况下将成为导致结构破坏的主要因素。

《建筑抗震设计规范》（GB 50011—2010）规定，规则结构不进行扭转耦联计算时，平行于地震作用方向的两个边榀，其地震作用效应应乘以增大系数。一般情况下，短边可按 1.15 采用，长边可按 1.05 采用；当扭转刚度较小时，宜按不小于 1.3 采用。对质量和刚度明显不均匀、不对称的结构，应计算考虑水平地震作用扭转的影响。

《建筑抗震设计规范》(GB 50011—2010) 指出，考虑扭转影响的结构，各楼层可取 2 个正交的水平移动和 1 个转角共 3 个自由度，按振型分解法计算地震作用和作用效应。

按振型分解法计算第 j 阶振型第 i 层时水平地震作用标准值为

$$\left.\begin{aligned} F_{xij}&=\alpha_j\gamma_{tj}x_{ij}G_i\\ F_{yij}&=\alpha_j\gamma_{tj}y_{ij}G_i\\ M_{ij}&=\alpha_j\gamma_{tj}r_i^2\varphi_{ij}G_i\quad(i=1,2,\cdots,n)\end{aligned}\right\}\tag{8-78}$$

式中　F_{yij}，F_{xij}，M_{ij}——第 j 阶振型第 i 层的 x，y 方向和转角 τ 方向的地震作用标准值；

x_{ij}，y_{ij}——第 j 阶振型第 i 层质心在 x，y 方向的水平相对位移；

φ_{ij}——第 j 阶振型第 i 层的相对转角；

r_i——第 i 层转动半径，可取第 i 层绕质心的转动惯量除以该层质量的商的二次方根；

γ_{tj}——考虑扭转的第 j 阶振型参与系数，可按式（8-79）和式（8-80）计算。

当仅考虑 x 方向地震时

$$\gamma_{xj}=\frac{\sum_{i=1}^{n}x_{ij}G_i}{\sum_{i=1}^{n}(x_{ij}^2+y_{ij}^2+\varphi_{ij}^2r_i^2)G_i}\tag{8-79}$$

当仅考虑 y 方向地震时

$$\gamma_{yj}=\frac{\sum_{i=1}^{n}y_{ij}G_i}{\sum_{i=1}^{n}(x_{ij}^2+y_{ij}^2+\varphi_{ij}^2r_i^2)G_i}\tag{8-80}$$

当取与 x 方向斜交的地震作用时

$$\gamma_{tj}=\gamma_{xj}\cos\theta+\gamma_{yj}\sin\theta\tag{8-81}$$

式中　γ_{xj}，γ_{yj}——由式（8-79）和式（8-80）求出的参与系数；

θ——地震作用方向与 x 方向的夹角。

考虑单向水平地震作用的扭转效应，按式（8－82）和式（8－83）确定。

$$S_{\mathrm{EK}}=\sqrt{\sum_{j=1}^{m}\sum_{k=1}^{m}\rho_{jk}S_jS_k} \tag{8-82}$$

$$\rho_{jk}=\frac{8\xi_j\xi_k(1+\lambda_{\mathrm{T}})\lambda_{\mathrm{T}}^{1.5}}{(1-\lambda_{\mathrm{T}}^2)^2+4\xi_j\xi_k(1+\lambda_{\mathrm{T}})^2\lambda_{\mathrm{T}}} \tag{8-83}$$

式中　S_{EK}——地震作用标准值的扭转效应；

S_j，S_k——第 j，k 阶振型地震作用标准值的效应，可取前 9～15 个振型；

ξ_j，ξ_k——第 j，k 阶振型的阻尼比；

ρ_{jk}——第 j 阶振型与第 k 阶振型的耦联系数；

λ_{T}——第 k 阶振型与第 j 阶振型的自振周期比。

考虑双向水平地震作用的扭转效应，可按式（8－84）和式（8－85）中的较大值确定。

$$S_{\mathrm{EK}}=\sqrt{S_x^2+(0.85S_y)^2} \tag{8-84}$$

$$S_{\mathrm{EK}}=\sqrt{S_y^2+(0.85S_x)^2} \tag{8-85}$$

式中　S_x，S_y——x，y 方向单向水平地震作用按式（8－82）计算的扭转效应。

《铁路工程抗震设计规范》(GB 50111—2006)（2009 年版）没有明确提出关于扭转的规定，但特殊桥梁需采用时程分析法隐含了应考虑扭转的影响。

《公路桥梁抗震设计细则》(JTG/T B02—01—2008）规定，采用反应谱法或功率谱法同时考虑 3 个正交方向（水平向 X、Y 和竖向 Z）的地震作用时，可分别单独计算 X 向地震作用产生的最大效应 E_X、Y 向地震作用产生的最大效应 E_Y 与 Z 向地震作用产生的最大效应 E_Z。总的设计最大地震作用效应 E 按下式求取

$$E=\sqrt{E_X^2+E_Y^2+E_Z^2} \tag{8-86}$$

当采用时程分析法时，应同时输入 3 个方向分量的一组地震动时程计算地震作用效应。

8.7　竖向地震作用的计算

竖向地震作用使结构产生竖向振动。震害调查表明，在高烈度区竖向地震的影响十分明显，尤其对高层建筑、大跨度结构等的影响更为显著。

《建筑抗震设计规范》(GB 50011—2010）规定，对于烈度为 8 度和 9 度的大跨度结构、长悬臂结构、9 度的高层建筑，应考虑竖向地震作用。

1. 高层建筑

9 度时的高层建筑，其竖向地震作用可采用类似于水平地震作用时的底部剪力法进行计算。也就是先求出结构的总竖向地震作用，再在各质点上进行分配，并乘以增大系数 1.5。

与底部剪力法相对应的竖向地震作用的计算公式为

$$F_{EVK}=\alpha_{v,\max}G_{eq} \tag{8-87}$$

$$F_{vi}=\frac{H_iG_i}{\sum_{j=1}^{n}H_jG_j}F_{EVK} \tag{8-88}$$

式中　F_{EVK}——结构总竖向地震作用标准值或底部轴力；

F_{vi}——质点 i 的竖向地震作用标准值；

$\alpha_{v,\max}$——竖向地震影响系数的最大值；

G_{eq}——结构等效总重力荷载。

对于 $\alpha_{v,\max}$，将竖向地震反应谱形状近似取成相同于水平地震反应谱，由于该类结构竖向自振周期短，一般为 0.1～0.2 s，地震影响系数落在反应谱曲线的平台区段，但考虑到地震时地面的竖向最大加速度一般为水平最大加速度的 1/2 至 2/3，震中距小时数值大，所以取$\alpha_{v,\max}=0.65\alpha_{\max}$。

对于 G_{eq}，取第 1 阶振型的竖向地震作用作为结构的竖向地震作用，且假设第 1 阶振型为倒三角形分布，按此可导出等效重力荷载系数$\xi=0.75$，所以 $G_{eq}=0.75\sum_{i=1}^{n}G_i$ 。

2. 屋架和屋盖

《建筑抗震设计规范》(GB 50011—2010) 规定，对于平板型网架屋盖和跨度大于 24 m的屋架，竖向地震作用的标准值可取其重力荷载代表值和竖向地震作用系数 (ξ_v) 的乘积。竖向地震作用系数按表 8－7 取用。

表 8－7　竖向地震作用系数 (ξ_v)

结构类别	烈度	场地类别		
		Ⅰ	Ⅱ	Ⅲ、Ⅳ
平板型网架、钢屋架	8	可不计算 (0.10)	0.08 (0.12)	0.10 (0.15)
	9	0.15	0.15	0.20
钢筋混凝土屋架	8	0.10 (0.15)	0.13 (0.19)	0.13 (0.19)
	9	0.20	0.25	0.25

注：括号中数值用于设计基本地区加速度为 0.30g 的地区。

3. 长悬臂和其他大跨度结构

对于长悬臂和其他大跨度结构，当烈度为 8 度和 9 度时，其竖向地震作用可分别取结构或构件重力荷载代表值的 10％和 20％，设计基本地震加速度为 0.30g 时，可取 15％。

《铁路工程抗震设计规范》(GB 50111—2006) (2009 年版) 规定，在桥梁抗震验算时，对于抗震设防烈度为 9 度的悬臂结构和预应力混凝土刚构桥等，还应计入竖向地震作用的影响。竖向地震作用可按结构恒载和活载总和的 7％计入，或按水平地震基本加速度 α 值的 65％进行动力分析。

《公路桥梁抗震设计细则》(JTG/T B02—01—2008) 规定，抗震设防烈度为 8 度和 9 度的拱式结构、长悬臂桥梁结构和大跨度结构，以及竖向作用引起的地震效应很重要时，

应同时考虑顺桥向 X、横桥向 Y 和竖向 Z 的地震作用。

竖向设计加速度反应谱由水平向设计加速度反应谱乘以下式给出的竖向/水平向谱比函数 R。

基岩场地 $R=0.65$；

土层场地：

$$R=\begin{cases}1.0 & T<0.1\ \text{s}\\ 0.1-2.5(T-0.1) & 0.1\ \text{s}\leqslant T<0.3\ \text{s}\\ 0.5 & T\geqslant 0.3\ \text{s}\end{cases} \tag{8-89}$$

式中　T——结构自振周期，s。

8.8　结构地震反应的时程分析法

8.8.1　概述

用反应谱方法对结构进行地震反应分析，计算简便，所以被广泛用于各国的抗震设计规范。用这种方法计算地震作用时，是通过简化的底部剪力法或振型分解反应谱法求出相当的等效水平力，然后仍采用静力方法进行结构内力及位移的计算。历次地震震害表明，许多按静力法设计的建筑物，虽然已经满足了抗震规范的要求，但地震中仍遭到破坏。这说明，静力计算方法不能完全代表建筑物在地震过程中的反应。

《建筑抗震设计规范》(GB 50011—2010) 建议，对特别不规则的建筑，甲类建筑，高度大于 100 m 的 7 度区和 8 度Ⅰ、Ⅱ类场地的建筑，高度大于 80 m 的 8 度Ⅲ、Ⅳ类场地和高度大于 60 m 的 9 度区的建筑，应采用时程分析法进行多遇地震作用下的补充计算，可取多条时程曲线计算结果的平均值与振型分解反应谱法计算结果的较大值。其他相关规范分析也做了类似的规定。

《铁路工程抗震设计规范》(GB 50111—2006)（2009 年版）规定，多遇地震作用下，桥墩抗震计算一般情况下，可采用反应谱法。对重要桥梁或采用减震、耗能装置的桥梁，除按反应谱法计算外，还应选用符合抗震设计要求的地震波，采用时程反应分析法进行分析。在罕遇地震作用下，应采用非线性时程反应分析法，或按规范附录 F 的简化方法进行延性验算。

《公路桥梁抗震设计细则》(JTG/T B02—01—2008) 规定，各类桥梁的抗震分析计算方法参见表 8-8。

表 8-8　公路桥梁抗震分析方法

桥梁分类 / 地震作用	B类		C类		D类	
	规则	非规则	规则	非规则	规则	非规则
E1	SM/MM	MM/TH	SM/MM	MM/TH	SM/MM	MM
E2	SM/MM	TH	SM/MM	TH	—	—

注：TH—线性或非线性时程计算方法；SM—单振型反应谱或功率谱方法；MM—多振型反应谱或功率谱方法。

所谓时程分析法，又称为直接动力法、动态分析法，是根据选定的地震波和结构恢复力特性曲线，对动力方程进行直接积分，采用逐步积分的方法对结构在地震作用下从静止到最大振动状态，以至达到最终状态的全过程分析，可以得出地震过程中每一瞬时结构的位移、速度和加速度反应等参数，从而可观察到结构在地震作用下的弹性和非弹性阶段的内力变化，以及构件逐步开裂、损坏直至结构倒塌的全过程。

采用时程分析法进行结构的抗震设计可以达到以下 4 个方面的目的。

(1) 通过时程反应分析发现结构的薄弱环节，以便事先予以加强；结构在动力反应中会暴露出许多问题，这些问题采用静力分析方法往往是难以发现的。例如，某些刚度突变的楼层或顶部楼层，动力分析的结果会显示变形集中的现象，由于很大的层间变形将会使建筑物在该层严重破坏，了解了这个问题就可以采取有效措施减少变形集中的程度或采取提高延性的构造措施。

(2) 能更合理地使用材料。在地震过程中反应剧烈、影响较大的部位予以加强；反应不大、影响较小的部位构件的截面尺寸就可以适当调整。

(3) 可以较确切地估计地震过程中结构发生震害的形态和部位，及时采取补救措施。

(4) 可以用时程分析法作为其他简化设计方法比较的标准。

8.8.2　验算步骤

1. 地震波的选用

目前在抗震设计中，有两种选择地震波的方法，即直接利用强震记录的方法和采用模拟地震波的方法。

1) 直接利用强震记录

如果能选用本地区已有的实际地震记录，这是最为真实的地震记录。但大多数工程所在地并没有地震记录，此时可按场地土类型选用同类场地土的已有记录。如 Ⅰ 类场地土上可以选用迁安、松潘的地震记录；Ⅱ 类、Ⅲ 类场地土可选用美国 El－Centro 和 Taft 地震记录；Ⅲ 类、Ⅳ 类场地可选用宁河地震记录。大多数工程都是采用这样的方法选用地震波的。应注意调整实际强震记录的峰值加速度，使其符合设防烈度的要求。在抗震设计时，应采用多波验算的方法。一般地，每个工程至少选取 3 条以上的地震波进行计算。

2) 采用模拟地震波

模拟地震波又称为人工地震波，是由当地抗震部门根据场地地质情况，提供该场地可能产生的人工地震记录；也可以根据抗震规范的反应谱曲线生成人工地震波。

《建筑抗震设计规范》(GB 50011—2010) 规定，采用时程分析法时，应按建筑场地类别和设计地震分组选用不少于两组的实际强震记录和一组人工模拟的加速度时程曲线，其平均地震影响系数曲线应与振型分解反应谱法所采用的地区影响系数曲线在统计意义上相符，其加速度时程的最大值可按表 8－9 采用。

表 8-9　时程分析所用加速度时程曲线的最大值　　cm/s²

地震影响	6度	7度	8度	9度
多遇地震	18	35（55）	70（110）	140
罕遇地震	—	220（310）	400（510）	620

注：括号中数值分别用于设计地震基本地震加速度为 0.15g 和 0.30g 的地区。

《铁路工程抗震设计规范》（GB 50111—2006）（2009 年版）规定，结构的动力反应与结构的自振周期和输入的地震波密切相关，因此在进行线性和非线性时程反应分析时，一般都取多组地震波进行分析、比较。常用的地震波包括：①根据规范反应谱拟合的人工地震波；②地震灾害性分析提供的至少 3 条人工地震波；③历史记录的实际地震波。

《公路桥梁抗震设计细则》（JTG/T B02—01—2008）规定，已作地震安全性评价的桥址，设计地震时程应根据专门的工程场地地震安全性评价的结果确定。未作地震安全性评价的桥址，可根据本细则设计加速度反应谱，合成与其兼容的设计加速度时程；也可选用与设定地震等级、距离大体相近的实际地震动加速度记录，通过时域方法调整，使其反应谱与本细则设计加速度反应谱兼容。为考虑地震动的随机性，设计加速度时程不得少于 3 组，且应保证任意两组间同方向时程的相关系数的绝对值小于 0.1。

2. 恢复力特性曲线

进行大震作用下弹塑性时程分析时，需要给出钢筋混凝土构件的恢复力特征，也就是恢复力与变形之间的关系曲线。这种曲线一般是对结构或构件进行反复循环加载试验得来的。它的形状取决于结构或构件的材料性能和受力状态等，可以表示为构件的弯矩与转角、弯矩与曲率、荷载与位移、应力与应变等的对应关系。对钢筋混凝土结构构件，常用双线型和退化三线型模型。

3. 结构计算模型

在地震反应分析时，应先确定结构的计算模型，以便确立结构的层间刚度。结构的计算模型一般根据结构形式及构造特点、分析精度要求、计算机容量等情况确定。

对于多层房屋结构，最简单且目前应用最广的计算模型是层间剪切模型，见图 8-16（a）。这种模型将房屋的质量集中于各楼层，在振动过程中各楼层始终保持为水平，结构的变型表现为层间的错动。对于以剪切变形为主的结构都可以采用这种模型。

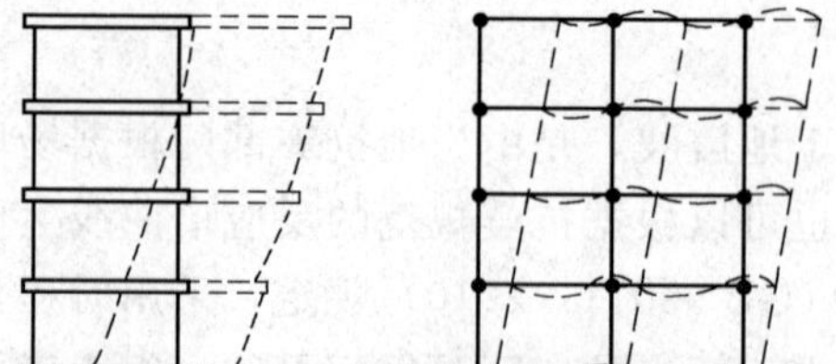

(a) 层间剪切模型　　(b) 杆系模型

图 8-16　结构计算模型示意图

较为精确的计算模型是杆系模型，见图 8－16（b）。这种模型以杆件作为基本计算单元，将质量集中于框架的各个结点。这种模型比较适用于强柱弱梁的框架结构，它可以求出地震过程中各杆逐渐开裂并进入塑性阶段的过程及其对整个结构的影响；但计算比较烦琐，对于高层多跨框架，这种模型还常受到计算机容量的限制。

4. 地震反应的数值分析

式（8－41）是多质点体系在地震作用下的运动微分方程式。在进行弹塑性时程分析时，刚度矩阵和阻尼矩阵均是随时间而变化的。

时程分析法就是用数值积分的方法求微分方程的解，在数学上称为逐步积分法。逐步积分的方法很多，常用的有线性加速度法、威尔逊（Wilson－θ）法、纽马克（Newmark－β）法等。

逐步积分法的计算工作量很大，只能由计算机来完成。中国建筑科学研究院工程抗震研究所已编制了适用于微机的时程分析程序。另外，SAP 和 ANSYS 等通用软件都可以用来进行数值分析。

8.9　建筑结构抗震验算

根据“小震不坏、中震可修、大震不倒”的抗震设计思想，建筑结构抗震设计包括建筑结构的抗震强度与抗震变形验算。

8.9.1　结构抗震强度验算

1. 地震作用的考虑

在抗震设计中，通常认为水平地震作用对结构起主要作用，所以在验算结构抗震强度时，一般只考虑水平地震作用。对质量和刚度明显不均匀、不对称的结构，还要计算考虑水平地震作用引起的扭转影响。

在验算水平地震作用效应时，虽然地面水平运动的方向是随机的，但在实际计算时一般均假定作用在结构的主轴方向，并分别在两个主轴方向进行分析和验算，各方向的水平地震作用全部由该方向抗侧力的构件承担。对于有斜交抗侧力构件的结构，水平地震作用还应考虑作用在与斜交抗侧力构件平行方向上的情况。

2. 重力荷载代表值

抗震设计中结构或构件永久荷载标准值与有关可变荷载的组合值之和称为抗震设计的重力荷载代表值。可变荷载根据地震时的遇合概率取用不同的组和系数，如表 8－10 所示。

3. 截面抗震验算

结构构件截面承载能力抗震验算应采用式（8－90）所示的表达式。

表 8-10　组合值系数

可变荷载种类		组合值系数
雪荷载		0.5
屋面积灰荷载		0.5
屋面活荷载		不考虑
按实际情况考虑的楼面活荷载		1.0
按等效均布荷载考虑的楼面活荷载	藏书库、档案库	0.8
	其他民用建筑	0.5
吊车悬吊物重力	硬钩吊车	0.3
	软钩吊车	不考虑

注：硬钩吊车的吊重较大时，组合值系数应按实际情况采用。

$$S\leqslant\frac{R}{\gamma_{RE}} \tag{8-90}$$

式中　S——结构构件内力组合的设计值，按式（8-91）计算；

R——结构构件承载力设计值；

γ_{RE}——承载力抗震调整系数，除另有规定外，按表 8-11 取用，当仅考虑竖向地震作用时，各类构件的 γ_{RE} 均取为 1.0。

表 8-11　承载力抗震调整系数

材　料	结 构 构 件	受 力 状 态	γ_{RE}
钢	柱，梁		0.75
	支撑		0.80
	节点板件，连接螺栓		0.85
	构件焊缝		0.90
砌体	两端均有构造柱、芯柱的抗震墙	受剪	0.9
	其他抗震墙	受剪	1.0
混凝土	梁	受弯	0.75
	轴压比小于 0.15 的柱	偏压	0.75
	轴压比不小于 0.15 的柱	偏压	0.80
	抗震墙	偏压	0.85
	各类构件	受剪、偏拉	0.85

结构构件内力组合设计值 S 的计算公式为

$$S=\gamma_G S_{GE}+\gamma_{Eh}S_{Ehk}+\gamma_{Ev}S_{Evk}+\psi_w\gamma_w S_{wk} \tag{8-91}$$

式中　γ_G——重力荷载分项系数，一般情况下采用 1.2，当重力荷载效应对构件承载力有利时，不应大于 1.0；

γ_{Eh}，γ_{Ev}——水平、竖向地震作用分项系数，按表 8-12 采用；

γ_w——风荷载分项系数，取 $\gamma_w=1.4$；

S_{GE}——重力荷载代表值的效应，有吊车时尚应包括悬吊物重力标准值的效应；

S_{Ehk}，S_{Evk}——水平地震作用、竖向地震作用标准值的效应，尚应乘以相应的增大系数或调整系数；

S_{wk}——风荷载标准值的效应；

ψ_w——风荷载组合值系数，一般结构可不考虑，风荷载起控制作用的高层建筑应采用 0.2。

表 8-12　地震作用分项系数

地　震　作　用	γ_{Eh}	γ_{Ev}
仅考虑水平地震作用	1.3	不考虑
仅考虑竖向地震作用	不考虑	1.3
同时考虑水平与竖向地震作用	1.3	0.5

8.9.2　结构抗震变形验算

1. 多遇地震作用下的结构抗震变形验算

为了避免非结构构件（包括围护墙、隔墙和各种装修）在多遇地震作用下出现过重破坏，必须对框架、框架-抗震墙结构的变形加以限制，使其弹性层间位移符合式（8-92）要求，即

$$\Delta u_e \leqslant [\theta_e] h \tag{8-92}$$

式中　Δu_e——多遇地震作用标准值产生的楼层内最大的弹性层间位移，计算时，除以弯曲变形为主的高层建筑外，可不扣除结构整体弯曲变形，应计入扭转变形，各作用分项系数均采用 1.0，钢筋混凝土构件的截面刚度可取弹性刚度；

$[\theta_e]$——弹性层间位移角限值，按表 8-13 采用；

h——计算楼层层高。

表 8-13　弹性层间位移角限值

结　构　类　型	$[\theta_e]$	结　构　类　型	$[\theta_e]$
钢筋混凝土框架	1/550	钢筋混凝土抗震墙、筒中筒	1/1 000
钢筋混凝土框架-抗震墙、板柱-抗震墙、框架-核心筒	1/800	钢筋混凝土框支层	1/1 000
		多、高层钢结构	1/300

2. 罕遇地震作用下的结构抗震变形验算

在罕遇地震作用下，结构已进入弹塑性变形阶段，甚至接近或达到屈服。所以《建筑抗震设计规范》（GB 50011—2010）做出如下规定。

下列结构应进行弹塑性变形验算：

(1) 8 度Ⅲ、Ⅳ类场地和 9 度时，高大的单层钢筋混凝土柱厂房的横向排架；

(2) 7～9 度时楼层屈服强度系数小于 0.5 的钢筋混凝土框架结构；

(3) 高度大于 150 m 的钢结构；

(4) 甲类建筑和 9 度时的乙类建筑中的钢筋混凝土结构和钢结构；

(5) 采用隔震和消能减震设计的结构。

下列结构宜进行弹塑性变形验算：

(1) 高度大于 100 m 的 7 度区和 8 度Ⅰ、Ⅱ类场地，高度大于 80 m 的 8 度Ⅲ、Ⅳ类场地，高度大于 60 m 的 9 度区的建筑及规范所列属于竖向不规则类型的高层建筑；

(2) 7 度Ⅲ、Ⅳ类场地和 8 度时的乙类建筑中的钢筋混凝土结构和钢结构；

(3) 板柱—抗震墙结构和底部框架砖房；

(4) 高度不大于 150 m 的高层钢结构；

结构在罕遇地震作用下薄弱层（部位）的弹塑性变形计算，可采用下列方法：

(1) 不超过 12 层且层刚度无突变的钢筋混凝土框架结构、单层钢筋混凝土柱厂房可采用简化计算方法；

(2) 其他类建筑可采用静力弹塑性分析方法或弹塑性时程分析方法；

(3) 规则结构可以采用弯剪层模型或平面杆系模型，属于《建筑抗震设计规范》(GB 50011—2010) 规定的不规则结构应采用空间结构模型。

结构薄弱层（部位）弹塑性层间位移的简化计算方法如下所述。

1) 楼层屈服强度系数与结构薄弱层部位的确定

所谓结构薄弱层部位，是指在强烈地震作用下，结构首先发生屈服并产生较大弹塑性位移的部位。可以用楼层屈服强度系数大小及其沿房屋高度分布情况来判断。

楼层屈服强度系数的计算公式为

$$\xi_y(i)=\frac{V_y(i)}{V_c(i)} \tag{8-93}$$

式中 $\xi_y(i)$——楼层屈服强度系数；

$V_y(i)$——按构件实际配筋和材料强度标准值计算的第 i 层受剪承载力；

$V_c(i)$——按罕遇地震作用标准值计算的第 i 层的弹性地震剪力。

当薄弱层的屈服强度系数不小于相邻层该系数平均值的 0.8 时，即

标准层 $$\xi_y(i)>0.8[\xi_y(i+1)+\xi_y(i-1)]\frac{1}{2}$$

顶层 $$\xi_y(n)>0.8\xi_y(n-1) \tag{8-94}$$

首层 $$\xi_y(1)>0.8\xi_y(2)$$

此时，可以认为该房屋楼层屈服强度系数沿高度分布均匀，否则为不均匀。

结构薄弱层部位的位置可按下列情况确定：

(1) 楼层屈服强度系数沿高度分布均匀的结构，可取底层；

(2) 楼层屈服强度系数沿高度分布不均匀的结构，可取该系数最小的楼层（部位）和相对较小的楼层，一般不超过 2～3 处；

(3) 单层厂房，可取上柱。

2) 结构薄弱层（部位）弹塑性位移的计算

分析表明，多层剪切型结构薄弱层部位的弹塑性位移与弹性位移之间有相对稳定的关系，因此弹塑性层间位移可由弹性层间位移乘以修正系数得出，即

$$\Delta u_p=\eta_p\Delta u_e \tag{8-95}$$

式中 Δu_p——弹塑性层间位移；

Δu_e——罕遇地震作用下按弹性分析的层间位移；

η_p——弹塑性位移增大系数，当薄弱层部位屈服强度系数不小于相邻层该系数平均值的 0.8 时，可按表 8-14 采用，当不大于该平均值的 0.5 时，可按表内相应数值的 1.5 倍采用；其他情况可按内差法取值采用。

表 8 - 14　弹塑性位移增大系数

结构类别	总层数 n 或部位	ξ_y		
		0.5	0.4	0.3
多层均匀结构	2～4	1.30	1.40	1.60
	5～7	1.50	1.65	1.80
	8～12	1.80	2.00	2.20
单层厂房	上柱	1.30	1.60	2.00

另外，也可按式（8 - 96）确定弹塑性层间位移。

$$\Delta u_{\mathrm{p}}=\mu\Delta u_y=\frac{\eta_{\mathrm{p}}}{\xi_y}\Delta u_y \tag{8-96}$$

式中　Δu_y——层间屈服位移；

μ——楼层延性系数。

3）结构薄弱层的抗震变形验算

结构薄弱层弹塑性层间位移应符合式（8 - 97）的要求。

$$\Delta u_{\mathrm{p}}\leqslant[\theta_{\mathrm{p}}]h \tag{8-97}$$

式中　$[\theta_{\mathrm{p}}]$——弹塑性层间位移角限值，按表 8 - 15 采用。对钢筋混凝土框架结构，当轴压比小于 0.40 时可提高 10%；当柱子全高的箍筋构造比规范规定的最小配箍特征值大 30%时，可提高 20%，但累计不超过 25%；

h——薄弱层（或部位）的层高或单层厂房的上柱高度。

表 8 - 15　弹塑性层间位移角限值

结构类型	$[\theta_{\mathrm{p}}]$	结构类型	$[\theta_{\mathrm{p}}]$
单层钢筋混凝土柱排架	1/30	钢筋混凝土框架-抗震墙、板柱-抗震墙、框架-核心筒	1/100
钢筋混凝土框架	1/50	钢筋混凝土抗震墙、筒中筒	1/120
底部框架砖房中的框架-抗震墙	1/100	多、高层钢结构	1/50

本节只给出了结构抗震验算的一般规定，各类建筑结构抗震验算的具体规定可参阅相关专业规范的内容，在后续专业课程的学习中也将详细介绍。

8.10　桥梁结构抗震验算

《铁路工程抗震设计规范》（GB 50111—2006）（2009 年版）规定，对于设防烈度 7、8、9 度区的桥梁工程按 3 个地震动水准设防：多遇地震时，按反应谱或线性时程反应法（当能采集到符合要求的地震波时，可用时程反应法），验算墩身和基础的抗震强度、偏心和稳定性，以抗震性能要求Ⅰ为设防目标；设计地震时，结构超过弹性反应，需验算桥梁上、下部结构连接构造（如支座、伸缩缝、抗震挡块、限位装置等）的安全，同时按宏观震害经验采取抗震措施，以抗震性能要求Ⅱ为设防目标；罕遇地震时，结构呈塑性反应，对钢筋混凝土桥墩计入塑性变形的耗能影响，做延性设计，以抗震性能要求Ⅲ为设防目标。位于抗震设防烈度 6 度地区、场地类别为Ⅲ、Ⅳ类的重要桥梁，除进行抗震验算外，尚应按 7 度区采取防止落梁措施；其他桥梁、路基、挡土墙及隧道工程可不进行抗震设防。

值得提出的是，铁路抗震规范中非常重视地基基础对上部结构体系抗震性能的影响，将地基变形的影响用位于桥墩（或承台）底部的水平和转动弹簧加以考虑。另外，由于铁路列车活载较大，在进行抗震验算时，考虑了有车和无车两种情况，当桥上有车时，在顺桥向由于车轮的作用，地面运动加速度很难传递到车上，因此纵向不计列车活载影响，但列车的竖向力 100％计入。在横桥向，考虑到地震方向的随机性和地震时桥上有车的概率，横向地震验算时按 50％活载考虑。

《公路桥梁抗震设计细则》（JTG/T B02—01—2008）对公路桥梁强度与变形验算作了如下规定。

（1）在 E1 地震作用下，结构在弹性范围内工作，基本不损伤；在 E2 地震作用下，延性构件（墩柱）可发生损伤，产生弹塑性变形，耗散地震能量，但延性构件（墩柱）的塑性铰区域应具有足够的塑性变形能力。

（2）梁桥基础、盖梁、梁体以及墩柱的抗剪应按能力保护原则设计，在 E2 地震作用下基本不发生损伤。

（3）在 E2 地震作用下，混凝土拱桥的主拱圈和基础基本不发生损伤；对系杆拱桥，其桥墩、支座和基础的抗震性能可按梁桥的要求进行抗震设计。

（4）对于 D 类桥梁、圬工拱桥、重力式桥墩和桥台，可只进行 E1 地震作用下结构的强度验算。

根据以上规定，顺桥向和横桥向 E1 地震作用效应和永久作用效应组合后，应按现行公路桥涵设计规范相关规定验算重力式桥墩、桥台、圬工拱桥主拱及基础的强度、偏心、稳定性；验算 D 类桥梁桥墩、盖梁和基础的强度；验算 D 类桥梁和重力式桥墩桥梁支座的受力和变形能力。

而对于 B 类、C 类桥梁，顺桥向和横桥向 E1 地震作用效应和永久作用效应组合后，应按现行的公路桥涵设计规范相关规定验算桥墩的强度。另外，顺桥向和横桥向 E2 地震作用效应和永久作用效应组合后，应按现行的公路桥涵设计规范相关规定验算拱桥主拱圈、联结系和桥面系的强度；验算潜在塑性铰区域沿顺桥向和横桥向的塑性转动能力和桥墩墩顶的位移；验算支座的受力和变形能力。

《城市轨道交通结构抗震设计规范》（GB 50909—2014）规定了一般构件、基础、支座等的抗震验算。E3 地震动产生的结构位移应不导致落梁等严重破坏现象的发生，有其相关的验算公式。在 E1 地震作用下，应进行行车安全验算。隧道与地下车站结构抗震性能要求为Ⅰ时，应按《建筑抗震设计规范》（GB 50011—2010）进行结构构件的截面抗震验算。

具体的抗震验算方法请参考以上各规范，在后续各类结构设计的课程中也还会详细讲解，本书不再赘述。

思考题与习题

1. 什么是地震作用？地震作用与哪些因素有关？

2. 确定地震作用的方法有哪些？这些方法的适用条件是什么？

3. 单质点弹性体系在地震作用下的运动方程是怎样建立的？

4. 什么是地震系数 k？k 的大小说明什么？怎样确定 k 值？

5. 什么是动力放大系数 β？β 的大小说明什么？怎样确定 β 值？

6. 什么是地震影响系数最大值 α_{max}？怎样确定多遇地震烈度及罕遇地震烈度时的 α_{max} 值？

7. α 反应谱曲线是一条怎样的曲线？铁路和公路桥梁抗震反应谱曲线与 α 反应谱曲线有何区别和联系？

8. 用底部剪力法或振型分解反应谱法确定地震作用的基本原理是什么？

9. 哪些结构应考虑竖向地震作用？怎样确定竖向地震作用值？

10. 什么是时程分析法？按时程分析法确定地震作用有什么优点？简单叙述按时程分析法确定作用的步骤。

11. 什么是建筑的重力荷载代表值？怎样确定？

12. 什么是等效总重力荷载？怎样确定？

13. 哪些结构只需进行截面抗震验算？怎样进行截面抗震验算？

14. 哪些结构除进行截面抗震验算外还需进行抗震变形验算？抗震变形验算包括哪些内容？怎样进行验算？

第2篇参考文献

［1］ 胡聿贤．地震工程学．北京：地震出版社，1988.

［2］ 李宏男．建筑抗震设计原理．北京：中国建筑工业出版社，1996.

［3］ 东南大学．建筑结构抗震设计．北京：中国建筑工业出版社，1999.

［4］ 范立础．桥梁抗震．上海：同济大学出版社，1997.

［5］ 周幅霖．工程结构减震控制．北京：地震出版社，1997.

［6］ 国家地震局．中国地震烈度区划图（1990）概论．北京：地震出版社，1996.

［7］ 中华人民共和国国家标准．中国地震动参数区划图（GB 50068—2001）．北京：中国标准出版社，2001.

［8］ YUXIAN H. Development of Earthquake Engineering in China. 13th World Conference on Earthquake Engineering，Paper No. 5008. Vancouver，B. C.，Canada，August 1-6，2004.

［9］ 胡聿贤．地震工程学．2版．北京：地震出版社，2006.

［10］谢礼立，马玉宏，翟长海．基于性态的抗震设防与设计地震动．北京：科学出版社，2009.

第3篇　工程结构稳定基础

- 工程结构稳定概述
- 工程结构稳定分析

第 9 章　工程结构稳定概述

工程结构的稳定性是关系其安全与经济的主要问题之一，它与强度问题有同等重要的意义。在实际工程结构中，因丧失稳定性而破坏的例子并非少见。例如 1907 年加拿大的魁北克桥在架设过程中由于悬臂端下弦杆的腹板翘曲而引起严重破坏事故；1922 年华盛顿镍克尔卜克尔剧院，在一场特大雪中，由于屋顶结构中一根梁丧失稳定导致了建筑物的倒塌；前苏联的莫兹尔桥，于 1925 年试车时由于压杆失稳而发生事故（见图 9-1）。随着建筑材料强度的不断提高和工程结构向超高和大跨度发展，工程结构的稳定问题更显重要。

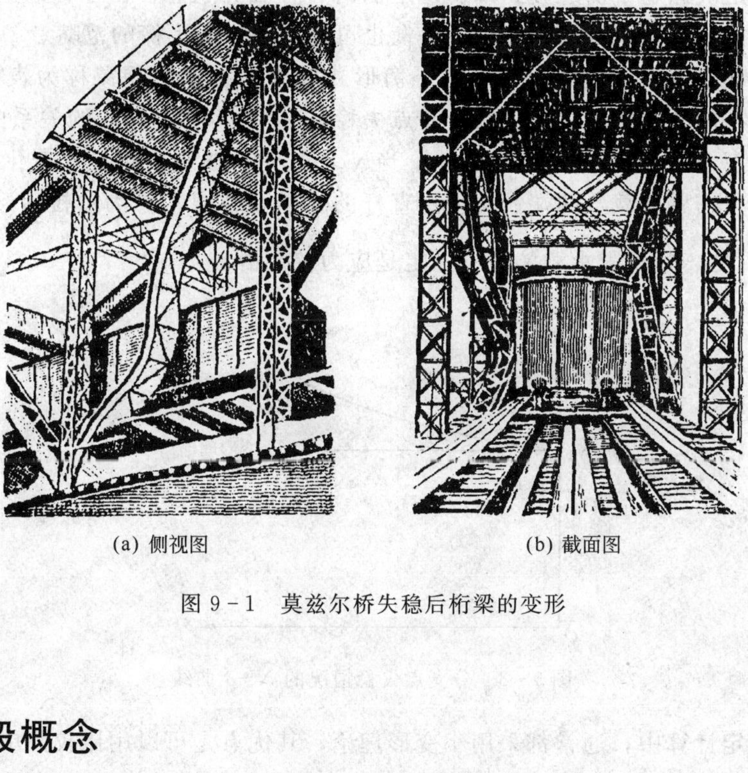

(a) 侧视图　　(b) 截面图

图 9-1　莫兹尔桥失稳后桁梁的变形

9.1　一般概念

从材料力学中，读者已经知道中心受压杆件丧失稳定的问题。如图 9-2 所示两端铰支的理想直杆，杆长为 l，截面抗弯刚度为 EI，受有逐渐增大的轴向压力 N 的作用。当 N 小于临界荷载（critical load）N_{cr}时，若由于任意其他附加原因（例如由于微小的水平力的作用）使杆件发生弯曲，则在取消其上的附加原因后，杆件将回复到原来的直线平衡状态而不能占有其他位置，这种直线平衡状态称为稳定平衡。

当 N 达到欧拉临界值 N_{cr}时，如果使杆件发生弯曲，则在使其弯曲的原因消失后，杆件将不能回到原来的直线平衡位置而在微小弯曲的状态下保持新的曲线形式的平衡，这种

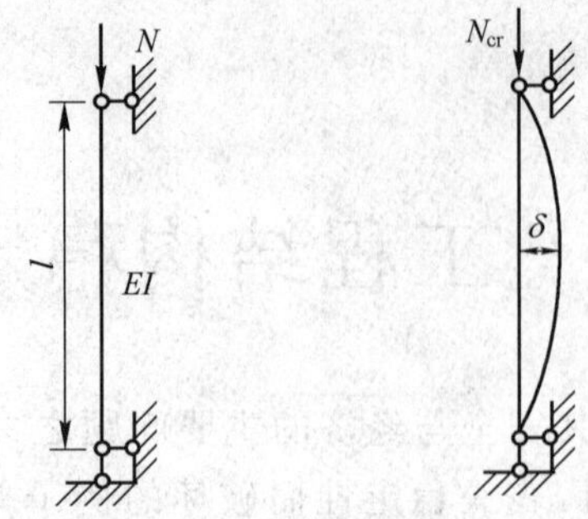

图 9－2　两端铰支直杆受压示意图

平衡状态称为随遇平衡或中性平衡。当荷载超过 N_{cr}时，微小的扰动将使杆件发生很大的弯曲变形，甚至使杆件破坏。此时，直线形式的平衡已变为不稳定，这种平衡状态称为不稳定平衡。

中性平衡是从稳定平衡过渡到不稳定平衡的一种临界状态。由于荷载到达 N_{cr}时，直线状态下的平衡已不是稳定的，故中性平衡也可归入不稳定平衡的范畴。

通常将荷载达到临界值而使原来的平衡形式成为不稳定的现象称为丧失第一类稳定性。具有这种特征的失稳形式又称为分支点失稳，其力 N 与侧移 δ 的关系曲线如图 9－3 所示。当 $N<N_{cr}$时，曲线沿路径Ⅰ变化；当$N>N_{cr}$时，曲线沿路径Ⅱ变化。其中分支点所对应的荷载为临界荷载，两端铰支理想直杆的临界荷载通常称为欧拉荷载 N_E，大小为 $N_E=\dfrac{\pi^2 EI}{l^2}$。可见，其极限承载能力不一定是应力控制的。

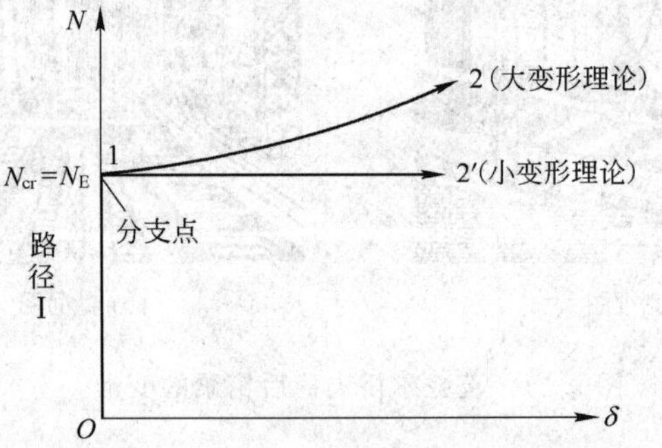

图 9－3　分支点失稳情况的 $N-\delta$ 曲线

在结构稳定计算中，通常都采用小变形理论，其优点是可以用比较简单的方法得到基本正确的结论。例如图 9－3 按小变形理论得到的临界荷载和大变形理论是一样的，但达到临界荷载后，按小变形理论，荷载不变，变形持续增大，这与实际情况是不符合的。如果希望达到更精确的结论，则需要采用较为复杂的大变形理论。如图 9－3 中所示，如果要达到更大的变形，所需要的荷载也要超过临界荷载。本书临界荷载的计算均采用小变形理论，按大变形理论的计算请读者参考有关书籍。

丧失第一类稳定性的现象，不止发生在直杆中心受压的情况，在其他结构中也同样可以出现。例如，图 9－4（a）中虚线所示承受静水压力的圆弧拱，当水压力 q 达到其临界值 q_{cr}以前，它维持圆形的平衡形式，处于中心受压状态；当 q 达到临界值 q_{cr}时，则原来的圆形曲线形式不再是稳定的平衡形式，而可能出现新的有质的区别的平衡形式（如图中实线所示），同时拱也将发生压缩和弯曲。图 9－4（b）所示在节点承受集中荷载 P 的刚架，在荷载达到其临界值 P_{cr}以前，都只有轴向压缩变形；当荷载达到临界值时，则可能出现具有压缩和弯曲变形的新的平衡形式（如图中的实线所示）。又如图 9－4（c）所示的薄壁工字梁，当荷载 P 达到其临界值 P_{cr}之前，工字梁只在其腹板所在的竖直平面内弯曲，保持平面弯曲的平衡形式；当荷载达到 P_{cr}时，平面弯曲形式的平衡不再是稳定的，此时，梁可能从原来的腹板平面内偏离出来，出现斜弯曲和扭转。

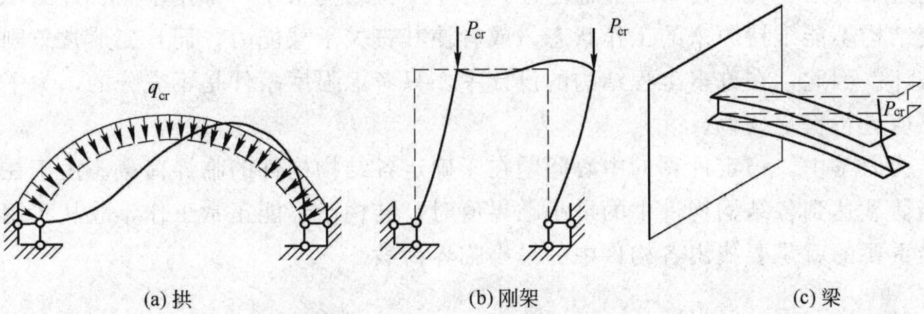

图 9－4　其他结构失稳示意图

由此可知，丧失第一类稳定性的特征是：原来的平衡形式成为不稳定，而可能出现新的有质的区别的平衡形式。

前面讨论的压杆为理想中心压杆，如果结构中凡受压杆件均为理想中心压杆，则此类结构体系称为完善体系。在实际工程结构中，一般不存在完善体系，但是为了简化计算，某些结构体系在一定的假定条件下可以按完善体系计算。如果结构中受压杆件或有初始缺陷（初始变形、初始偏心等）或有偏心荷载，则此类结构体系称为非完善体系。研究非完善体系中受压杆件的稳定问题更具有工程意义。

现就图 9－5（a）所示两端铰支承受偏心压力 N 的直杆加以说明。在这种情况下，不论 N 值如何，直杆总是同时发生压缩和弯曲。不过，当 N 达到临界值 N_{cr}（N_{cr}小于欧拉临界值 N_E）以前，如果不继续增加压力 N，则直杆的挠度不会自动增加。当 N 达到临界值 N_{cr}时，则即使不增加荷载，甚至是减小荷载，挠度仍继续增加，此时，称直杆已丧失

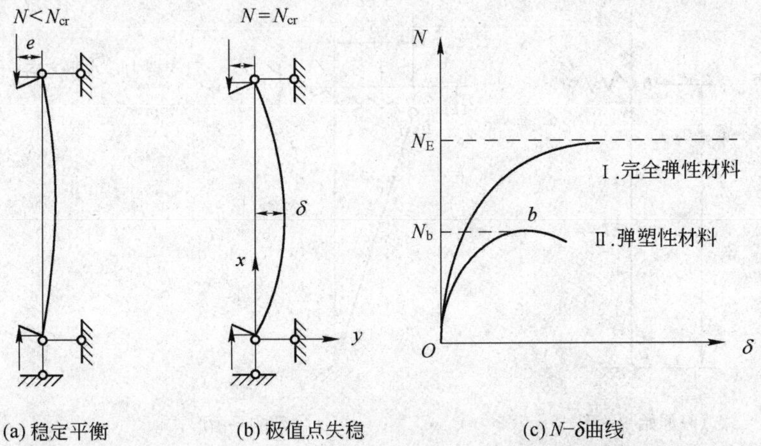

图 9－5　两端铰支直杆承受偏心压力失稳示意图

第二类稳定性，如图 9-5（b）所示。具有这种特征的失稳形式又称为极值点失稳，其力 N 与侧移 δ 的关系曲线如图 9-5（c）所示。曲线中没有出现分支现象，如果假定杆件为完全弹性材料，则其临界荷载趋近于欧拉临界荷载 N_E；如果考虑杆件材料的弹塑性性能，则当直杆进入弹塑性阶段时，曲线具有极值点 b，一般把 N_b 称为压溃荷载，也可称为极限荷载或稳定荷载。

由此可知，丧失第二类稳定性的特征是：平衡形式并不发生质变，而是结构丧失承载能力，即当荷载达到临界值时，即使不继续加大荷载，甚至减小荷载，变形也会自行增加。

不论是丧失第一类还是第二类稳定性，对于工程结构来说，都是不能容许的，因为它们或者使结构不能维持原来的工作状态，或者使其丧失承载能力，而且变形常急剧增加导致结构破坏。因此，在许多工程结构的设计中，只考虑强度条件是不充分的，为了保证其安全，还应进行稳定校核。

在结构力学中，稳定计算的中心问题在于确定各结构构件的临界荷载。由于在一般情况下，当荷载达到各结构构件中的最小临界值时，结构已不能正常工作，故从实用的观点来说，最重要的就是要找出各构件中的最小临界荷载。

9.2 确定临界荷载的方法

确定临界荷载的方法很多，其中最基本和最重要的是静力法和能量法。以下就直杆稳定问题对这两个方法分别加以介绍。

9.2.1 静力法

静力法是直接应用平衡条件、几何条件和物理条件来求解结构的内力和位移，这种方法叫物理-几何方法，在静力分析中也叫静力法。在稳定计算中，这种方法是根据临界状态的静力特征而提出。

图 9-6（a）所示为单自由度体系的原始平衡形式，若忽略杆件本身的变形（$EI\to$

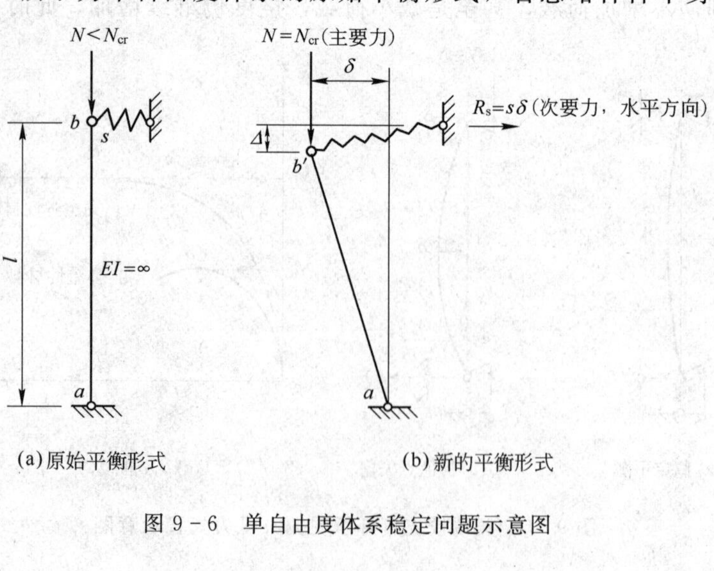

图 9-6　单自由度体系稳定问题示意图

∞)，则体系只具有一个变形自由度——弹簧支座变形，如图 9-6（b）所示。s 代表弹簧支座的刚度系数，δ 为水平线位移，l 为杆件长度。

根据小变形理论，由图 9-6（b）可得平衡条件为

$$\left.\begin{aligned}\sum M_a &= 0\\ N\delta - R_s l &= 0\\ (N - sl)\delta &= 0\end{aligned}\right\} \tag{9-1}$$

必须指出，在稳定分析中，平衡条件是针对变形后的结构新位置写出的。在应用小变形理论时，由于假设位移 δ 是微量，因而对结构中的各个力要区分为主要力和次要力。在图 9-6（b）中，N 是主要力（有限量），而弹簧支座反力 R_s 则是次要力（微量）。建立平衡方程时，方程中的各项应是同级微量。因此，对主要力的项要考虑结构变形对几何尺寸的微量变化，而对次要力的项则不考虑几何尺寸的变化。

式（9-1）是以线位移 δ 为未知数的齐次代数方程。这类方程有两类解：零解和非零解。零解（$\delta=0$）对应于原始平衡形式，非零解（$\delta\neq0$）是新的平衡形式。为了得到非零解，式（9-1）的系数应为零，即

$$N - sl = 0 \tag{9-2}$$

称上式为稳定问题的特征方程。由上式可得临界荷载

$$N_{cr} = sl \tag{9-3}$$

这种情况下，刚性杆件的稳定临界荷载只与杆长和约束刚度有关。

总之，无论是对于单自由度体系还是多自由度体系甚至无限自由度体系都可以根据临界状态平衡形式二重性的特点建立特征方程，并由此求出临界荷载 N_{cr}。

9.2.2　能量法

能量解法是把平衡条件或几何条件用相应的功能原理代替，故该法也称为功能法。在稳定计算中，能量法是根据临界状态的能量特征而提出的。

根据势能驻值原理：在弹性结构（线性或非线性）的一切可能位移中，真实位移使总势能 Π 为驻值，即总势能的变分为零，用公式表示为

$$\delta\Pi = 0 \tag{9-4}$$

体系的总势能 Π 是内力势能 Π_i（即构件的应变能 U）与外力势能 Π_e 的总和。

图 9-6（b)所示体系的 Π_i 和 Π_e 分别为

$$\Pi_i = U = \frac{1}{2}R_s\delta = \frac{1}{2}s\delta^2 \tag{9-5}$$

$$\Pi_e = -N\Delta = -\frac{N}{2l}\delta^2 \tag{9-6}$$

式中

$$\Delta = l - \sqrt{l^2 - \delta^2} = l\left(1 - \sqrt{1 - \frac{\delta^2}{l^2}}\right)$$

引入泰勒级数展开公式

$$(1+x)^{\alpha}=1+\alpha x+\frac{\alpha(\alpha-1)}{2!}x^2+\cdots+\frac{\alpha(\alpha-1)\cdots(\alpha-n+1)}{n!}x^n$$

则可推出
$$\Delta\approx l\left[1-\left(1-\frac{1}{2}\times\frac{\delta^2}{l^2}\right)\right]=\frac{\delta^2}{2l}$$

从而

$$\Pi=U+\Pi_e=U-N\Delta=\left(\frac{sl-N}{2l}\right)\delta^2 \tag{9-7}$$

式（9-7）表明，总势能 Π 是线性位移 δ 的二次式（抛物线），且与系数 $\left(\frac{sl-N}{2l}\right)$ 有关。现分 3 种情况讨论。

（1）若 $\frac{sl-N}{2l}>0$（即 $N<sl$），则当 $\delta\neq0$ 时，Π 为正值，称体系是正定的，如图 9-7（a）所示；当 $\delta=0$，即体系处于原始平衡状态时，总势能为极小值。由此时的平衡可知：使杆件偏离原始平衡位置的力矩 $M_d=N\delta$ 将小于使杆件恢复到原始平衡位置的力矩 $M_r=R_s l=sl\delta$，即 $N\delta<sl\delta$，因此体系处于稳定平衡状态，这就是最小总势能原理——对于稳定平衡状态，真实位移使总势能 Π 为极小值。

（2）如果 $N=sl$，δ 为任何值时，$\Pi=0$，体系处于随遇平衡状态，如图 9-7（b）所示。这时的荷载称为临界荷载 N_{cr}，即 $N_{cr}=sl$，这与式（9-4）是一致的。

（3）若 $N>sl$，则当 $\delta\neq0$ 时，Π 为负值，如图 9-7（c）所示，称体系是负定的。当 $\delta=0$ 时，Π 为极大值，体系处于不稳定平衡状态。

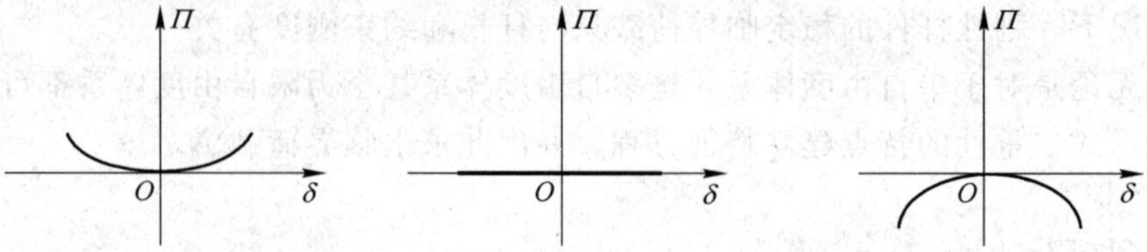

(a) 稳定平衡（$N<N_{cr}$）　(b) 中性平衡（$N=N_{cr}$）　(c) 不稳定平衡（$N>N_{cr}$）

图 9-7　弹簧体系的 3 类平衡状态示意图

图 9-7 所示弹簧体系的 3 类平衡状态（稳定、随遇、不稳定）的能量特征与图 9-8 所示刚性小球的 3 类平衡状态的特征是彼此对应的。

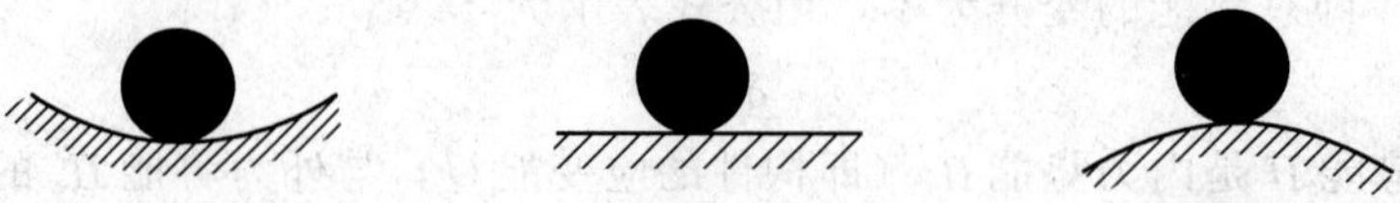
(a) 稳定平衡　(b) 中性平衡　(c) 不稳定平衡

图 9-8　刚性小球的 3 类平衡状态示意图

以上只针对单自由度体系的情况，对多自由度体系或无限自由度体系，情况要复杂一些，但以下两个结论却是共同的：

（1）当体系处于稳定平衡状态时，总势能必为最小；

（2）当体系处于中性平衡，即 $N=N_{cr}$ 时，如以原始平衡位置作为参考状态，则必有 $\Pi=0$。因此，可以得到

$$\Pi=U+\Pi_e=U-N\Delta=0 \tag{9-8}$$

所以

$$N=N_{\mathrm{cr}}=\frac{U}{\Delta} \tag{9-9}$$

思考题与习题

1. 平衡状态分为哪几种？各有什么特点？
2. 失稳破坏分为哪几类？各有什么特征？
3. 确定临界荷载的方法有哪些？试总结各自的计算步骤。

第 10 章　工程结构稳定分析

工程结构一般都由各种不同截面的各类构件组成，各个构件受力状态又存在很大的差别，哪些结构构件需要考虑稳定性问题？如何对各类构件的稳定问题进行分析和计算？本章将讨论若干弹性范围内丧失第一类稳定性问题的计算，并对工程中常见的失稳问题进行简单的分析。

10.1　轴心受压构件的稳定

在工程结构中，由于受力复杂，再加上构件的制造和安装误差，严格来讲并没有纯粹的轴心受压构件，但有些构件在某种假定条件下可以按轴心受压构件考虑。

10.1.1　刚性支承上等截面直杆

刚性支承上等截面直杆按不同的支承条件可以划分为 5 种类型的构件。两端铰支情况下的临界荷载在第 9 章中已经给出，下面讨论一端固定、一端铰支情况下临界荷载的计算。

如图 10－1 所示的等截面轴心受压杆，截面抗弯刚度为 EI，杆长度为 l，在临界荷载作用下达到了新的平衡状态，M_b 为固端弯矩，H_b 为水平力，由隔离体平衡条件，可以得到弹性曲线的微分方程，即

$$EI\ddot{y}+Ny-\frac{M_b}{l}x=0 \qquad (10-1)$$

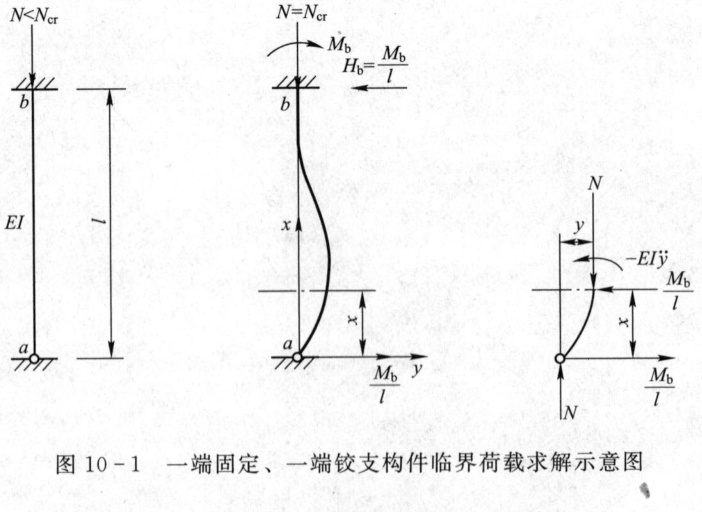

图 10－1　一端固定、一端铰支构件临界荷载求解示意图

令

$$\alpha^2=\frac{N}{EI} \tag{10-2}$$

式（10－1）可化为

$$\ddot{y}+\alpha^2 y=\frac{M_b x}{EIl} \tag{10-3}$$

式（10－3）为非齐次微分方程，其全解是

$$y=A\sin\alpha x+B\cos\alpha x+\frac{M_b x}{Nl} \tag{10-4}$$

依次代入边界条件

$x=0$ 时，$y=0$；

$x=l$ 时，$y=\dot{y}=0$。

可得到以任意常数 A，B 和弯矩 M_b 为未知数的线性齐次方程组，即

$$\begin{bmatrix} 0 & 1 & 0 \\ \sin\alpha l & \cos\alpha l & \dfrac{1}{N} \\ \alpha\cos\alpha l & -\alpha\sin\alpha l & \dfrac{1}{Nl} \end{bmatrix}\begin{bmatrix} A \\ B \\ M_b \end{bmatrix}=\begin{bmatrix} 0 \\ 0 \\ 0 \end{bmatrix} \tag{10-5}$$

令

$$D(\alpha)=\begin{vmatrix} 0 & 1 & 0 \\ \sin\alpha l & \cos\alpha l & \dfrac{1}{N} \\ \alpha\cos\alpha l & -\alpha\sin\alpha l & \dfrac{1}{Nl} \end{vmatrix}=0 \tag{10-6}$$

式（10－6）即为特征方程，展开得

$$\sin\alpha l\times\frac{1}{Nl}-\alpha\cos\alpha l\times\frac{1}{N}=0$$

即

$$\tan\alpha l=\alpha l \tag{10-7}$$

由式（10－7）求出 αl 后，就可由式（10－2）求出临界荷载。

在求解 αl 时可以利用图解法。以 αl 为自变量，绘出与 $z_1=\alpha l$ 和 $z_2=\tan\alpha l$ 相对应的函数图形（图 10－2），则这两个函数图形的交点有无穷多个（因弹性杆有无限个自由度，因而有无穷多个特征荷载值），其中第一个交点的横坐标最小，就是对应临界荷载的坐标。

由 $\min\alpha l=1.43\pi$，可得

$$\min N=N_{cr}=(1.43\pi)^2\frac{EI}{l^2}=20.18\frac{EI}{l^2}=k\frac{EI}{l^2} \tag{10-8}$$

式中　l——杆的几何长度；

k——稳定系数。

N_{cr}又可表示为

$$N_{cr}=\frac{\pi^2 EI}{(0.7l)^2}=\frac{\pi^2 EI}{(\mu l)^2}=\frac{\pi^2 EI}{l_0^2} \tag{10-9}$$

式中 l_0——杆的计算长度，$l_0=\mu l$；

μ——计算长度系数。

可见，弹性杆件的稳定临界荷载与杆件抗弯刚度成正比，与杆件长度成反比。

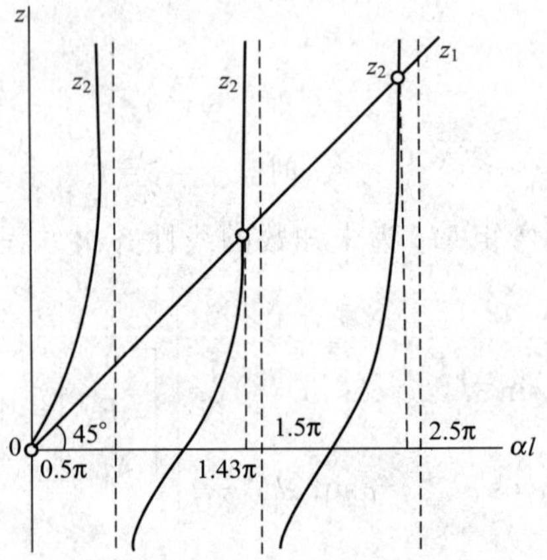

图 10-2 图解法示意图

以上是用静力法确定无限自由度构件的临界荷载的方法。同样可以用能量法求解。现以图 10-3所示的压杆体系为例，说明无限自由度体系稳定问题的具体算法。

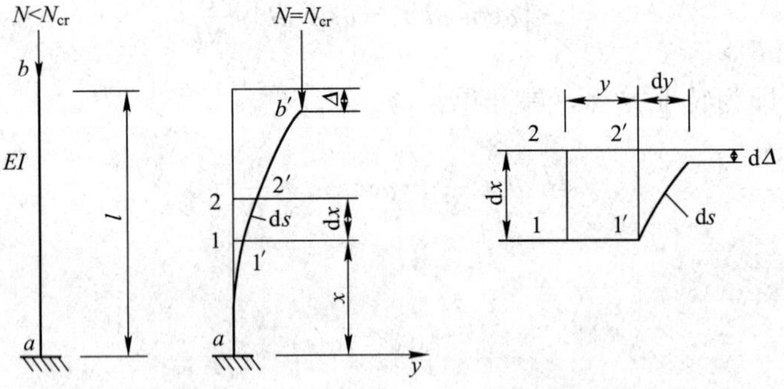

图 10-3 一端固定、一端自由构件临界荷载求解示意图

为了求压杆顶点的竖向位移 Δ，可近似地把该压杆视为具有 n 个自由度（有限），即设杆的变形曲线为

$$y(x)=\sum_{i=1}^{n}\alpha_i\varphi_i(x) \tag{10-10}$$

式中 α_i——待定系数，即广义坐标；

$\varphi_i(x)$——满足位移边界条件的已知函数，即坐标函数。

几种常用的坐标函数 $\varphi_i(x)$见表10-1。

表 10-1　几种常用的坐标函数 $\varphi_i(x)$

对应简图	$\varphi_i(x)$	对应简图	$\varphi_i(x)$
图 10-4（a）	$\varphi_i(x)=\sin\frac{i\pi x}{l}\quad(i=1,3,5,\cdots)$ $\varphi_i(x)=\begin{cases}x(l-x)^{\frac{i+1}{2}} & (i=1,3,5,\cdots)\\ x^2(l-x)^{\frac{i}{2}} & (i=2,4,6,\cdots)\end{cases}$	图 10-4（c）	$\varphi_i(x)=1-\cos\frac{2(2i-1)\pi x}{l}$ $\varphi_i(x)=x^{i+1}(l-x)^{i+1}$
图 10-4（b）	$\varphi_i(x)=1-\cos\frac{(2i-1)\pi x}{2l}$	图 10-4（d）	$\varphi_i(x)=x^{i+1}(l-x)$

由图 10-3 可得

$$\mathrm{d}\Delta=\mathrm{d}x-\sqrt{\mathrm{d}s^2-\mathrm{d}y^2}=\mathrm{d}x-\mathrm{d}x\sqrt{1-\dot{y}^2}\approx\frac{1}{2}\dot{y}^2\,\mathrm{d}x \tag{10-11}$$

$$\Delta=\int_0^l\mathrm{d}\Delta=\frac{1}{2}\int_0^l\dot{y}^2\,\mathrm{d}x=\frac{1}{2}\int_0^l\Big[\sum_{i=1}^n\alpha_i\dot{\varphi}_i(x)\Big]^2\mathrm{d}x \tag{10-12}$$

弯曲应变能为

$$U=\frac{1}{2}\int_0^l EI\ddot{y}^2\,\mathrm{d}x=\frac{1}{2}\int_0^l EI\Big[\sum_{i=1}^n\alpha_i\ddot{\varphi}_i(x)\Big]^2\mathrm{d}x \tag{10-13}$$

代入式（9-9）可得

$$N_{\mathrm{cr}}=\frac{\frac{1}{2}\int_0^l EI\Big[\sum_{i=1}^n\alpha_i\ddot{\varphi}_i(x)\Big]^2\mathrm{d}x}{\frac{1}{2}\int_0^l\Big[\sum_{i=1}^n\alpha_i\dot{\varphi}_i(x)\Big]^2\mathrm{d}x} \tag{10-14}$$

将 $\varphi_i(x)$代入式（10-14）计算可得

$$N_{\mathrm{cr}}=\frac{\pi^2EI}{4l^2}$$

需要指出的是，用上述方法得到的临界荷载是近似解，这是因为假设的变形曲线减少了结构自由度（由无限变为有限自由度），这就相当于对体系施加了某些约束，所得结构精度的好坏取决于所假设曲线与真实变形曲线的接近程度。

可以利用同样的方法得到图 10-4 所示其他各种支承情况等截面轴心受压直杆的临界

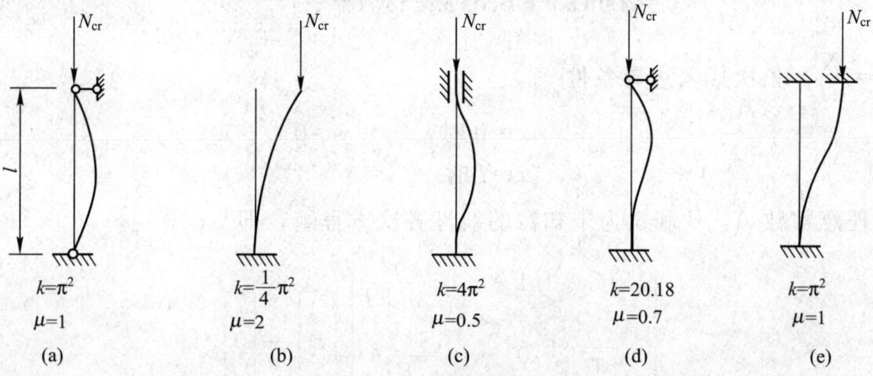

图 10-4　各种刚性支承情况的等截面轴心受压直杆的临界荷载

荷载，结果列于图 10－4 中。

10.1.2 弹性支承上等截面直杆

对于某些工程结构的稳定问题，常可将其中某一杆件取出，而以弹性支承代替其他部分对它的作用，因此会遇到具有弹性支承的压杆。例如单层工业厂房考虑整体空间作用时，排架的计算简图就是柱顶弹性水平支承的情况；考虑地基影响时，采用基底弹性支承等。图 10－5 列出了弹性支承的几个范例。

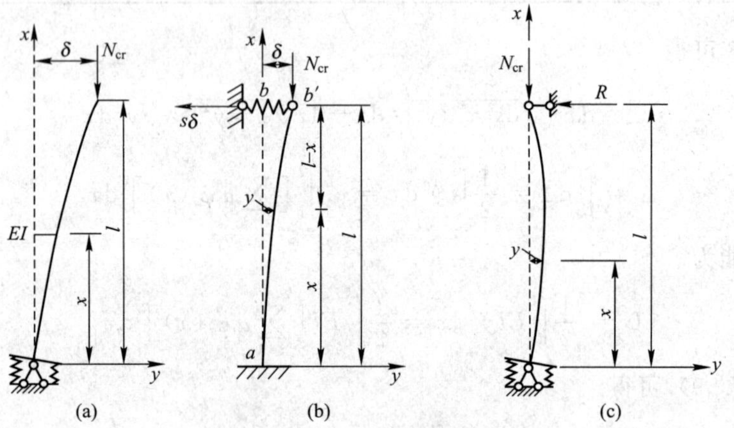

图 10－5 各种弹性支承情况的等截面轴心受压直杆示意图

以图 10－5（b）为例，分析用静力法求这类压杆临界荷载的方法。

在临界状态下，任意截面的弯矩为

$$M=-N(\delta-y)+s\delta(l-x) \tag{10-15}$$

式中 δ——弹簧端点的水平位移；

s——弹簧的刚度系数。

把 M 的表达式代入 $EI\ddot{y}=-M$ 中，则得到弹性曲线的微分方程为

$$EI\ddot{y}+Ny=N\delta-s\delta(l-x) \tag{10-16}$$

式（10－16）的全解是

$$y=A\sin\alpha x+B\cos\alpha x+\delta\left[1-\frac{s}{N}(l-x)\right] \tag{10-17}$$

式中，$\alpha^2=\dfrac{N}{EI}$。依次代入边界条件

$$x=0\text{ 时，}\quad y=\dot{y}=0$$
$$x=l\text{ 时，}\quad y=\delta$$

可得到以任意常数 A，B 和 δ 为未知数的线性齐次方程组，即

$$\begin{bmatrix} 0 & 1 & 1-\dfrac{sl}{\alpha^2 EI} \\ \alpha & 0 & \dfrac{s}{\alpha^2 EI} \\ \sin\alpha l & \cos\alpha l & 0 \end{bmatrix}\begin{bmatrix} A \\ B \\ \delta \end{bmatrix}=\begin{bmatrix} 0 \\ 0 \\ 0 \end{bmatrix} \tag{10-18}$$

令

$$\begin{vmatrix} 0 & 1 & 1-\dfrac{sl}{\alpha^2 EI} \\ \alpha & 0 & \dfrac{s}{\alpha^2 EI} \\ \sin\alpha l & \cos\alpha l & 0 \end{vmatrix}=0 \tag{10-19}$$

式（10-19）即为稳定问题的特征方程，展开整理后可得稳定方程

$$\tan\alpha l=\alpha l-\frac{(\alpha l)^3 EI}{sl^3} \tag{10-20}$$

由式（10-20）求出 αl 后，就可得出临界荷载值。

求 αl 时也可采用图解法。以 αl 为自变量，绘出与 $z_1=\alpha l-\dfrac{(\alpha l)^3 EI}{sl^3}$ 和 $z_2=\tan\alpha l$ 相对应的函数图形，则这两个函数图形的第一个交点的横坐标就是对应临界荷载时的坐标，由此可以计算出临界荷载。

由此可知，考虑弹性支承后，杆件的稳定临界荷载大小不但与杆件本身材料和几何特性相关，还与弹性约束刚度相关。

同理，可以得出图 10-5 所对应的第一种和第三种情况的稳定方程，分别为

$$\alpha l\tan\alpha l=\frac{s_1 l}{EI} \tag{10-21}$$

$$\tan\alpha l=\alpha l\frac{1}{1+(\alpha l)^2\dfrac{EI}{s_1 l}} \tag{10-22}$$

式（10-21）和式（10-22）中，s_1 为弹性支座的转动刚度系数，表示使弹性支承产生单位转角所需要的力矩。

10.1.3　变截面直杆

在实际工程结构中，存在大量变截面构件，例如有桥式吊车的单层工业厂房柱等，下面讨论变截面轴心受压构件的临界荷载的计算。

图 10-6 所示是一个变截面轴心受压直杆，杆总长为 l，上杆和下杆长度分别为 l_1 和 l_2，上杆和下杆的截面惯性矩分别为 I_1 和 I_2，根据图中给定的坐标系，可以建立如式（10-23）和式（10-24）所示的微分方程。

$$EI_1\ddot{y}_1+N_1 y_1=0 \quad (0\leqslant x\leqslant l_1) \tag{10-23}$$

$$EI_2\ddot{y}_2+N_1 y_2=0 \quad (l_1\leqslant x\leqslant l_2) \tag{10-24}$$

令

$$\alpha_1^2=\frac{N_1}{EI_1}$$

$$\alpha_2^2=\frac{N_1}{EI_2}$$

则式（10-23）和式（10-24）化为

$$\ddot{y}_1+\alpha_1^2 y_1=0 \tag{10-25}$$

$$\ddot{y}_2+\alpha_2^2 y_2=0 \tag{10-26}$$

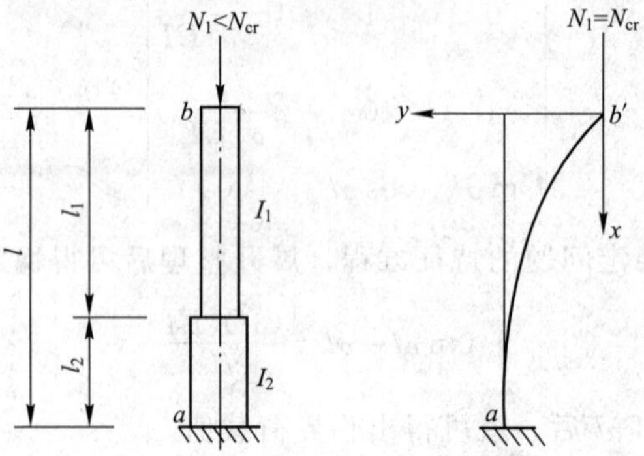

图 10-6　变截面轴心受压直杆稳定问题示意图

式（10-25）和式（10-26）的解为

$$y_1=a_1\sin\alpha_1 x+b_1\cos\alpha_1 x \tag{10-27}$$

$$y_2=a_2\sin\alpha_2 x+b_2\cos\alpha_2 x \tag{10-28}$$

依次代入边界条件

$$x=0\text{ 时，}\quad y_1=0$$

$$x=l\text{ 时，}\quad \dot{y}_2=0$$

$$x=l_1\text{ 时，}\quad y_1=y_2,\quad \dot{y}_1=\dot{y}_2$$

可得到以任意常数 a_1 与 b_1、a_2 与 b_2 为未知数的线性齐次方程组，经整理，特征方程为

$$\begin{vmatrix} \sin\alpha_1 l_1 & \tan\alpha_2 l\sin\alpha_2 l_1+\cos\alpha_2 l_1 \\ \alpha_1\cos\alpha_1 l_1 & \alpha_2(\tan\alpha_2 l\cos\alpha_2 l_1+\sin\alpha_2 l_1) \end{vmatrix}=0$$

展开整理后可得稳定方程，即

$$\tan\alpha_1 l_1\tan\alpha_2 l_2=\frac{\alpha_1}{\alpha_2} \tag{10-29}$$

只有给定 I_1/I_2 和 l_1/l_2 的比值后，式（10-29）才能求解。

此外，在进行轴心受压构件的设计时还要考虑初始缺陷（初始弯曲、初始偏心和残余应力、安装误差等）的影响，在设计规范中通常用稳定系数来对构件的截面面积进行折减验算其承载能力，稳定系数的大小与截面类型和长细比相关，具体取值请读者参阅有关规范。

10.2　偏心受压构件的稳定

在实际工程结构中，很多受压构件都是偏心受压构件，由于这种构件同时受到轴心力 N 和弯矩 M 的共同作用，故称为压弯杆，也称梁-柱。

图 10-7（a）所示为偏心受压杆（两端的偏心距 e 相等），它的等效受力形式如图 10-7（b）所示。图 10-7（c）、（d）、（e）所示的构件，也是压弯杆，其中图 10-7（c）、

(d) 的弯矩分别由横向荷载引起，而图 10－7 (e) 则受到不等杆端弯矩的作用。

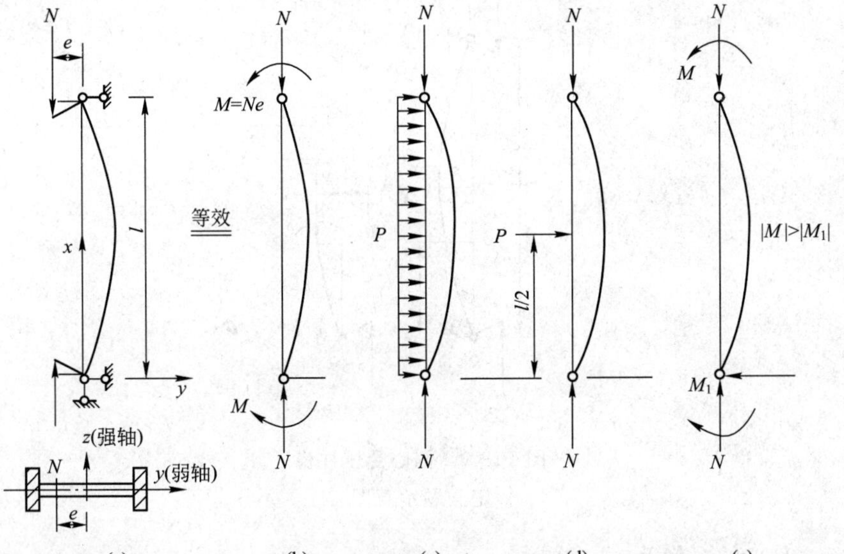

图 10－7　两端铰支座约束的偏心受压构件受力计算简图

若弯矩作用在弱轴 y 平面内，梁-柱可能在弯矩作用平面内弯曲屈曲（丧失稳定），也可能在弯矩作用平面外弯扭屈曲。前者属于第二类稳定问题，即极值点稳定问题，用荷载-位移曲线来求临界力（图 10－8 曲线②）；后者属于第一类稳定问题，即分支点稳定问题，失稳前属平面内受弯状态，失稳后产生平面外弯扭这一新的平衡形式，可由特征值求屈曲荷载（图 10－8 曲线③）。这些稳定问题，在钢结构设计中都必须考虑，详细的稳定分析见有关专著。

虽然梁-柱弯曲屈曲的弹性分析（图 10－8 曲线①），所求临界荷载只具有理论价值，但它是非弹性分析的基础。

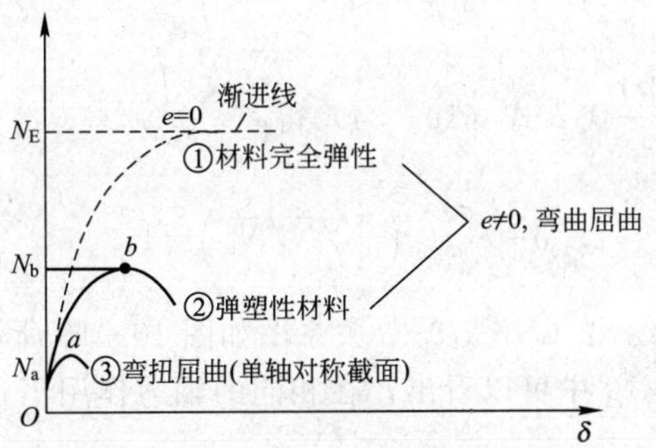

图 10－8　偏心受压柱失稳破坏示意图

如图 10－9 所示的偏心受压柱，现分析其在弯矩作用平面内的弹性弯曲屈曲。

由图 10－9 得到的微分方程为

$$EI\ddot{y}+N(e+y)=0 \tag{10-30}$$

即

$$\ddot{y}+\alpha^2 y=-\alpha^2 e \tag{10-31}$$

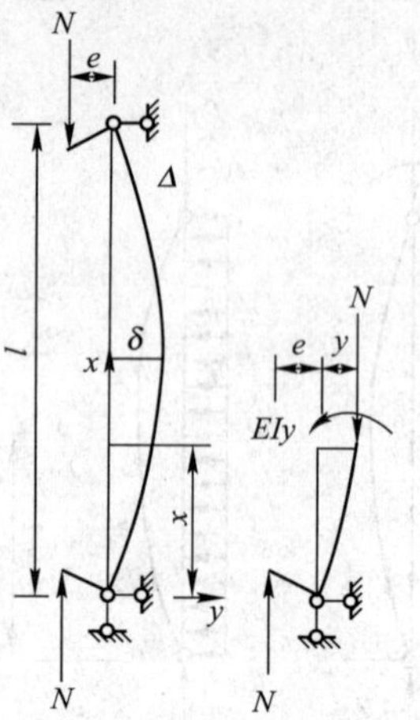

图 10-9　偏心受压柱稳定问题示意图

式（10-31）的全解为

$$y=A\sin\alpha x+B\cos\alpha x-e \tag{10-32}$$

式中，$\alpha^2=\dfrac{N}{EI}$。依次代入边界条件

$x=0$ 时，$y=0$

$x=l$ 时，$y=0$

经推导可得

$$y=e\left[\sec\frac{\alpha l}{2}\cos\left(\frac{l}{2}-x\right)-1\right] \tag{10-33}$$

当 $x=l/2$ 时，由式（10-33）可得偏心受压柱的跨中最大挠度为

$$\delta=e\left(\sec\frac{\alpha l}{2}-1\right) \tag{10-34}$$

将 $\alpha^2=\dfrac{N}{EI}$ 和 $N_E=\dfrac{\pi^2 EI}{l^2}$ 代入式（10-34）得

$$\delta=e\left[\sec\left(\frac{\pi}{2}\sqrt{N/N_E}\right)-1\right] \tag{10-35}$$

由式（10-35）可以绘出（N/N_E）-δ 关系图如图 10-10 所示，其中 δ_1 表示 $e=0.1$，δ_2 对应 $e=0.3$。从图 10-10 中可以看出，在相同的轴力作用下，偏心距较大的构件挠度也较大。

所以

$$M_{max}=N(e+\delta)=Ne\times\sec\left(\frac{\pi}{2}\sqrt{N/N_E}\right)=Ne\times\eta=M\eta \tag{10-36}$$

式中，η 为偏心受压柱的纵向弯曲影响系数，又称为弯矩增大系数。

由式（10-36）可以绘出（N/N_E）-η 关系图（见图 10-11）。从图 10-11 中可以看出，轴力与最大弯矩并不成线性关系。这是梁-柱的一个重要特点。

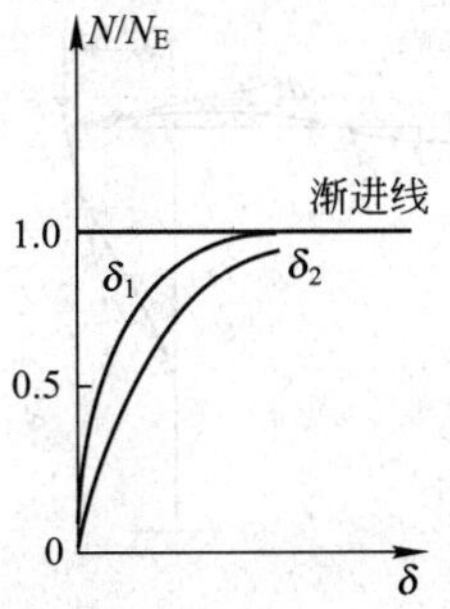

图 10-10　偏心受压柱荷载-变形曲线

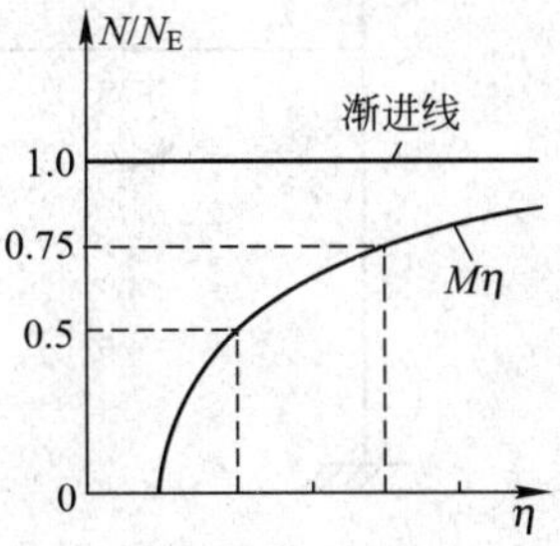

图 10-11　偏心受压柱 $(N/N_E)-\eta$ 关系图

必须指出：以上的结论是假定杆件的变形在弹性范围内且是微小的。但实际上由于材料弹塑性的影响，往往达不到欧拉临界荷载，杆件就已经破坏；另外，对于单轴对称截面偏心受压柱，在弯矩作用平面外有可能首先失稳破坏。因此，实际偏心受压柱失稳破坏根据不同情况如图 10-8 所示。

梁-柱稳定的理论分析十分复杂，设计公式不可能走纯理论的道路，而应该走半理论半统计的道路。我国的设计规范应用近似概率法给出了实用设计表达式，如《钢结构设计规范》（GB 50017—2003）有专门关于稳定计算的章节，《混凝土结构设计规范》（GB 50010—2010）关于受压承载力计算部分也引入了稳定系数的概念，其他规范中也有类似内容，具体设计方法请参考有关规范。

另外，实际结构的偏心受压构件，除受轴力和弯矩外，常常还受剪力作用，因此计算这类构件的稳定问题还应考虑剪力的影响。剪力的存在实际上是产生了附加挠度，具体计算请读者参考有关资料。一般在实体构件中，剪力的影响很小，可以忽略不计。

10.3　其他工程结构失稳分析

10.3.1　平面刚架的弹性屈曲

刚架在横梁上受到竖向荷载作用时，柱子将同时发生压缩和弯曲，以致当荷载达到临界值时，将丧失第二类稳定性。计算丧失第二类稳定性的临界荷载是相当复杂的，在实际应用上，可将横梁上的荷载分解为作用于两端节点上的集中荷载，使柱子在丧失稳定以前只受轴向压力，这样就把原丧失第二类稳定的问题，简化为丧失第一类稳定的问题来研究。

承受节点荷载的刚架，当荷载达到临界值时，可能产生弯曲变形，并在新的变形状态下维持平衡（图 10-12）。

平面刚架临界荷载的确定一般以位移法较为方便。顾名思义，位移法待求的未知数是位移。对于图 10-12 所示的刚架，当荷载达到临界力时，刚架突然屈曲，未知数有 3 个：

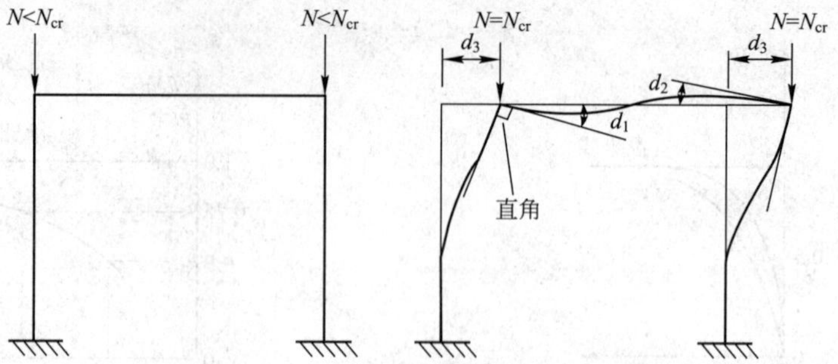

图 10-12 刚架失稳破坏示意图

d_1，d_2，d_3，故该刚架为三次动不定结构。从而，可根据基本结构在节点荷载和节点位移（d_1，d_2 和 d_3）的共同作用下，附加联系（刚臂和链杆）上的约束反力应该等于零的条件，建立典型方程组（齐次方程），具体为

$$\begin{bmatrix} s_{11} & s_{12} & s_{13} \\ s_{21} & s_{22} & s_{23} \\ s_{31} & s_{32} & s_{33} \end{bmatrix} \begin{bmatrix} d_1 \\ d_2 \\ d_3 \end{bmatrix} = \mathbf{0} \tag{10-37}$$

式中，s_{ij} 为刚度系数。它代表在基本结构的附加联系 j 处产生单位位移 $d_j=1$ 时，附加联系 i 上的广义反力，并具有互等性，即 $s_{ij}=s_{ji}$。

为求 d_i 的非零解，必须有

$$\begin{vmatrix} s_{11} & s_{12} & s_{13} \\ s_{21} & s_{22} & s_{23} \\ s_{31} & s_{32} & s_{33} \end{vmatrix} = 0 \tag{10-38}$$

展开此行列式，即可得到临界荷载或临界参变量。

对于 n 次动不定结构有

$$\begin{vmatrix} s_{11} & s_{12} & \cdots & s_{1n} \\ s_{21} & s_{22} & \cdots & s_{2n} \\ \vdots & \vdots & & \vdots \\ s_{n1} & s_{n2} & \cdots & s_{nn} \end{vmatrix} = 0 \tag{10-39}$$

式（10-39）为稳定特征方程。

求解稳定特征方程的关键是确定 s_{ij}。在结构静力分析时已经建立了刚架杆端弯矩和杆端位移的关系，但没有考虑轴向力的影响，故得出的刚度系数对于某个确定构件来说是常量，称为形常数。然而，在稳定计算中，轴向力的存在将显著影响杆的抗弯刚度，因此必须考虑轴向压力对杆件刚度的影响。在有限元分析中，轴向力的影响可以通过附加刚度矩阵考虑，又称为单元几何刚度矩阵。考虑杆件轴向力影响的杆端力-位移方程请读者参考有关资料。

当结构动不定次数较少时可以直接求解稳定特征方程；但当结构比较复杂，动不定次数较多时，可以采取有限元法，把结构离散为有限个单元，利用节点的平衡条件建立离散体的刚度方程，然后求解节点位移，每个单元中任意一点的位移可以根据位移插值函数由节点位移间接的求出。因此，稳定问题与动力学问题都归结为特征值问题，都可以用通用的有限元软件（如 SAP，ANSYS 等）计算。

10.3.2　梁的侧向屈曲

图 10－13（a）所示矩形截面悬臂梁，在横向荷载 P 作用下，钢梁开始在 yz 平面内产生平面弯曲。如果取决于强度，那么梁固定端的截面抗力将按图 10－13（c）曲线 a，即先后经历弹性阶段到屈服弯矩 M_y、弹塑性阶段和塑性阶段的塑性弯矩 M_p，即最后形成塑性铰而破坏。如果截面的抗侧刚度 EI_y 或抗扭刚度 GI_t 不足，例如窄而高的截面或开口薄壁截面（工字型截面等），梁会在截面形成塑性铰以前，即在图 10－13（c）曲线 b 段，甚至在弹性阶段，即图 10－13（c）曲线 c 段，有可能突然产生侧向屈曲（如图 10－13（b）所示）。梁的这种破坏形式，称为梁的弯扭屈曲，或梁丧失整体稳定。梁的侧向稳定属于第一类稳定问题。

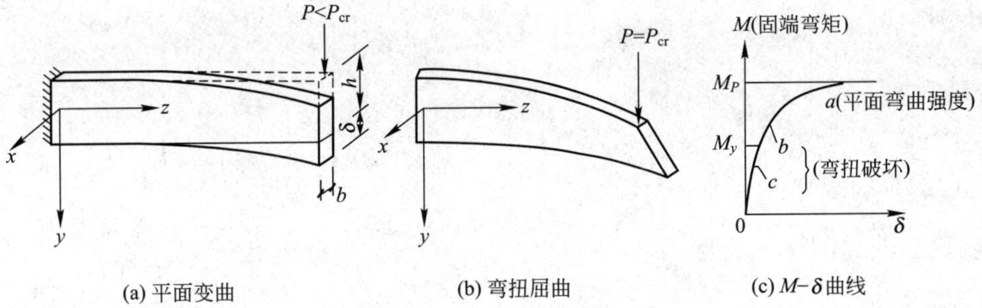

图 10－13　悬臂梁失稳破坏示意图

对于平面弯曲的梁会发生平面外的侧向屈曲，可以这样来解释：从性质的近似性，可以把梁的受压翼缘视为一个轴心受压杆。作为压杆，理应倾向于在其刚度较小方向弯曲屈曲。但是，由于梁的腹板对受压翼缘提供了连续的支持作用，使此屈曲不能发生。因此，当受压翼缘的压力增大到一定数值时，受压翼缘就只能绕 y 轴产生侧向屈曲。这必将带动梁的整个截面一起发生侧向位移并伴随扭转，即梁产生弯扭屈曲，这就是梁丧失整体稳定的原因和实质。具体计算请读者参考有关资料。

此外，薄板、拱、圆环和圆管在垂直压力作用下也容易发生失稳破坏，在设计时需验算稳定问题，具体计算请读者参考有关资料。

思考题与习题

1. 试分析图 10－5 中弹性约束的大小对其临界荷载的影响。
2. 试总结偏心受压构件可能的几种破坏形式。
3. 如图 10－6 所示的变截面轴心受压构件，$l_1=\dfrac{2}{3}l$，$l_2=\dfrac{1}{3}l$，$I_2=1.5I_1$，在柱顶作用一荷载为 $N_1=N$，在变阶处作用一荷载为 $N_2=5N$，试计算其临界荷载。

第3篇参考文献

[1] 李国豪. 桥梁结构稳定与振动. 北京：中国铁道出版社，1996.

[2] 李存权. 结构稳定和稳定内力. 北京：人民交通出版社，2000.

[3] 王仕统. 结构稳定. 广州：华南理工大学出版社，1997.

[4] 陈绍藩. 钢结构稳定设计指南. 北京：中国建筑工业出版社，1996.

[5] 龙驭球，包世华. 结构力学. 北京：高等教育出版社，1996.

[6] 田兴运. 结构稳定理论. 杨凌：西北农林科技大学出版社，2006.

附录A 2001版《中国地震动参数区划图》(GB 18306—2001)我国主要城镇抗震设防烈度、设计基本地震加速度和设计地震分组

本附录仅提供我国抗震设防区各县级及县级以上城镇的中心地区建筑工程抗震设计时所采用的抗震设防烈度、设计基本地震加速度值和所属的设计地震分组。

(注:本附录一般把“设计地震第一、二、三组”简称为“第一组、第二组、第三组”。)

A.0.1 首都和直辖市

1. 抗震设防烈度为8度,设计基本地震加速度值为0.2g:

北京(除昌平、门头沟外的11市辖区),平谷,大兴,延庆,宁河,汉沽

2. 抗震设防烈度为7度,设计基本地震加速度值为0.15g:

密云,怀柔,昌平,门头沟,天津(除汉沽、大港外的12个市辖区),蓟县,宝坻,静海

3. 抗震设防烈度为7度,设计基本地震加速度值为0.10g:

大港,上海(除金山外的15个市辖区),南汇,奉贤

4. 抗震设防烈度为6度,设计基本地震加速度值为0.05g:

崇明,金山,重庆(14个市辖区),巫山,奉节,云阳,忠县,丰都,长寿,壁山,合川,铜梁,大足,荣昌,永川,江津,綦江,南川,黔江,石柱,巫溪*

注:① 首都和直辖市的全部县级及县级以上设防城镇、设计地震分组均为第一组;

② 上标*指该城镇的中心位于本设防区和较低设防区的分界线,下同。

A.0.2 河北省

1. 抗震设防烈度为8度,设计基本地震加速度值为0.2g:

第一组:廊坊(2个市辖区),唐山(5个市辖区),三河,大厂,香河,丰南,丰润,怀来,涿鹿

2. 抗震设防烈度为7度,设计基本地震加速度值为0.15g:

第一组:邯郸(4个市辖区),邯郸县,文安,任丘,河间,大城,涿州,高碑店,涞水,固安,永清,玉田,迁安,卢龙,滦县,唐海,乐亭,宣化,蔚县,阳原,成安,磁县,临漳,大名,宁晋

3. 抗震设防烈度为7度,设计基本地震加速度值为0.10g:

第一组:石家庄:(6个市辖区),保定(3个市辖区),张家口(4个市辖区),沧州(2个市辖区),衡水,邢台(2个市辖区),霸州,雄县,易县,苍县,张北,万全,怀安,兴隆,迁西,抚宁,昌黎,青县,献县,广宗,平乡,鸡泽,隆尧,新河,曲周,肥

乡，馆陶，广平，高邑，内丘，邢台县，赵县，武安，涉县，赤城，涞源，定兴，容城，徐水，安新，高阳，博野，蠡县，肃宁，深泽，安平，饶阳，魏县，藁城，栾城，晋州，深州，武强，辛集，冀州，任县，柏乡，巨鹿，南和，沙河，临城，泊头，永年，崇礼，南宫*

第二组：秦皇岛（海港、北戴河），清苑，遵化，安国

4. 抗震设防烈度为6度，设计基本地震加速度值为0.05g：

第一组：正定，围场，尚义，灵寿，无极，平山，鹿泉，井陉，元氏，南皮，吴桥，景县，东光

第二组：承德（除鹰手营子外的2个市辖区），隆化，承德县，宽城，青龙，阜平，满城，顺平，唐县，望都，曲阳，定州，行唐，赞皇，黄骅，海兴，孟村，盐山，阜城，故城，清河，山海关，沽源，新乐，武邑，枣强，威县

第三组：丰宁，滦平，鹰手营子，平泉，临西，邱县

A.0.3 山西省

1. 抗震设防烈度为8度，设计基本地震加速度值为0.2g：

第一组：太原（6个市辖区），临汾，忻州，祁县，平遥，古县，代县，原平，定襄，阳曲，太谷，介休，灵石，汾西，霍州，洪洞，襄汾，晋中，浮山，永济，清徐

2. 抗震设防烈度为7度，设计基本地震加速度值0.15g：

第一组：大同（4个市辖区），朔州（朔城区），大同县，怀仁，浑源，广灵，应县，山阴，灵丘，繁峙，五台，古交，交城，文水，汾阳，曲沃，孝义，侯马，新绛，稷山，绛县，河津，闻喜，翼城，万荣，临猗，夏县，运城，芮城，平陆，沁源*，宁武*

3. 抗震设防烈度为7度，设计基本地震加速度值为0.10g：

第一组：长治（2个市辖区），阳泉（3个市辖区），长治县，阳高，天镇，左云，右玉，神池，寿阳，昔阳，安泽，乡宁，垣曲，沁水，平定，和顺，黎城，潞城，壶关

第二组：平顺，榆社，武乡，娄烦，交口，隰县，蒲县，吉县，静乐，孟县，沁县，陵川，平鲁

4. 抗震设防烈度为6度，设计基本地震加速度值为0.05g：

第二组：偏关，河曲，保德，兴县，临县，方山，柳林

第三组：晋城，离石，左权，襄垣，屯留，长子，高平，阳城，泽州，五寨，岢岚，岚县，中阳，石楼，永和，大宁

A.0.4 内蒙古自治区

1. 抗震设防烈度为8度，设计基本地震加速度值为0.30g：

第一组：土默特右旗，达拉特旗*

2. 抗震设防烈度为8度，设计基本地震加速度值为0.20g：

第一组：包头（除白云矿区外的5个市辖区），呼和浩特（4个市辖区），土默特左旗，乌海（3个市辖区），杭锦后旗，磴口，宁城，托克托*

3. 抗震设防烈度为7度，设计基本地震加速度值为0.15g：

第一组：喀喇沁旗，五原，乌拉特前旗，临河，固阳，武川，凉城，和林格尔，赤峰（红山*，元宝山区）

第二组：阿拉善左旗

4. 抗震设防烈度为7度，设计基本地震加速度值为0.10g：

第一组：集宁，清水河，开鲁，傲汉旗，乌特拉后旗，卓资，察右前旗，丰镇，扎兰屯，乌特拉中旗，赤峰（松山区），通辽*

第三组：东胜，准格尔旗

5. 抗震设防烈度为6度，设计基本地震加速度值为0.05g：

第一组：满洲里，新巴尔虎右旗，莫力达瓦旗，阿荣旗，扎赉特旗，翁牛特旗，兴和，商都，察右后旗，科左中旗，科左后旗，奈曼旗，库伦旗，乌审旗，苏尼特右旗

第二组：达尔罕茂明安联合旗，阿拉善右旗，鄂托克旗，鄂托克前旗，白云

第三组：伊金霍洛旗，杭锦旗，四王子旗，察右中旗

A.0.5　辽宁省

1. 抗震设防烈度为8度，设计基本地震加速度值为0.20g：

普兰店，东港

2. 抗震设防烈度为7度，设计基本地震加速度值为0.15g：

营口（4个市辖区），丹东（3个市辖区），海城，大石桥，瓦房店，盖州，金州

3. 抗震设防烈度为7度，设计基本地震加速度值为0.10g：

沈阳（9个市辖区），鞍山（4个市辖区），大连（除金州外的5个市辖区），朝阳（2个市辖区），辽阳（5个市辖区），抚顺（除顺城外的3个市辖区），铁岭（2个市辖区），盘锦（2个市辖区），盘山，朝阳县，辽阳县，岫岩，铁岭县，凌源，北票，建平，开原，抚顺县，灯塔，台安，大洼，辽中

4. 抗震设防烈度为6度，设计基本地震加速度值为0.05g：

本溪（4个市辖区），阜新（5个市辖区），锦州（3个市辖区），葫芦岛（3个市辖区），昌图，西丰，法库，彰武，铁法，阜新县，康平，新民，黑山，北宁，义县，喀喇沁，凌海，兴城，绥中，建昌，宽甸，凤城，庄河，长海，顺城

注：全省县级及县级以上设防城镇的设计地震分组，除兴城、绥中、建昌、南票为第二组外，均为第一组。

A.0.6　吉林省

1. 抗震设防烈度为8度，设计基本地震加速度值为0.20g：

前郭尔罗斯，松原

2. 抗震设防烈度为7度，设计基本地震加速度值为0.15g：

大安*

3. 抗震设防烈度为7度，设计基本地震加速度值为0.10g：

长春（6个市辖区），吉林（除丰满外的3个市辖区），白城，乾安，舒兰，九台，永吉*

4. 抗震设防烈度为 6 度，设计基本地震加速度值为 0.05g：

四平（2 个市辖区），辽源（2 个市辖区），镇赉，挑商，延吉，汪清，图们，辉春，龙井，和龙，安图，蛟河，桦甸，梨树，磐石，东丰，辉南，梅河口，东辽，榆树，靖宇，抚松，长岭，通榆，德惠，农安，伊通，公主岭，扶余，丰满

注：全省县级及县级以上设防城镇，设计地震分组均为第一组。

A.0.7　黑龙江省

1. 抗震设防烈度为 7 度，设计基本地震加速度值为 0.10g：

绥化，萝北，泰来

2. 抗震设防烈度为 6 度，设计基本地震加速度值为 0.05g：

哈尔滨（7 个市辖区），齐齐哈尔（7 个市辖区），大庆（5 个市辖区），鹤岗（6 个市辖区），牡丹江（4 个市辖区），鸡西（6 个市辖区），佳木斯（5 个市辖区），七台河（3 个市辖区），伊春（伊春区，乌马河区），鸡东，望奎，穆棱，绥芬河，东宁，宁安，五大连池，汤原，桦南，桦川，依兰，勃利，通河，方正，木兰，巴彦，延寿，尚志，宾县，安达，明水，绥棱，庆安，兰西，肇东，肇州，肇源，呼兰，阿城，双城，五常，讷河，北安，甘南，富裕，龙江，黑河，青冈*，海林*

注：全省县级及县级以上设防城镇，设计地震分组均为第一组。

A.0.8　江苏省

1. 抗震设防烈度为 8 度，设计基本地震加速度值为 0.30g：

第一组：宿迁，宿豫*

2. 抗震设防烈度为 8 度，设计基本地震加速度值为 0.20g：

第一组：新沂，邳州，睢宁

3. 抗震设防烈度为 7 度，设计基本地震加速度值为 0.15g：

第一组：扬州（3 个市辖区），镇江（2 个市辖区），东海，沭阳，泗洪，江都，大丰

4. 抗震设防烈度为 7 度，设计基本地震加速度值为 0.10g：

第一组：南京（11 个市辖区），淮安（除楚州外的 3 个市辖区），徐州（5 个市辖区），铜山，沛县，常州（4 个市辖区），泰州（2 个市辖区），赣榆，泗阳，盱眙，射阳，江浦，武进，盐城，盐都，东台，海安，姜堰，如皋，如东，扬中，仪征，兴化，高邮，六合，句容，丹阳，金坛，丹徒，溧阳，溧水，昆山，太仓

第三组：连云港（4 个市辖区），灌云

5. 抗震设防烈度为 6 度，设计基本地震加速度值为 0.05g：

第一组：南通（2 个市辖区），无锡（6 个市辖区），苏州（6 个市辖区），通州，宜兴，江阴，洪泽，金湖，建湖，常熟，吴江，靖江，泰兴，张家港，海门，启东，高淳，丰县

第二组：响水，滨海，阜宁，宝应，金湖

第三组：灌南，涟水，楚州

A.0.9　浙江省

1. 抗震设防烈度为7度，设计基本地震加速度值为0.10g：

岱山，嵊泗，舟山（2个市辖区）

2. 抗震设防烈度为6度，设计基本地震加速度值为0.05g：

杭州（6个市辖区），宁波（5个市辖区），湖州，嘉兴（2个市辖区），温州（3个市辖区），绍兴，绍兴县，长兴，安吉，临安，奉化，鄞县，象山，德清，嘉善，平湖，海盐，桐乡，余杭，海宁，萧山，上虞，慈溪，余姚，瑞安，富阳，平阳，苍南，乐清，永嘉，泰顺，景宁，云和，庆元，洞头

注：全省县级及县级以上设防城镇，设计地震分组均为第一组。

A.0.10　安徽省

1. 抗震设防烈度为7度，设计基本地震加速度值为0.15g：

第一组：五河，泗县

2. 抗震设防烈度为7度，设计基本地震加速度值为0.10g：

第一组：合肥（4个市辖区），蚌埠（4个市辖区），阜阳（3个市辖区），淮南（5个市辖区），枞阳，怀远，长丰，六安（2个市辖区），灵璧，固镇，凤阳，明光，定远，肥东，肥西，舒城，庐江，桐城，霍山，涡阳，安庆（3个市辖区）*，铜陵县*

3. 抗震设防烈度为6度，设计基本地震加速度值为0.05g：

第一组：铜陵（3个市辖区），芜湖（4个市辖区），巢湖，马鞍山（4个市辖区），滁州（2个市辖区），芜湖县，砀山，萧县，亳州，界首，太和，临泉，阜南，利辛，蒙城，凤台，寿县，颍上，霍丘，金寨，天长，来安，全椒，含山，和县，当涂，无为，繁昌，池州，岳西，潜山，太湖，怀宁，望江，东至，宿松，南陵，宣城，郎溪，广德，泾县，青阳，石台

第二组：濉溪，淮北

第三组：宿州

A.0.11　福建省

1. 抗震设防烈度为8度，设计基本地震加速度值为0.20g：

第一组：金门*

2. 抗震设防烈度为7度，设计基本地震加速度值为0.15g：

第一组：厦门（7个市辖区），漳州（2个市辖区），晋江，石狮，龙海，长泰，漳浦，东山，诏安

第二组：泉州（4个市辖区）

3. 抗震设防烈度为7度，设计基本地震加速度值为0.10g：

第一组：福州（除马尾外的4个市辖区），安溪，南靖，华安，平和，云霄

第二组：莆田（2个市辖区），长乐，福清，莆田县，平谭，惠安，南安，马尾

4. 抗震设防烈度为 6 度，设计基本地震加速度值为 0.05g：

第一组：三明（2 个市辖区），政和，屏南，霞浦，福鼎，福安，拓荣，寿宁，周宁，松溪，宁德，古田，罗源，沙县，尤溪，闽清，闽侯，南平，大田，漳平，龙岩，永定，泰宁，宁化，长汀，武平，建宁，将乐，明溪，清流，连城，上杭，永安，建瓯

第二组：连江，永泰，德化，永春，仙游

A.0.12 江西省

1. 抗震设防烈度为 7 度，设计基本地震加速度值为 0.10g：

寻乌，会昌

2. 抗震设防烈度为 6 度，设计基本地震加速度值为 0.05g：

南昌（5 个市辖区），九江（2 个市辖区），南昌县，进贤，余干，九江县，彭泽，湖口，星子，瑞昌，德安，都昌，武宁，修水，靖安，铜鼓，宜丰，宁都，石城，瑞金，安远，定南，龙南，全南，大余

注：全省县级及县级以上设防城镇，设计地震分组均为第一组。

A.0.13 山东省

1. 抗震设防烈度为 8 度，设计基本地震加速度值为 0.20g：

第一组：郯城，临沭，莒南，莒县，沂水，安丘，阳谷

2. 抗震设防烈度为 7 度，设计基本地震加速度值为 0.15g：

第一组：临沂（3 个市辖区），潍坊（4 个市辖区），菏泽，东明，聊城，苍山，沂南，昌邑，昌乐，青州，临朐，诸城，五莲，长岛，蓬莱，龙口，莘县，鄄城，寿光*

3. 抗震设防烈度为 7 度，设计基本地震加速度值为 0.10g：

第一组：烟台（4 个市辖区），威海，枣庄（5 个市辖区），淄博（除博山外的 4 个市辖区），平原，高唐，茌平，东阿，平阴，梁山，郓城，定陶，巨野，成武，曹县，广饶，博兴，高青，恒台，文登，沂源，蒙阴，费县，微山，禹城，冠县，莱芜（2 个市辖区）*，单县*，夏津*

第二组：东营（2 个市辖区），招远，新泰，栖霞，莱州，日照，平度，高密，垦利，博山，滨州*，平邑*

4. 抗震设防烈度为 6 度，设计基本地震加速度值为 0.05g：

第一组：德州，宁阳，陵县，曲阜，邹城，鱼台，乳山，荣成，兖州

第二组：济南（5 个市辖区），青岛（7 个市辖区），泰安（2 个市辖区），济宁（2 个市辖区），武城，乐陵，庆云，无棣，阳信，宁津，沾化，利津，惠民，商河，临邑，济阳，齐河，邹平，章丘，泗水，莱阳，海阳，金乡，滕州，莱西，即墨

第三组：胶南，胶州，东平，汶上，嘉祥，临清，长清，肥城

A.0.14 河南省

1. 抗震设防烈度为 8 度，设计基本地震加速度值为 0.20g：

第一组：新乡（4个市辖区），新乡县，安阳（4个市辖区），安阳县，鹤壁（3个市辖区），原阳，延津，汤阴，淇县，卫辉，获嘉，范县，辉县

2. 抗震设防烈度为7度，设计基本地震加速度值为0.15*g*：

第一组：郑州（6个市辖区），濮阳，濮阳县，长恒，封丘，修武，武陟，内黄，浚县，滑县，台前，南乐，清丰，灵宝，三门峡，陕县，林州*

3. 抗震设防烈度为7度，设计基本地震加速度值为0.10*g*：

第一组：洛阳（6个市辖区），焦作（4个市辖区），开封（5个市辖区），南阳（2个市辖区），开封县，许昌县，沁阳，博爱，孟州，孟津，巩义，偃师，济源，新密，新郑，民权，兰考，长葛，温县，荥阳，中牟，杞县*，许昌*

4. 抗震设防烈度为6度，设计基本地震加速度值为0.05*g*：

第一组：商丘（2个市辖区），信阳（2个市辖区），漯河，平顶山（4个市辖区），登封，义马，虞城，夏邑，通许，尉氏，睢县，宁陵，柘城，新安，宜阳，嵩县，汝阳，伊川，禹州，郏县，宝丰，襄城，郾城，鄢陵，扶沟，太康，鹿邑，郸城，沈丘，项城，淮阳，周口，商水，上蔡，临颍，西华，西平，栾川，内乡，镇平，唐河，邓州，新野，社旗，平舆，新县，驻马店，泌阳，汝南，桐柏，淮滨，息县，正阳，遂平，光山，罗山，潢川，商城，固始，南召，舞阳*

第二组：汝州，睢县，永城

第三组：卢氏，洛宁，渑池

A.0.15 湖北省

1. 抗震设防烈度为7度，设计基本地震加速度值为0.10*g*：

竹溪，竹山，房县

2. 抗震设防烈度为6度，设计基本地震加速度值为0.05*g*：

武汉（13个市辖区），荆州（2个市辖区），荆门，襄樊（2个市辖区），襄阳，十堰（2个市辖区），宜昌（4个市辖区），宜昌县，黄石（4个市辖区），恩施，咸宁，麻城，团风，罗田，英山，黄冈，鄂州，浠水，蕲春，黄梅，武穴，郧西，郧县，丹江口，谷城，老河口，宜城，南漳，保康，神农架，钟祥，沙洋，远安，兴山，巴东，秭归，当阳，建始，利川，公安，宣恩，咸丰，长阳，宜都，枝江，松滋，江陵，石首，监利，洪湖，孝感，应城，云梦，天门，仙桃，红安，安陆，潜江，嘉鱼，大冶，通山，赤壁，崇阳，通城，五峰*，京山*

注：全省县级及县级以上设防城镇，设计地震分组均为第一组。

A.0.16 湖南省

1. 抗震设防烈度为7度，设计基本地震加速度值为0.15*g*：

常德（2个市辖区）

2. 抗震设防烈度为7度，设计基本地震加速度值为0.10*g*：

岳阳（3个市辖区），岳阳县，汨罗，湘阴，临澧，澧县，津市，桃源，安乡，汉寿

3. 抗震设防烈度为6度，设计基本地震加速度值为0.05*g*：

长沙（5个市辖区），长沙县，益阳（2个市辖区），张家界（2个市辖区），郴州（2个市辖区），邵阳（3个市辖区），邵阳县，泸溪，沅陵，娄底，宜章，资兴，平江，宁乡，新化，冷水江，涟源，双峰，新邵，邵东，隆回，石门，慈利，华容，南县，临湘，沅江，桃江，望城，溆浦，会同，靖州，韶山，江华，宁远，道县，临武，湘乡*，安化*，中方*，洪江*

注：全省县级及县级以上设防城镇，设计地震分组均为第一组。

A.0.17 广东省

1. 抗震设防烈度为8度，设计基本地震加速度值为0.20g：

汕头（5个市辖区），澄海，潮安，南澳，徐闻，潮州*

2. 抗震设防烈度为7度，设计基本地震加速度值为0.15g：

揭阳，揭东，潮阳，饶平

3. 抗震设防烈度为7度，设计基本地震加速度值为0.10g：

广州（除花都外的9个市辖区），深圳（6个市辖区），湛江（4个市辖区），汕尾，海丰，普宁，惠来，阳江，阳东，阳西，茂名，化州，廉江，遂溪，吴川，丰顺，南海，顺德，中山，珠海，斗门，电白，雷州，佛山（2个市辖区）*，江门（2个市辖区）*，新会*，陆丰*

4. 抗震设防烈度为6度，设计基本地震加速度值为0.05g：

韶关（3个市辖区），肇庆（2个市辖区），花都，河源，揭西，东源，梅州，东莞，清远，清新，南雄，仁化，始兴，乳源，曲江，英德，佛冈，龙门，龙川，平远，大埔，从化，梅县，兴宁，五华，紫金，陆河，增城，博罗，惠州，惠阳，惠东，三水，四会，云浮，云安，高要，高明，鹤山，封开，郁南，罗定，信宜，新兴，开平，恩平，台山，阳春，高州，翁源，连平，和平，蕉岭，新丰*

注：全省县级及县级以上设防城镇，设计地震分组均为第一组。

A.0.18 广西壮族自治区

1. 抗震设防烈度为7度，设计基本地震加速度值为0.15g：

灵山，田东

2. 抗震设防烈度为7度，设计基本地震加速度值为0.10g：

玉林，兴业，横县，北流，百色，田阳，平果，隆安，浦北，博白，乐业*

3. 抗震设防烈度为6度，设计基本地震加速度值为0.05g：

南宁（6个市辖区），桂林（5个市辖区），柳州（5个市辖区），梧州（3个市辖区），钦州（2个市辖区），贵港（2个市辖区），防城港（2个市辖区），北海（2个市辖区），兴安，灵川，临桂，永福，鹿寨，天峨，东兰，巴马，都安，大化，马山，融安，象州，武宣，桂平，平南，上林，宾阳，武鸣，大新，扶绥，邕宁，东兴，合浦，钟山，贺州，藤县，苍梧，容县，岑溪，陆川，凤山，凌云，田林，隆林，西林，德保，靖西，那坡，天等，崇左，上思，龙州，永明，融水，凭祥，全州

注：全自治区县级及县级以上设防城镇，设计地震分组均为第一组。

A.0.19　海南省

1. 抗震设防烈度为8度，设计基本地震加速度值为0.30g：

海口（3个市辖区），琼山

2. 抗震设防烈度为8度，设计基本地震加速度值为0.20g：

文昌，定安

3. 抗震设防烈度为7度，设计基本地震加速度值为0.15g：

澄迈

4. 抗震设防烈度为7度，设计基本地震加速度值为0.10g：

临高，琼海，儋州，屯昌

5. 抗震设防烈度为6度，设计基本地震加速度值为0.05g：

三亚，万宁，琼中，昌江，白沙，保亭，陵水，东方，乐东，通什

注：全省县级及县级以上设防城镇，设计地震分组均为第一组。

A.0.20　四川省

1. 抗震设防烈度不低于9度，设计基本地震加速度值不小于0.40g：

第一组：康定，西昌

2. 抗震设防烈度为8度，设计基本地震加速度值为0.30g：

第一组：冕宁*

3. 抗震设防烈度为8度，设计基本地震加速度值为0.20g：

第一组：松潘，道孚，泸定，甘孜，炉霍，石棉，喜德，普格，宁南，德昌，理塘

第二组：九寨沟

4. 抗震设防烈度为7度，设计基本地震加速度值为0.15g：

第一组：宝兴，茂县，巴塘，德格，马边，雷波

第二组：越西，雅江，九龙，平武，木里，盐源，会东，新龙

第三组：天全，荥经，汉源，昭觉，布托，丹巴，芦山，甘洛

5. 抗震设防烈度为7度，设计基本地震加速度值为0.10g：

第一组：成都（除龙泉驿、青白江的5个市辖区），乐山（除金口河外的3个市辖区），自贡（4个市辖区），宜宾，宜宾县，北川，安县，绵竹，汶川，都江堰，双流，新津，清神，峨边，沐川，屏山，理县，得荣，新都*

第二组：攀枝花（3个市辖区），江油，什邡，彭州，郫县，温江，大邑，崇州，邛崃，蒲江，彭山，丹棱，眉山，洪雅，夹江，峨眉山，若尔盖，色达，壤塘，马尔康，石渠，白玉，金川，黑水，盐边，米易，乡城，稻城，金口河，朝天区*

第三组：青川，雅安，名山，美姑，金阳，小金，会理

6. 抗震设防烈度为6度，设计基本地震加速度值为0.05g：

第一组：泸州（3个市辖区），内江（2个市辖区），德阳，宣汉，达州，达县，大竹，邻水，渠县，广安，华蓥，隆昌，富顺，泸县，南溪，江安，长宁，高县，珙县，兴文，叙永，古蔺，金堂，广汉，简阳，资阳，仁寿，资中，犍为，荣县，威远，南江，通江，

万源，巴中，苍溪，阆中，仪陇，西充，南部，盐亭，三台，射洪，大英，乐至，旺苍，龙泉驿，青白江

第二组：绵阳（2个市辖区），梓潼，中江，阿坝，筠连，井研

第三组：广元（除朝天区外的2个市辖区），剑阁，罗江，红原

A.0.21 贵州省

1. 抗震设防烈度为7度，设计基本地震加速度值为0.10g：

第一组：望谟

第二组：威宁

2. 抗震设防烈度为6度，设计基本地震加速度值为0.05g：

第一组：贵阳（除白云外的5个市辖区），凯里，毕节，安顺，都匀，六盘水，黄平，福泉，贵定，麻江，清镇，龙里，平坝，纳雍，织金，水城，普定，六枝，镇宁，惠水，长顺，关岭，紫云，罗甸，兴仁，贞丰，安龙，册亨，金沙，印江，赤水，习水，思南*

第二组：赫章，普安，晴龙，兴义

第三组：盘县

A.0.22 云南省

1. 抗震设防烈度不低于9度，设计基本地震加速度值不小于0.40g：

第一组：寻甸，东川

第二组：澜沧

2. 抗震设防烈度为8度，设计基本地震加速度值为0.30g：

第一组：剑川，嵩明，宜良，丽江，鹤庆，永胜，潞西，龙陵，石屏，建水

第二组：耿马，双江，沧源，勐海，西盟，孟连

3. 抗震设防烈度为8度，设计基本地震加速度值为0.20g：

第一组：石林，玉溪，大理，永善，巧家，江川，华宁，峨山，通海，洱源，宾川，弥渡，祥云，会泽，南涧

第二组：昆明（除东川外的4个市辖区），思茅，保山，马龙，呈贡，澄江，晋宁，易门，漾濞，巍山，云县，腾冲，施甸，瑞丽，梁河，安宁，凤庆*，陇川*

第三组：景洪，永德，镇康，临沧

4. 抗震设防烈度为7度，设计基本地震加速度值为0.15g：

第一组：中甸，泸水，大关，新平*

第二组：沾益，个旧，红河，元江，禄丰，双柏，开远，盈江，永平，昌宁，宁蒗，南华，楚雄，勐腊，华坪，景东*

第三组：曲靖，弥勒，陆良，富民，禄劝，武定，兰坪，云龙，景谷，普洱

5. 抗震设防烈度为7度，设计基本地震加速度值为0.10g：

第一组：盐津，绥江，德钦，水富，贡山

第二组：昭通，彝良，鲁甸，福贡，永仁，大姚，元谋，姚安，牟定，墨江，绿春，镇沅，江城，金平

第三组：富源，师宗，泸西，蒙自，元阳，维西，宣威

6. 抗震设防烈度为6度，设计基本地震加速度值为0.05*g*：

第一组：威信，镇雄，广南，富宁，西畴，麻栗坡，马关

第二组：丘北，砚山，屏边，河口，文山

第三组：罗平

A.0.23　西藏自治区

1. 抗震设防烈度不低于9度，设计基本地震加速度值不小于0.40*g*：

第一组：当雄，墨脱

2. 抗震设防烈度为8度，设计基本地震加速度值为0.30*g*：

第一组：申扎

第二组：米林，波密

3. 抗震设防烈度为8度，设计基本地震加速度值为0.20*g*：

第一组：普兰，聂拉木，萨嘎

第二组：拉萨，堆龙德庆，尼木，仁布，尼玛，洛隆，隆子，错那，曲松

第三组：那曲，林芝（八一镇），林周

4. 抗震设防烈度为7度，设计基本地震加速度值为0.15*g*：

第一组：札达，吉隆，拉孜，谢通门，亚东，洛扎，昂仁

第二组：日土，江孜，康马，白朗，扎囊，措美，桑日，加查，边坝，八宿，丁青，类乌齐，乃东，琼结，贡嘎，朗县，达孜，日喀则*，葛尔*

第三组：南木林，班戈，浪卡子，墨竹工卡，曲水，安多，聂荣

5. 抗震设防烈度为7度，设计基本地震加速度值为0.10*g*：

第一组：改则，措勤，仲巴，定结，芒康

第二组：昌都，定日，萨迦，岗巴，巴青，工布江达，索县，比如，嘉黎，察雅，左贡，察隅，江达，贡觉

6. 抗震设防烈度为6度，设计基本地震加速度值为0.05*g*：

第一组：革吉

A.0.24　陕西省

1. 抗震设防烈度为8度，设计基本地震加速度值为0.20*g*：

第一组：西安（8个市辖区），渭南，华县，华阴，潼关，大荔

第二组：陇县

2. 抗震设防烈度为7度，设计基本地震加速度值为0.15*g*：

第一组：咸阳（3个市辖区），宝鸡（2个市辖区），高陵，千阳，岐山，凤翔，扶风，武功，兴平，周至，眉县，宝鸡县，三原，富平，澄城，蒲城，泾阳，礼泉，长安，户县，蓝田，韩城，合阳

第二组：凤县

3. 抗震设防烈度为7度，设计基本地震加速度值为0.10*g*：

第一组：安康，平利，乾县，洛南

第二组：白水，耀县，淳化，麟游，永寿，商州，铜川（2个市辖区）*，柞水*

第三组：太白，留坝，勉县，略阳

4. 抗震设防烈度为6度，设计基本地震加速度值为0.05g：

第一组：延安，清涧，神木，佳县，米脂，绥德，安塞，延川，延长，定边，吴旗，志丹，甘泉，富县，商南，旬阳，紫阳，镇巴，白河，岚皋，镇坪，子长*

第二组：府谷，吴堡，洛川，黄陵，旬邑，洋县，西乡，石泉，汉阴，宁陕，汉中，南郑，城固

第三组：宁强，宜川，黄龙，宜君，长武，彬县，佛坪，镇安，丹凤，山阳

A.0.25 甘肃省

1. 抗震设防烈度不低于9度，设计基本地震加速度值不小于0.40g：

第一组：古浪

2. 抗震设防烈度为8度，设计基本地震加速度值为0.30g：

第一组：天水（2个市辖区），礼县，西和

3. 抗震设防烈度为8度，设计基本地震加速度值为0.20g：

第一组：宕昌，文县，肃北，武都

第二组：兰州（5个市辖区），成县，舟曲，徽县，康县，武威，永登，天祝，景泰，靖远，陇西，武山，秦安，清水，甘谷，漳县，会宁，静宁，庄浪，张家川，通渭，华亭

4. 抗震设防烈度为7度，设计基本地震加速度值为0.15g：

第一组：康乐，嘉峪关，玉门，酒泉，高台，临泽，肃南

第二组：白银（2个市辖区），永靖，岷县，东乡，和政，广河，临谭，卓尼，迭部，临洮，渭源，皋兰，崇信，榆中，定西，金昌，两当，阿克塞，民乐，永昌

第三组：平凉

5. 抗震设防烈度为7度，设计基本地震加速度值为0.10g：

第一组：张掖，合作，玛曲，金塔，金石山

第二组：敦煌，安西，山丹，临夏，临夏县，夏河，碌曲，泾川，灵台

第三组：民勤，镇原，环县

6. 抗震设防烈度为6度，设计基本地震加速度值为0.05g：

第二组：华池，正宁，庆阳，合水，宁县

第三组：西峰

A.0.26 青海省

1. 抗震设防烈度为8度，设计基本地震加速度值为0.20g：

第一组：玛沁

第二组：玛多，达日

2. 抗震设防烈度为7度，设计基本地震加速度值为0.15g：

第一组：祁连，玉树

第二组：甘德，门源

3. 抗震设防烈度为7度，设计基本地震加速度值为0.10g：

第一组：乌兰，治多，称多，杂多，囊谦

第二组：西宁（4个市辖区），同仁，共和，得令哈，海晏，湟源，湟中，平安，民和，化隆，贵德，尖扎，循化，格尔木，贵南，同德，河南，曲麻莱，久治，班玛，天峻，钢察

第三组：大通，互助，乐都，都兰，兴海

4. 抗震设防烈度为6度，设计基本地震加速度值为0.05g：

第二组：泽库

A.0.27　宁夏回族自治区

1. 抗震设防烈度为8度，设计基本地震加速度值为0.30g：

第一组：海原

2. 抗震设防烈度为7度，设计基本地震加速度值为0.20g：

第一组：银川（3个市辖区），石嘴山（3个市辖区），吴忠，惠农，平罗，贺兰，永宁，青铜峡，泾源，灵武，陶乐，固原

第二组：西吉，中卫，中宁，同心，隆德

3. 抗震设防烈度为7度，设计基本地震加速度值为0.15g：

第三组：彭阳

4. 抗震设防烈度为6度，设计基本地震加速度值为0.05g：

第一组：盐池

A.0.28　新疆维吾尔自治区

1. 抗震设防烈度不低于9度，设计基本地震加速度值不小于0.40g：

第一组：乌恰，塔什库尔干

2. 抗震设防烈度为8度，设计基本地震加速度值为0.30g：

第一组：阿图什，喀什，疏附

3. 抗震设防烈度为8度，设计基本地震加速度值为0.20g：

第一组：乌鲁木齐（7个市辖区），乌鲁木齐县，温宿，阿克苏，柯坪，米泉，乌苏，特克斯，库车，巴里坤，青河，富蕴，乌什*

第二组：尼勒克，新源，巩留，精河，奎屯，沙湾，玛纳斯，石河子，独山子

第三组：疏勒，伽师，阿克陶，英吉沙

4. 抗震设防烈度为7度，设计基本地震加速度值为0.15g：

第一组：库尔勒，新和，轮台，和静，焉耆，博湖，巴楚，昌吉，拜城，阜康*，木垒*

第二组：伊宁，伊宁县，霍城，察布查尔，呼图壁

第三组：岳普湖

5. 抗震设防烈度为7度，设计基本地震加速度值为0.10g：

第一组：吐鲁番，和田，和田县，昌吉，吉木萨尔，洛浦，奇台，伊吾，鄯善，托克逊，和硕，尉犁，墨玉，策勒，哈密

第二组：克拉玛依，（克拉玛依区），博乐，温泉，阿合奇，阿瓦提，沙滩

第三组：莎车，泽普，叶城，麦盖堤，皮山

6. 抗震设防烈度为 6 度，设计基本地震加速度值为 0.05g：

第一组：于田，哈巴和，塔城，额敏，福海，和布克赛尔，乌尔禾

第二组：阿勒泰，托里，民丰，若羌，布尔津，吉木乃，裕民，白碱滩

第三组：且末

A.0.29　港澳特别行政区和台湾省

1. 抗震设防烈度不低于 9 度，设计基本地震加速度值不小于 0.40g：

第一组：台中

第二组：苗栗，云林，嘉义，花莲

2. 抗震设防烈度为 8 度，设计基本地震加速度值为 0.30g：

第二组：台北，桃园，台南，基隆，宜兰，台东，屏东

3. 抗震设防烈度为 8 度，设计基本地震加速度值为 0.20g：

第二组：高雄，澎湖

4. 抗震设防烈度为 7 度，设计基本地震加速度值为 0.15g：

第一组：香港

5. 抗震设防烈度为 7 度，设计基本地震加速度值为 0.10g：

第一组：澳门

附录B　2008版《中国地震动参数区划图》(GB 18306—2001)四川、甘肃、陕西部分地区县级城镇地震动参数修订

根据国家标准GB 18306—2001《中国地震动参数区划图》第1号修改单（国标委服务函〔2008〕57号）对四川、甘肃、陕西部分地区地震动参数的相关规定，对汶川地震后相关地区县级及县级以上城镇的中心地区建筑工程抗震设计时所采用的抗震设防烈度、设计基本地震加速度值和所属的设计地震分组加以调整。

本附录局部修订所调整的城镇涉及四川省、陕西省和甘肃省的70个城镇，其变化情况如下。

1. 新增为8度0.20g的城镇有7个：

四川省平武、茂县、宝兴和甘肃省的两当由0.15g提高为0.20g，北川（震前）、汶川、都江堰由0.10g提高为0.20g。

2. 新增为7度0.15g的城镇有9个：

四川省安县、青川、江油、绵竹、什邡、彭州、理县，陕西省略阳，均由0.10g提高为0.15g。四川省剑阁由0.05g提高为0.15g附近。

3. 新增为7度0.10g的城镇有15个：

四川省广元（3个市辖区）、绵阳（2个市辖区）、罗江，德阳、中江、广汉、金堂、成都市的2个市辖区，陕西省宁强、南郑、汉中，均由0.05g提高为0.10g。

4. 设防烈度不变而设计地震分组改变的城镇有39个（对砌体结构，其地震作用取值不变；对混凝土结构、钢结构等，其地震作用取值略有增加或减少）：

四川省8度0.20g的九寨沟、松潘，7度0.15g的天全、芦山、丹巴，7度0.10g的成都（6个市辖区）、双流、新津、黑水、金川、雅安、名山、洪雅、夹江、郫县、温江、大邑、崇州、邛崃、蒲江、彭山、丹棱、眉山，6度0.05g的苍溪、盐亭、三台、简阳、旺苍、南江。

陕西省7度0.10g的勉县。

甘肃省8度0.30g的西和，8度0.20g的文县、陇南、舟曲。

此外，部分乡镇的设防烈度与该县级城镇中心地区不同，需按区划图修改单确定：四川省广元东南、剑阁东南、梓潼东北、中江东南、金堂东南、简阳西北、绵竹西北、什邡西北、彭州西北、汶川西南、理县东部、茂县西部、黑水东部；陕西省宁强西部、南郑东南；甘肃省文县东南、陇南东南角、康县东南。

调整后四川、陕西、甘肃各县级及县级以上城镇中心地区建筑工程抗震设计时所采用的抗震设防烈度、设计基本加速度值和所属的地震分组如下。

B.0.1 四川省

1. 抗震设防烈度不低于 9 度，设计基本地震加速度值不小于 0.40g。

第一组：康定，西昌

2. 抗震设防烈度为 8 度，设计基本地震加速度值为 0.30g。

第一组：冕宁*

3. 抗震设防烈度为 8 度，设计基本地震加速度值为 0.20g。

第一组：道孚，泸定，甘孜，炉霍，石棉，喜德，普格，宁南，德昌，理塘，茂县，汶川，宝兴

第二组：松潘，平武，北川（震前），都江堰

第三组：九寨沟

4. 抗震设防烈度为 7 度，设计基本地震加速度值为 0.15g。

第一组：巴塘，德格，马边，雷波

第二组：越西，雅江，九龙，木里，盐源，会东，新龙，天全，芦山，丹巴，安县，青川，江油，绵竹，什邡，彭州，理县，剑阁*

第三组：荥经，汉源，昭觉，布拖，甘洛

5. 抗震设防烈度为 7 度，设计基本地震加速度值为 0.10g。

第一组：乐山（除金口河外的 3 个市辖区），自贡（4 个市辖区），宜宾，宜宾县，峨边，沐川，屏山，得荣

第二组：攀枝花（3 个市辖区），若尔盖，色达，壤塘，马尔康，石渠，白玉，盐边，米易，乡城，稻城，金口河，峨眉山，雅安，广元（3 个市辖区），中江，德阳，罗江，绵阳（2 个市辖区）

第三组：名山，美姑，金阳，小金，会理，黑水，金川，洪雅，夹江，邛崃，蒲江，彭山，丹棱，眉山，青神，郫县，温江，大邑，崇州，成都（8 个市辖区），双流，新津，金堂，广汉

6. 抗震设防烈度为 6 度，设计基本地震加速度值为 0.05g。

第一组：泸州（3 个市辖区），内江（2 个市辖区），宣汉，达州，达县，大竹，邻水，渠县，广安，华蓥，隆昌，富顺，泸县，南溪，江安，长宁，高县，珙县，兴文，叙永，古蔺，资阳，仁寿，资中，犍为，荣县，威远，通江，万源，巴中，阆中，仪陇，西充，南部，射洪，大英，乐至

第二组：梓潼，筠连，井研，阿坝，南江，苍溪，旺苍，盐亭，三台，简阳

第三组：红原

B.0.2 陕西省

1. 抗震设防烈度为 8 度，设计基本地震加速度值为 0.20g。

第一组：西安（8 个市辖区），渭南，华县，华阴，潼关，大荔

第二组：陇县

2. 抗震设防烈度为 7 度，设计基本地震加速度值为 0.15g。

第一组：咸阳（2个市辖区及杨凌特区），宝鸡（2个市辖区），高陵，千阳，岐山，凤翔，扶风，武功，兴平，周至，眉县，宝鸡县，三原，富平，澄城，蒲城，泾阳，礼泉，长安，户县，蓝田，韩城，合阳

第二组：凤县，略阳

3. 抗震设防烈度为7度，设计基本地震加速度值为010g。

第一组：安康，平利，乾县，洛南

第二组：白水，耀县，淳化，麟游，永寿，商州，铜川（2个市辖区）*，柞水*，勉县，宁强，南郑，汉中

第三组：太白，留坝

4. 抗震设防烈度为6度，设计基本地震加速度值为0.05g。

第一组：延安，清涧，神木，佳县，米脂，绥德，安塞，延川，延长，定边，吴旗，志丹，甘泉，富县，商南，旬阳，紫阳，镇巴，白河，岚皋，镇坪，子长*

第二组：府谷，吴堡，洛川，黄陵，旬邑，洋县，西乡，石泉，汉阴，宁陕，城固

第三组：宜川，黄龙，宜君，长武，彬县，佛坪，镇安，丹凤，山阳

B.0.3 甘肃省

1. 抗震设防烈度不低于9度，设计基本地震加速度值不小于0.40g。

第一组：古浪

2. 抗震设防烈度为8度，设计基本地震加速度值为0.30g。

第一组：天水（2个市辖区），礼县

第二组：平川区，西和

3. 抗震设防烈度为8度，设计基本地震加速度值为0.20g。

第一组：菪昌，肃北

第二组：兰州（4个市辖区），成县，徽县，康县，武威，永登，天祝，景泰，靖远，陇西，武山，秦安，清水，甘谷，漳县，会宁，静宁，庄浪，张家川，通渭，华亭，陇南，文县

第三组：两当，舟曲

4. 抗震设防烈度为7度，设计基本地震加速度值为0.15g。

第一组：康乐，嘉峪关，玉门，酒泉，高台，临泽，肃南

第二组：白银（白银区），永靖，岷县，东乡，和政，广河，临潭，卓尼，迭部，临洮，渭源，皋兰，崇信，榆中，定西，金昌，阿克塞，民乐，永昌，红古区

第三组：平凉

5. 抗震设防烈度为7度，设计基本地震加速度值为010g。

第一组：张掖，合作，玛曲，金塔，积石山

第二组：敦煌，安西，山丹，临夏，临夏县，夏河，碌曲，泾川，灵台

第三组：民勤，镇原，环县

6. 抗震设防烈度为6度，设计基本地震加速度值为0.05g。

第二组：华池，正宁，庆阳，合水，宁县

第三组：西峰